B.C.Info

제 3 판

기초 전기전자 디지털공학의 이해

한기동 · 이수형 · 김강현 공저

머 / 리 / 말

정보화 사회를 맞이한 오늘날, 정보화를 구축하는 핵심 기술에 폭넓게 적용되고 있는 전기, 전자, 디지털 공학은 전기, 전자, 통신공학 등에 많은 연관성을 가지고 있는 학문으로, 이 분야의 대학 및 이공계 대학에 많은 도움이 될 것이다. 또한 전기, 전자, 디지털 공학은 그 범위가 매우 넓으며 대부분 전자와 전기통신 관련 시스템 등 다양하게 회로들이 구성되어 있다. 이러한 회로의 구성과 시스템에 바르게 접근하기 위해서는 무엇보다도 제대로 이해해야 한다.

이 책은 전공자뿐만 아니라 비전공자, 일반인에게도 난해한 부분을 쉽게 접근하고 이해를 할 수 있도록 하였다. 또한 국가기술자격증 시험(전자(산업)기사, 무선설비(산업)기사, 정보통신(산업)기사, 통신선로 산업기사, 방송통신 산업기사 등)에서 상당한 비중을 차지하고 있으며, 통신기술직공무원, 지하철공사, 철도청, 방송국 기술직 등 입사 시험을 앞둔 수험생에게도 많은 도움이 될 것이다. 전기, 전자, 디지털 공학은 난해한 과목이므로 반복학습이 무엇보다도 중요하다고 할 수 있을 것이다.

본 교재가 전기, 전자, 디지털 공학을 공부하는 데 많은 도움이 되길 바라며 출판되기까지 여러모로 도움을 주신 복두출판사 사장님 이하 임직원 여러분께 감사의 마음을 드리는 바이다.

저자 일동

차 / 례

제1장

직류회로

제2장

전계와 자계

제3장

디지털 논리회로

제4장

교류회로

제5장

반도체

부록

기출문제 모음

제 1 장
직류회로

1. 전압, 전류, 저항
2. 옴의 법칙
3. 회로망 구성
4. 저항의 연결
5. 전력과 전력량
6. 전지
7. 배율기와 분류기
8. 전압과 전류측정
9. 중첩의 원리
10. 테브난의 정리
11. 노턴의 정리
12. 태양전지
13. 열전 효과

1 전압, 전류, 저항

[1] 전압

물이 높은 곳에서 낮은 곳으로 흐르는 것과 같이, 전하는 높은 곳에서 낮은 곳으로 이동하는데 이 전위의 차이를 전압 또는 전위차라고 한다. 즉 전기적인 위치 에너지(높이)의 차이, 전기적인 압력이며, 물에 비유하면 수압이라고 할 수 있다.

두 점 사이에서의 전위차는 단위 전기량을 이동시키는 데 필요한 일의 양을 나타낸다.

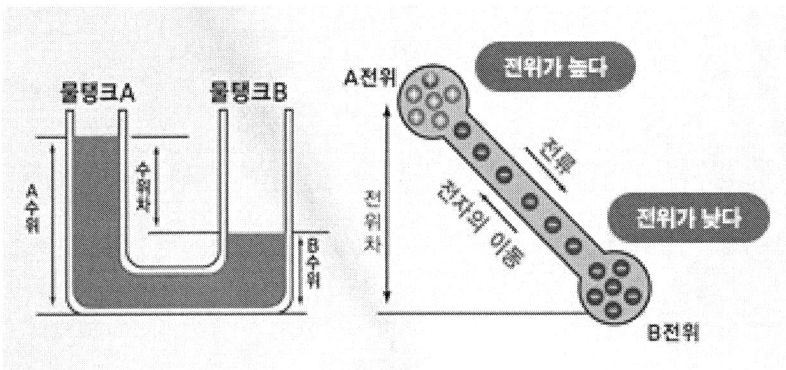

$$V = \frac{W}{Q}\,[\mathrm{V}] \tag{1-1}$$

V는 전압으로 단위는 볼트[V], Q는 전기량 쿨롱[C], W는 일량 주울[J]이다.

1V(볼트)라는 것은 1C(쿨롱)의 전하가 두 점 사이를 이동하였을 때 하는 일이 1J(주울)일 때의 전위차를 나타내고, 전압의 단위는 직류에서는 V(Volt)로, 교류에서는 v [V]로 나타낸다.

(1) 직류전압(Direct Current : DC)

직류전압은 시간이 지나도 전압이 일정하다. 건전지, 핸드폰 배터리 등이 있다.

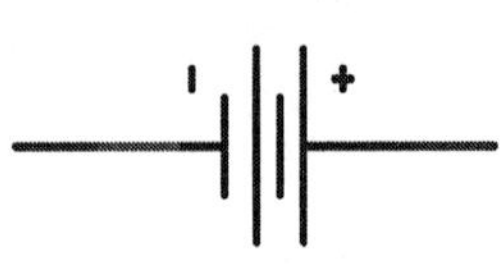

기호

(2) 교류전압(Alternating Current : AC)

교류전압은 시간이 지남에 따라 전압이 변화한다. 가정용 전원, 공업용 전원, 발전기 등이 있다.

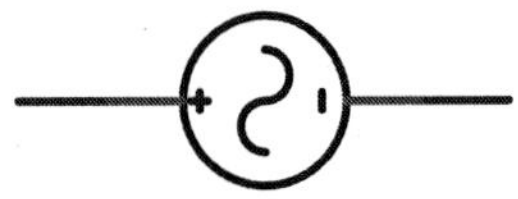

기호

(3) 맥류전압(Pulsating Current : PC)

맥류전압은 정류된 전압의 교류 성분을 말한다.

[2] 전류(Electrical current)

전류는 전기를 띈 입자(전하, 전자)의 흐름으로, 단위 시간 동안에 이동한 전기량을 나타낸다. I는 직류전류, i는 교류전류이며, 단위는 암페어(Ampere) 또는 [A]이다.

$$I = \frac{Q}{t} = \frac{Ne}{t}\,[\mathrm{A}] \qquad (1\text{–}2)$$

Q [C]는 전기량, t [sec]는 시간이다.

1 [Ampere]는 1초 동안에 도선의 단면을 통과하는 전하량이며, 1초당 6.24×10^{18}개의 전자가 이동하는 것을 나타낸다.

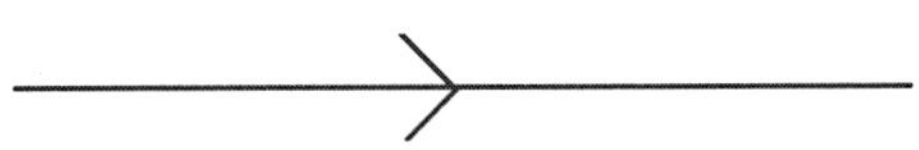

기호

전류가 흐를 때

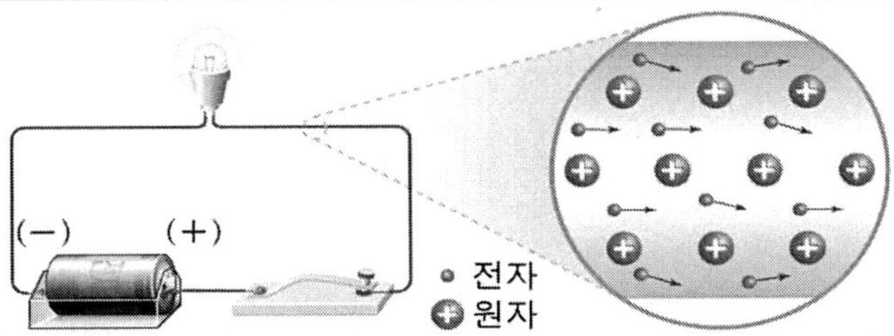

자유 전자가 일정한 방향, 즉 (−)극에서 (+)극 쪽으로 이동한다.

전자의 이동 방향은 (-)극에서 (+)극으로 이동하고 전류의 방향은 전지의 (+)극에서 (-)극으로 이동한다. 즉 전류의 방향과 전자의 이동 방향은 반대가 된다.

예제 1

어떤 도선에 10 [sec] 동안에 20 [C]의 전하가 이동했을 때 도선에 흐르는 전류는 얼마인가?

해설

$$I = \frac{Q}{t} = \frac{20}{10} = 2\,[\mathrm{A}]$$

예제 2

어느 두 점 사이를 10 [C]의 전하량이 이동하는데 40 [J]의 일을 하였을 때 두 점 사이의 전위차는 얼마인가?

해설

$$V = \frac{W}{Q} = \frac{40}{10} = 4\,[\mathrm{V}]$$

[3] 저항(Resistance)

전하의 흐름을 방해하는 정도, 즉 전류의 흐름을 방해하는 정도이다. 회로도에서 사용하는 저항의 기호는 아래 그림과 같으며, R [Ω, 옴]으로 나타낸다.

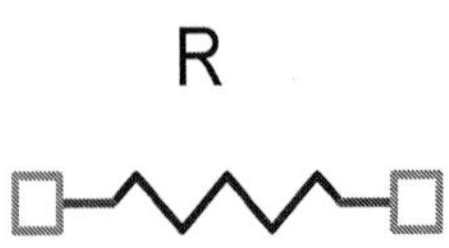

기호

(1) 전기저항

도선 속의 흐르는 전류를 방해하는 것을 전기저항이라고 한다. 저항값은 물체의 종류와 구조에 따라 다르며 도체의 저항은 다음에 따라 달라진다.

- ◆ 재료 : 사용되는 물질에 따라 저항이 다른데, 이는 저항이 재료 안에 존재하는 자유전자 수에 따라 다르기 때문이다.
- ◆ 길이 : 전선의 도체의 길이가 길수록 저항이 커지며, 저항은 전선 길이에 비례한다.
- ◆ 단면적 : 저항은 도체 단면적의 크기에 반비례하며, 전선이 굵을수록 단위 길이당 저항이 더 작아진다.
- ◆ 온도 : 대부분의 도체는 온도가 올라갈수록 저항값이 커진다. 온도가 올라가면 도체 내부의 분자운동이 활발해져서 전하의 흐름을 방해하기 때문이다.

$$R = \rho \frac{l}{S} [\Omega] \quad (1\text{-}3)$$

l [m]은 도체의 길이, S [m^2]는 도체의 단면적을 나타내며, ρ [Ω • m]는 비저항으로 물체의 고유저항(물질의 종류와 온도에 따라 달라진다)이다.

▶ 물질의 비저항 (20℃) ◀

물 질	비저항(Ω • m)	물 질	비저항(Ω • m)
은	1.62×10^{-8}	철	9.80×10^{-8}
구리	1.72×10^{-8}	니크롬	1.10×10^{-6}
알루미늄	2.65×10^{-8}	목재	$10^{6} \sim 10^{17}$

(2) 온도와 전기저항

도체 온도가 높아지면 원자나 전자들의 운동이 활발해져서 원자와 전자의 충돌이 많아지기 때문에 전기저항이 증가한다. 여기서 도체는 정의 온도계수(온도가 증가하면 저항도 증가하고 온도가 감소하면 저항도 감소)이고, 반도체는 부의 온도계수(온도가 증가하면 저항은 감소하고 온도가 감소하면 저항은 증가)이며 초전도체는 온도가 특정 온도까지 내려가면 저항이 0이 되는 성질을 나타낸다.

(3) 저항기(Resistor)

① 고정 저항기

■ 탄소 피막 저항기(Carbon Film Resistor)

가장 널리 사용되는 저항으로, 세라믹 로드에 탄소 분말을 피막 형태로 입힌 후 나선형으로 홈을 파서 저항값을 조절하여 만든 것이다. 일반용으로 가격이 싸고 가장 많이 사용되지만, 전류의 잡음이 크다는 단점이 있다.

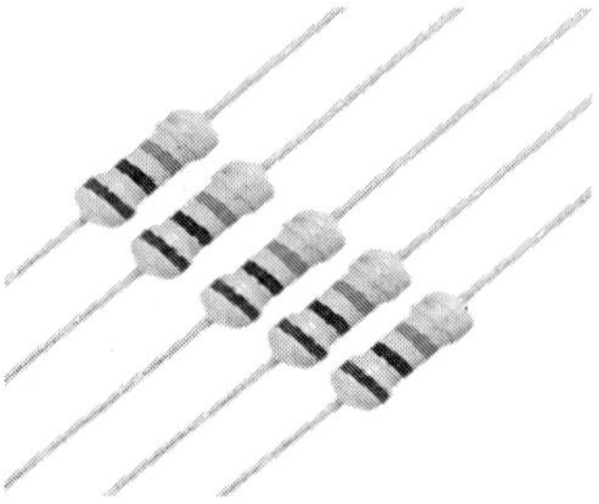

■ 솔리드 저항기(Solid Resistor)

몰드 저항기라고도 한다. 탄소 분말에 저항값 조절을 위한 혼합재를 섞고 결합제인 폴리머와 함께 그대로 성형한 형태의 저항이다. 이 저항은 정밀도가 높고 소형으로 고 내압, 고 저항의 제품을 만들기에 용이하다. 생산가격이 저렴하고 고주파 특성도 양호하지만, 습기에 약하고 온도계수 역시 큰 단점을 가지고 있다.

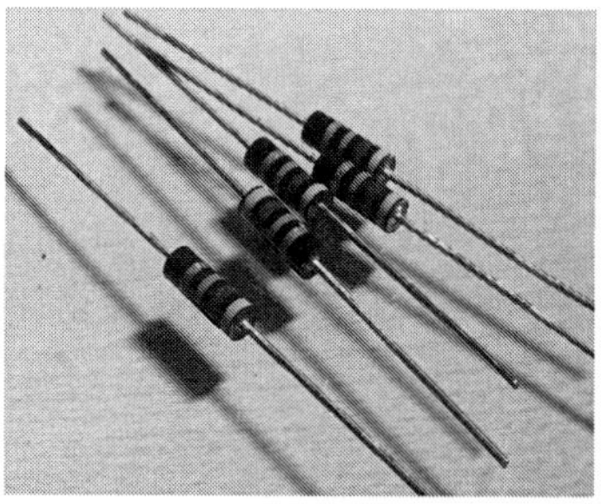

■ 금속 피막 저항기

정밀 저항으로 많이 사용되며, 고주파 특성이 좋아 디지털 회로에 널리 사용된다. 대량생산에도 적합하고, 온도 특성, 전류 잡음 등이 우수하다는 장점이 있다. 그러나 탄소 피막저항기에 비해 가격이 비싸다. 주로 브리지 회로, 필터 회로, 아날로그의 잡음이 많은 회로 등에 사용된다.

■ 산화 금속 피막 저항기

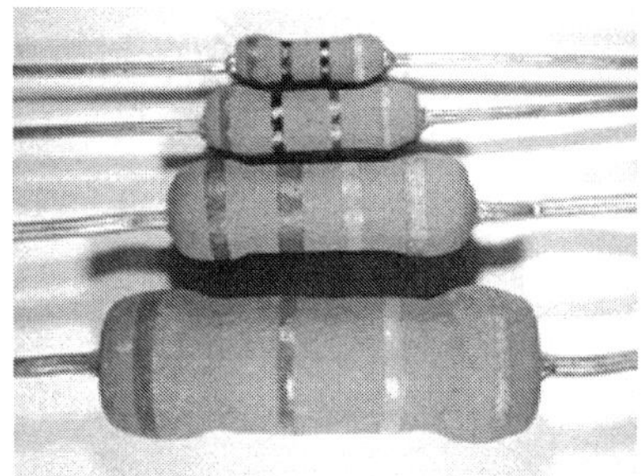

이 저항은 사기 또는 유리 몸체에 금속류를 산화시킨 산화 금속을 입힌 것이다. 메탈 저항과 비슷하고 잡음 특성이 금속 피막 저항에 비해 나빠서 금속 피막 저항의 저급용으로 사용된다. 전류가 많이 흐르는 전원회로에 사용된다는 장점이 있다.

■ 메탈 글래즈 저항기(Metal Glaze Resistor)

금속 분말(RuO)과 유리 분말의 혼합물로 저항막을 만드는 저항기이다. 우수한 내습, 내열성을 가지고 있으나, 고가여서 고온이나 습도가 높은 환경에 사용되는 기기에 사용된다.

대전력용 메탈 글래즈 저항기

■ 퓨즈형 저항기(Fusible Resistor)

이 저항기는 일정한 수준 이상의 전류가 흐를 때 흐름을 차단하도록 만든 저항기로, 특정 조건에서 전류의 흐름을 차단하도록 만든 저항기이다.

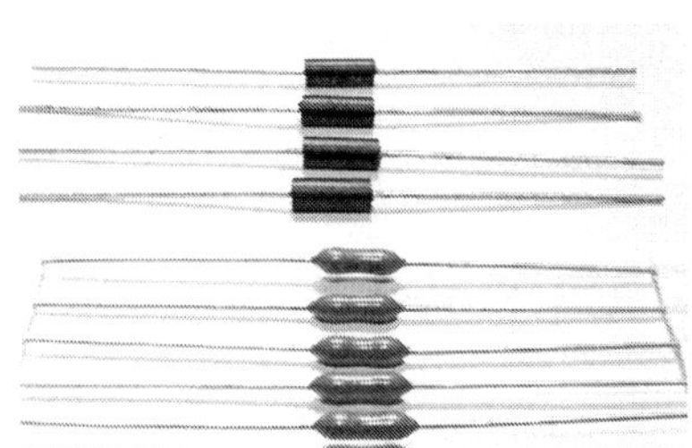

저항 퓨즈

■ 권선형 저항기(Wire Wound Resistor)

권선형 저항기는 금속 미세한 선을 세라믹 로드를 권심에 감아서 일정한 저항값을 갖도록 만든 저항기로 전력용과 정밀용이 있다. 선을 절연체에 코일 형태로 감아 붙이기 때문에 주파수가 높은 회로에서는 사용하기가 어렵다. 정밀용으로 만들기가 용이하고 고온과 습도에도 우수한 특성과 안정성이 뛰어난 저항기를 만들며, 주로 계측기 등에 많이 사용된다.

■ 후막칩 저항기(Thick Film Resistor)

기기가 점점 소형화되고 부품을 SMT 공법에 의해 장착되면서 나타난 새로운 형태의 저항기이다. 이러한 칩 형태의 저항기는 소형, 박형으로 고밀도 실장이 가능하며, 고주파 특성이 우수하여 핸드폰, 컴퓨터 등의 최신 기기들에 대부분 사용된다.

■ 어레이 저항기(Array Resistor)

이 저항은 저항값을 가진 여러 개의 저항을 묶어 일체형으로 만든 것으로, 디지털 회로에서 주로 사용된다. 이 저항은 회로의 실장 공간이 줄어 편리하다는 장점이 있다.

② 가변 저항기(Variable Resistor)

가변 저항기(potentiometer)는 저항값을 바꿀 수 있는 저항으로, 볼륨(Volume, 신호의 양을 조절함) 손잡이를 돌려 저항값을 가감하는 가변저항을 의미한다.

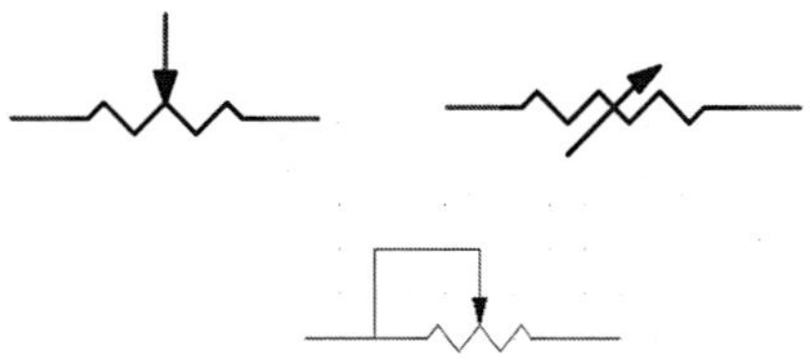

가변 저항기의 기호

■ 탄소 피막형 가변 저항기

베이클라이트와 같은 절연기판 소재에 탄소 피막을 입혀 저항값을 조절하고 저항기의 한쪽 전극을 탄소 피막 위를 이동시켜 저항값을 조절한다. 가격이 저렴하고 성능이 안정하다는 장점이 있다. 오디오용 볼륨이나 Balancer 등에 쓰이는데, 흔히 볼륨은 탄소 피막형 회전축 가변저항을 의미한다.

탄소 피막형 가변 저항기

■ 서미트형 가변 저항기

세라믹을 절연체로 서미트(cermet) 저항체를 이용한 정밀 가변저항이다. 서미트는 탄소 피막에 비해 내구성이 강하고 정밀한 저항값 조절이 가능하여 온도계수가 낮고, 내습성이 우수하다. 그러나 가격이 비싸 아날로그 회로의 바이어스 조정 등 세밀한 조정이 필요한 곳에 사용한다.

■ 권선형 가변 저항기

이 저항기는 절연체 권심에 저항선을 감아 만든 것으로, 대전력용으로 만들기에 용이하므로 전류, 전력 조절용 가변 저항부에 사용한다. 하지만 크기가 크고 높은 저항값을 얻기가 어려운 단점을 가지고 있다. 고주파 회로에는 부적합하지만 절연체에 의해 보호되므로 내전압이 양호하며, 온도 특성이 우수한 장점을 가진다.

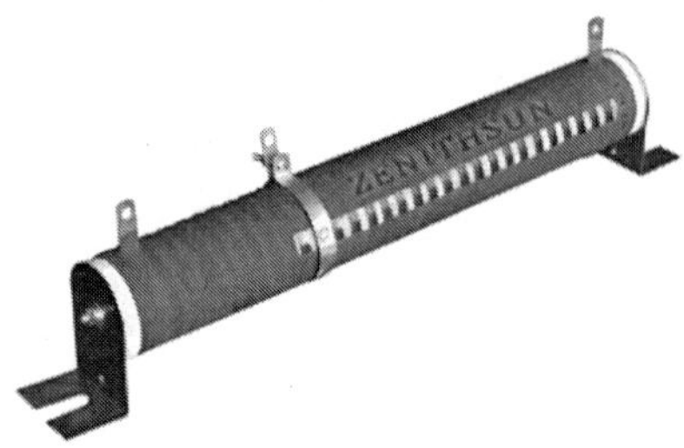

권선형 가변 저항기

■ 반고정 가변 저항기(Trimmer Potentiometer)

반고정 저항은 대부분 회로 기판에 직접 장착되며, 회로의 동작점을 미세조정할 때 사용한다.

■ 정밀 가변 저항기(Precision Potentiometer)

정밀 가변 저항은 2회전 이상의 회전으로 저항값을 보다 정밀하게 조절할 수 있는 저항이며, 볼륨형과 반고정형이 있다. 주로 반고정형으로 사용된다.

[4] 고정 저항기 읽는 방법 - 4색인 경우

	1색	2색	3색(승수)	4색(허용오차)
흑 색	0	0	10^0	
갈 색	1	1	10^1	
적 색	2	2	10^2	
등 색	3	3	10^3	
황 색	4	4	10^4	
녹 색	5	5	10^5	
청 색	6	6	10^6	
자 색	7	7	10^7	
회 색	8	8	10^8	
백 색	9	9	10^9	
금 색			10^{-1}	±5%
은 색			10^{-2}	±10%

계산하는 방법

1색 · 2색 × 3색, 4색(아래 그림 참고)

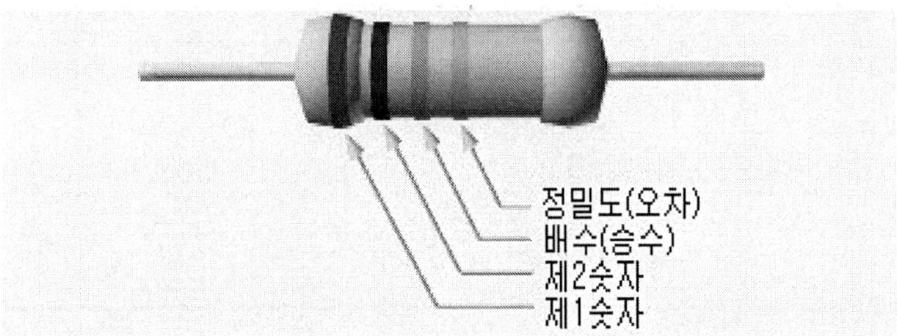

예제 3

다음의 저항을 계산하시오.

1. 갈색, 흑색, 적색, 금색
2. 등색, 백색, 황색, 은색
3. 적색, 자색, 갈색, 금색
4. 녹색, 청색, 금색, 금색

해설

1. 갈색, 흑색, 적색, 금색

$10 \times 10^2 = 1000 = 1\,[\text{k}\Omega] \quad \pm 5\%$

2. 등색, 백색, 황색, 은색

$39 \times 10^4 = 390[\text{k}\Omega] \quad \pm 10\%$

3. 적색, 자색, 갈색, 금색

$27 \times 10^1 = 270\,[\Omega] \quad \pm 5\%$

4. 녹색, 청색, 금색, 금색

$56 \times 10^{-1} = 5.6[\Omega] \quad \pm 10\%$

[5] 고정 저항기 읽는 방법 - 5색인 경우

	1색	2색	3색	4색(승수)	5색(허용오차)
흑 색	0	0	0	10^0	
갈 색	1	1	1	10^1	$\pm 1\%$
적 색	2	2	2	10^2	$\pm 2\%$
등 색	3	3	3	10^3	
황 색	4	4	4	10^4	
녹 색	5	5	5	10^5	$\pm 0.5\%$
청 색	6	6	6	10^6	
자 색	7	7	7	10^7	
회 색	8	8	8	10^8	
백 색	9	9	9	10^9	
금 색				10^{-1}	
은 색				10^{-2}	

예제 3-1

다음의 저항을 계산하시오.

1. 갈색, 흑색, 흑색, 갈색, 갈색
2. 적색, 녹색, 황색, 적색, 갈색
3. 적색, 자색, 갈색, 등색, 적색
4. 녹색, 청색, 흑색, 황색, 적색

해설

1. 갈색, 흑색, 흑색, 갈색, 갈색
   $100 \times 10^1 \ \pm 1\% = 1\,[\mathrm{k}\Omega] \ \pm 1\%$

2. 적색, 녹색, 황색, 적색, 갈색
   $254 \times 10^2 \ \pm 1\% = 25.4\,[\mathrm{k}\Omega] \ \pm 1\%$

3. 적색, 자색, 갈색, 등색, 적색
   $271 \times 10^3 \ \pm 2\% = 271\,[\mathrm{k}\Omega] \ \pm 2\%$

4. 녹색, 청색, 흑색, 황색, 적색
   $560 \times 10^4 \ \pm 2\% = 5.6\,[\mathrm{M}\Omega] \ \pm 2\%$

※ SI 단위에 사용되는 접두어

접두사	기호	인수	접두사	기호	인수
yotta (요타)	Y	10^{24}	deci (데시)	d	10^{-1}
zetta (제타)	Z	10^{21}	centi (센티)	c	10^{-2}
exa (엑사)	E	10^{18}	milli (밀리)	m	10^{-3}
petta (페타)	P	10^{15}	micro (마이크로)	μ	10^{-6}
tera (테라)	T	10^{12}	nano (나노)	n	10^{-9}
giga (기가)	G	10^{9}	pico (피코)	p	10^{-12}
mega (메가)	M	10^{6}	femto (펨토)	f	10^{-15}
kilo (킬로)	k	10^{3}	atto (아토)	a	10^{-18}
hecto (헥토)	h	10^{2}	zepto (젭토)	z	10^{-21}
deka (데카)	da	10^{1}	yocto (욕토)	y	10^{-24}

2 옴의 법칙(Ohm's Law)

1827년 독일의 물리학자 옴(G.S.Ohm)은 전지와 작은 전구를 이용하여 전기회로를 구성하였는데, 그 결과 전구에 전류가 흘러 빛을 발하였다. 또한 전구에 전지를 한 개 연결한 것과 두 개 연결한 것을 비교해보니 전지 두 개를 연결한 것이 강한 빛을 발하였다. 즉 한 개보다 두 개가 밝은 이유는 전압이 증가하여 많은 전류가 흐르기 때문이다.
이에 따라 회로의 전기저항 R [Ω]인 작은 전구에 흐르는 전류의 크기 I [A]는 전원 전압 V [V]에 비례한다는 것이 밝혀졌고, 이후 이를 발견한 옴(Ohm)의 이름을 따서 옴의 법칙(ohm's law)이라 부르게 되었다.

$$V = I \times R[\mathrm{V}],\ I = \frac{V}{R}[\mathrm{A}],\quad R = \frac{V}{I}[\Omega] \tag{1-4}$$

전압은 전류에 비례하고, 전압은 저항에 비례하고, 전류와 저항은 반비례한다.

예제 4

미지의 회로에서 전류가 3 [mA]이고 저항이 4 [kΩ]일 때 전압은 얼마인가?

해설

옴의 법칙의 1-4 식에 의해서 $V = I \times R = 3 \times 10^{-3} \times 4 \times 10^{3} = 12[\mathrm{V}]$가 된다. 여기서 조심해야 할 사항은 단위 환산이다. 즉 $m = 10^{-3}$ 이고 $K = 10^{3}$ 이다.

예제 5

저항 5 [Ω]에 전압 10 [V]을 공급하였다면 이 회로에 흐르는 전류는 얼마인가?

해설

옴의 법칙의 1-4 식에 의해서 $I = \frac{V}{R} = \frac{10}{5} = 2[\mathrm{A}]$이다.

예제 6

저항만인 회로에 전압을 10 [V]을 공급하니 전류가 2 [mA]였다. 저항은 얼마인가?

해설

옴의 법칙의 1-4 식에 의해서 $R = \frac{V}{I} = \frac{10}{2 \times 10^{-3}} = 5[\mathrm{k}\Omega]$이 된다.

- 콘덕턴스(Conductance)

	저항의 역수로서, 전류의 흐르는 정도를 나타낸다. 기호는 G, 단위는 [℧](mho), S(Siemens), Ω^{-1}로 나타낸다. $I = V \times G\,[\mathrm{A}]$, $V = \dfrac{I}{G}\,[\mathrm{V}]$, $G = \dfrac{1}{R} = \dfrac{I}{V}\,[℧]$ (1-5)

예제 7

어느 회로에 전압을 20 [V]을 공급하니 전류가 4 [A]일 때 저항, 콘덕턴스를 구하시오.

해설

저항의 1-4 식에서 $R = \dfrac{V}{I} = \dfrac{20}{4} = 5\,[\Omega]$이며

콘덕턴스는 1-5 식에서 $G = \dfrac{1}{R} = \dfrac{I}{V} = \dfrac{4}{20} = 0.2\,[℧]$가 된다.

예제 8

저항이 10 [Ω]이면 콘덕턴스는 얼마인가?

해설

콘덕턴스의 1-5 식에서 $G = \dfrac{1}{R} = \dfrac{1}{10} = 0.1\,[℧]$가 된다.

3 회로망 구성

[1] 회로망 구성

(1) 회로망과 회로

회로망(Network)은 요소(Element)나 소자(Device)를 상호 연결한 것이고, 회로(Circuit)는 회로망이 제공하는 하나 이상의 폐 경로(Closed path)를 말한다.

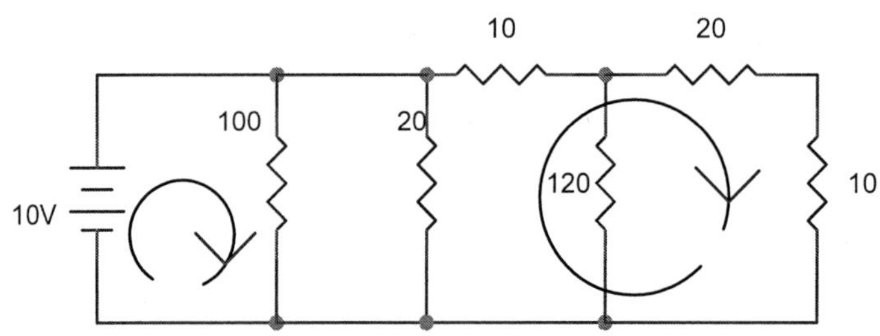

(2) 회로망 요소(Network element)

· Branch [b] - 가지 : Voltage source나 저항 같은 하나의 소자로 표현

· Node [n] - 마디 : 둘 또는 둘 이상의 Branch 사이에 연결된 점(● dot로 표시)

· Path - 경로 : 마디와 소자로 구성되는 통로(Close loop – 출발 마디와 끝마디가 같은 경우)

· Loop - 루프 : 회로에서의 폐 경로

· Independent loop [l] : 다른 loop와 무관한 loop

· 회로망 기본원리 :

$$b = l + n - 1 \tag{1-6}$$

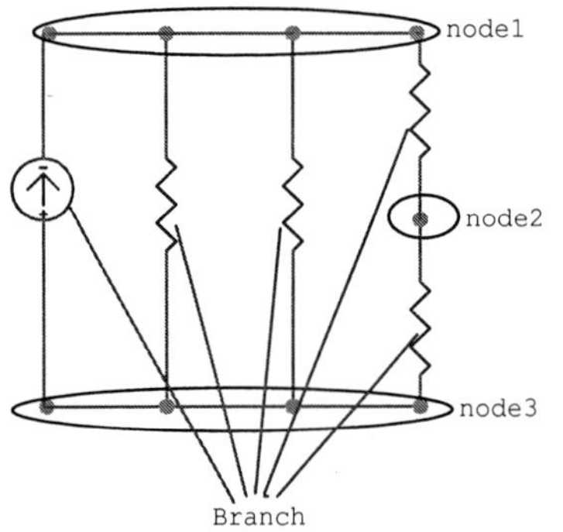

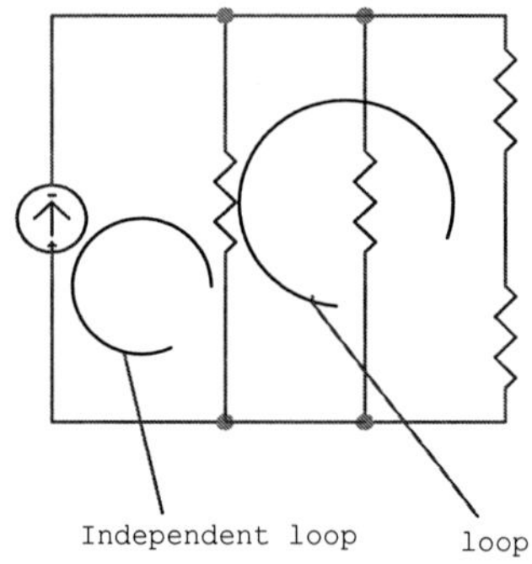

(3) 소자 접속

- 직렬(Series) : 둘 또는 그 이상의 소자가 종속접속 또는 연속적으로 연결되고 같은 전류가 동시에 흐르는 경우
- 병렬(Parallel) : 둘 또는 그 이상의 소자가 같은 2개의 node에 연결되어 있고 같은 전압이 동시에 흐르는 경우

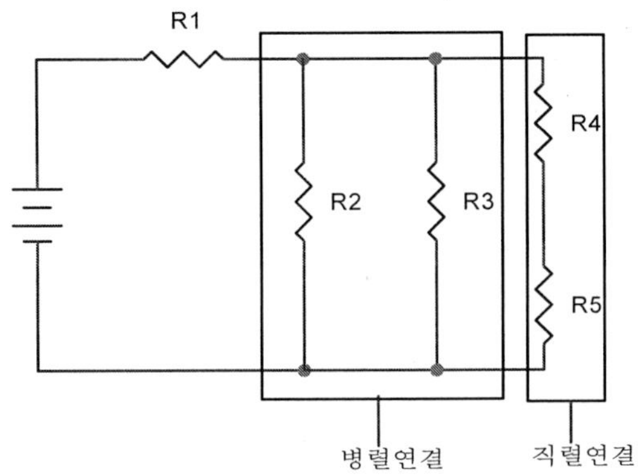

R_2와 R_3는 병렬연결이고 R_4와 R_5는 직렬연결이다.

예제 9

다음과 같은 회로에서 Branch, Node, Loop, Independent loop 수와 직렬, 병렬소자를 구하시오.

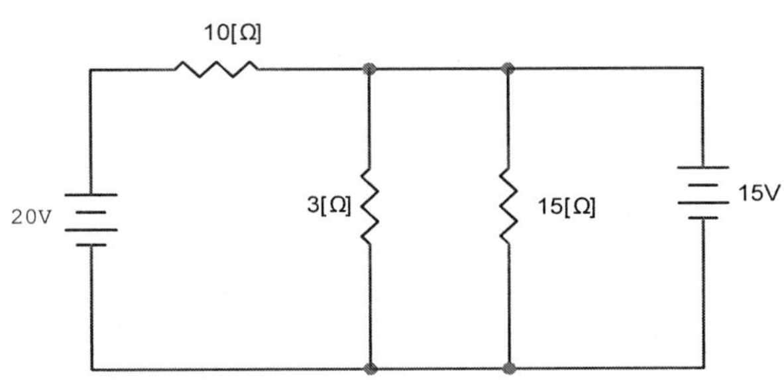

해설

1. Branch(b) = 소자 수 = 저항 3개 + 전원 2개 = 5
2. node(n) = 3(node 1, node 2, node 3)
3. $loop = 6$
4. Independent(l) $= 3$

5. (1-6) 식에서 $b = l + n - 1 = 3 + 3 - 1 = 5$
6. 직렬 : 20V와 10 [Ω]
7. 병렬 : 3 [Ω]과 15 [Ω]과 15V

[2] 키르히호프의 법칙(Kirchhoff's Laws)

독일의 물리학자 키르히호프가 1847년에 제안한 것이다. 제1법칙인 전류 법칙과 제2법칙인 전압 법칙으로 구분되며, 직렬회로와 병렬회로, 혼합 회로에 관계없이 모든 회로에 적용된다.

(1) 제1법칙 - 전류 법칙(KCL : Kirchhoff's Current Law)

"회로망에서 흘러 들어가는 전류의 합과 흘러나가는 전류의 합은 같다."

$\sum 유입전류 = \sum 유출전류$

$\sum_{i=1}^{n} I_i = \sum_{i=1}^{n} I_0$ (I_i는 유입전류, I_0는 유출전류이다.)

따라서 회로망 중 임의의 접속점(node)에 유입된 전류와 유출된 전류의 대수 합은 "0"이다.

$$\sum_{i=1}^{n} I = 0$$

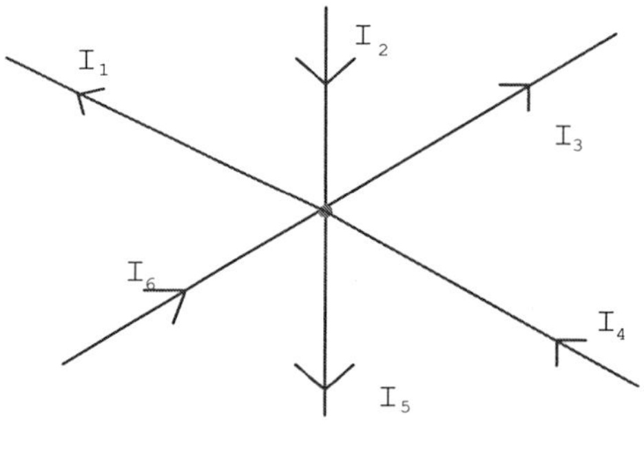

① 나가는 전류의 합 $I_1 + I_3 + I_5$

② 들어가는 전류의 합 $I_2 + I_4 + I_6$

③ KCL에 의해서 $I_1 + I_3 + I_5$ = $I_2 + I_4 + I_6$ --- 접속점에서의 방정식

여기서 $I_2 + I_4 + I_6$ 이 식을 좌항으로 이항하면 $I_1 + I_3 + I_5 - I_2 - I_4 - I_6 = 0$이 된다.

따라서 $\sum I = 0$이 된다.

(2) 제2법칙 - 전압 법칙(KVL : Kirchhoff's Voltage Law)

"loop 내에서 인가전압의 합은 전압강하의 합과 같다.
즉 loop 내에 공급된 기전력의 합과 각 부하 양단에 걸리는 전압강하의 합은 같다."

$$\sum 기전력 = \sum 전압강하 \quad \sum_{n=1}^{N} V_n = 0$$

여기서, N : loop 내의 branch 수, V_n : n의 전압이다.
따라서 $V_1 + V_2 + \cdots\cdots = 0$ 이 된다.

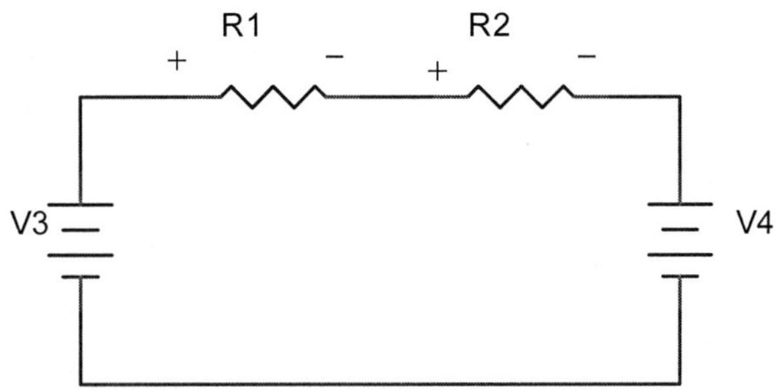

① R_1 양단의 전압강하는 V_1, R_2 양단의 전압강하는 V_2이다.

② 전압강하의 합은 $V_1 + V_2$

③ 공급된 기전력의 합은 $V_3 - V_4$가 된다.

④ KVL에 의해서 $V_1 + V_2 = V_3 - V_4$

여기서 $V_1 + V_2$ 이식을 이항하면 $V_3 - V_4 - V_1 - V_2 = 0$이 된다.

4 저항의 연결

[1] 직렬연결

아래 회로와 같이 저항이 나란히 연결되어 전류가 흐르는 통로가 하나로 된 것을 직렬연결이라고 한다. 직렬연결은 각 소자에 흐르는 전류는 동일하며 소자에 걸리는 전압은 다르다. 그리고 저항의 연결 순서가 달라도 회로에 흐르는 전류는 같다.

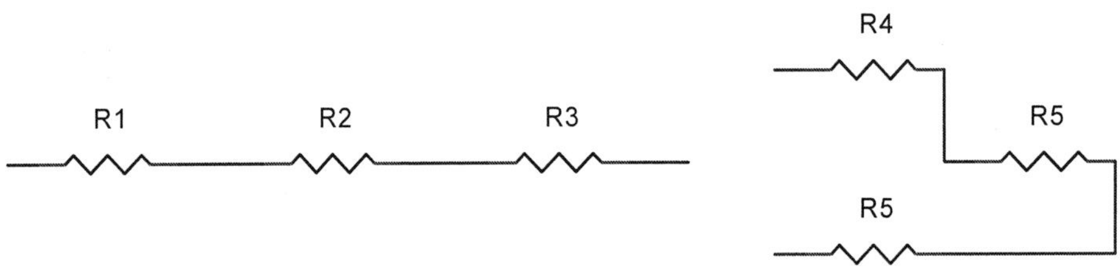

직렬로 연결된 회로에서 KVL을 적용하여 해석해보면 다음과 같다.

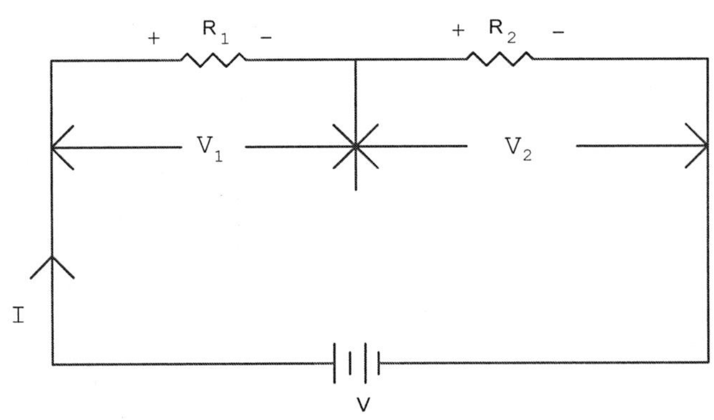

$V = V_1 + V_2$이다. 여기서 전압강하 V_1과 V_2을 구하면 옴의 법칙에 의해 $V_1 = I \times R_1$이고 $V_2 = I \times R_2$이다. 이 식을 대입하면

$$V = V_1 + V_2 = IR_1 + IR_2 = I(R_1 + R_2) = IR[\mathrm{V}]$$

이 된다. 이 식에서

$$R = R_1 + R_2 [\Omega] \tag{1-7}$$

이다.

식 (1-7)은 직렬 연결된 회로의 합성저항을 구하는 식이다. 만약 저항이 n개가 연결되었을 때 합성저항은 $R = R_1 + \cdot \cdot \cdot + R_n [\Omega]$이다.

전류는

$$I = \frac{V}{R} [\mathrm{A}] \tag{1-8}$$

여기서 V_1과 V_2을 구하면

$$V_1 = IR_1 = \frac{V}{R} \times R_1 = \frac{R_1}{R_1 + R_2} \cdot V[\Omega] \tag{1-9}$$

$$V_2 = IR_2 = \frac{V}{R} \times R_2 = \frac{R_2}{R_1 + R_2} \cdot V[\Omega] \tag{1-10}$$

예제 10

다음과 같은 직렬회로에서 합성저항과 전류, 각 소자에 걸리는 전압을 구하시오.
(단, $V = 40 [\mathrm{V}]$, $R_1 = 2[\Omega]$, $R_2 = 3[\Omega]$, $R_3 = 5[\Omega]$이다)

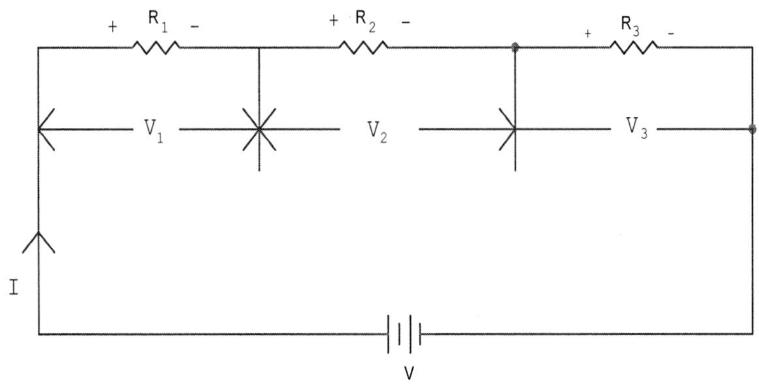

해설

1. 합성저항은 식 (1-7)을 이용하면 다음과 같다.

$$R = R_1 + R_2 + R_3 = 2 + 3 + 5 = 10[\Omega]$$

2. 전류는 식 (1-8)을 이용하면 다음과 같다.

$$I = \frac{V}{R} = \frac{40}{10} = 4[\mathrm{A}]$$

3. 각 저항에 걸리는 전압은 다음과 같다.

$$V_1 = IR_1 = 4 \times 2 = 8[\mathrm{V}]$$
$$V_2 = IR_2 = 4 \times 3 = 12[\mathrm{V}]$$
$$V_3 = IR_3 = 4 \times 5 = 20[\mathrm{V}]$$

[2] 병렬연결

아래 회로와 같이 저항 2개 이상이 위와 아래로 공통으로 연결되어 있으며 각 저항에 걸리는 전압은 동일하며 각 저항에 흐르는 전류는 다른 값을 가지고 병렬로 접속된 회로에서 각 저항에 흐르는 전류 통로를 지로(branch)라 한다.

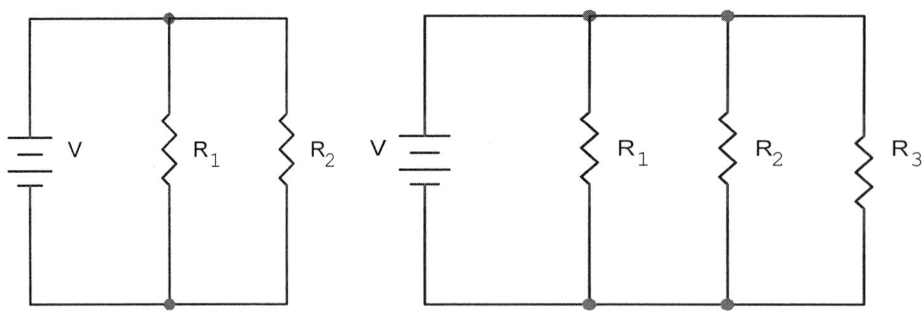

병렬로 연결된 회로에서 KCL을 적용하여 해석해보면 다음과 같다.

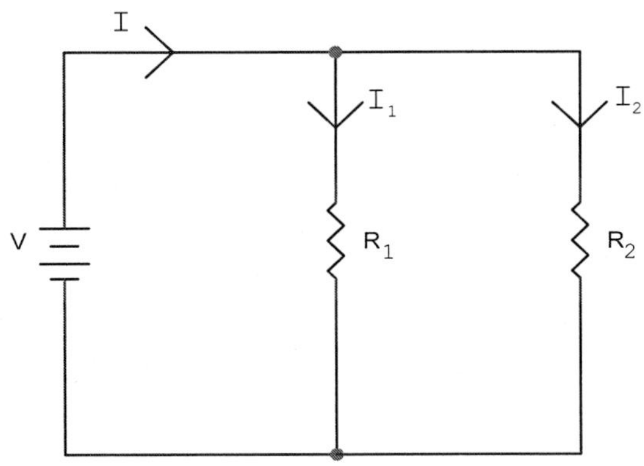

$I = I_1 + I_2$[A]이다. 여기서 각 저항에 흐르는 전류 I_1과 I_2을 구하면 $I_1 = \frac{V}{R_1}$이고 $I_2 = \frac{V}{R_2}$이다. 이 식을 $I = I_1 + I_2$[A]에 대입하면 다음과 같다.

$$I = I_1 + I_2[\mathrm{A}] = \frac{V}{R_1} + \frac{V}{R_2} = V\left(\frac{1}{R_1} + \frac{1}{R_2}\right)$$

$$R = \frac{V}{I} = \frac{1}{\frac{1}{R_1} + \frac{1}{R_2}} = \frac{R_1 \cdot R_2}{R_1 + R_2}[\Omega] \qquad (1\text{–}11)$$

식 (1-11)은 병렬 연결된 회로의 합성저항을 구하는 식이다. 저항이 n개가 연결되었을 때 합성저항은 $R = \frac{1}{\frac{1}{R_1} + \frac{1}{R_2} + \cdots + \frac{1}{R_n}}[\Omega]$이다.

전압은

$$V = I \cdot R[\mathrm{V}] \qquad (1\text{–}12)$$

여기서 I_1과 I_2을 구하면

$$I_1 = \frac{V}{R_1} = \frac{I \cdot R}{R_1} = \frac{I \times \frac{R_1 \times R_2}{R_1 + R_2}}{R_1} = \frac{R_2}{R_1 + R_2} \cdot I[\mathrm{A}] \qquad (1\text{–}13)$$

$$I_2 = \frac{V}{R_2} = \frac{I \cdot R}{R_2} = \frac{I \times \frac{R_1 \times R_2}{R_1 + R_2}}{R_2} = \frac{R_1}{R_1 + R_2} \cdot I[\mathrm{A}] \qquad (1\text{–}14)$$

예제 11

다음과 같은 병렬회로에서 합성저항과 전류, 각 소자에 걸리는 전류를 구하시오.
(단, $V = 30\,[\mathrm{V}]$, $R_1 = 10[\Omega]$, $R_2 = 15[\Omega]$이다.)

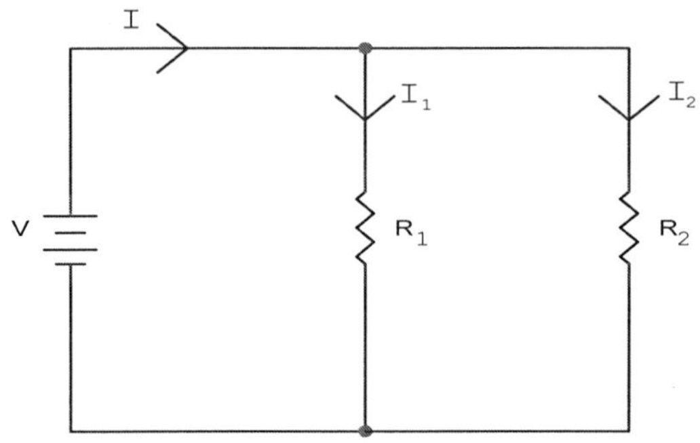

해설

1. 합성저항 식 (1-11)을 이용하면 다음과 같다.

$$R = \frac{R_1 \cdot R_2}{R_1 + R_2} = \frac{10 \times 15}{10 + 15} = 6[\Omega]$$

2. 전류는 식 (1-12)를 이용하면 다음과 같다.

$$I = \frac{V}{R} = \frac{30}{6} = 5\,[\mathrm{A}]$$

3. 식 (1-13)을 이용하여 I_1을 구하면 다음과 같다.

$$I_1 = \frac{V}{R_1} = \frac{30}{10} = 3\,[\mathrm{A}]$$

다른 식을 이용하여 풀면 다음과 같다.

$$I_1 = \frac{R_2}{R_1 + R_2} \cdot I = \frac{15}{10 + 15} \times 5 = 3\,[\mathrm{A}]$$

4. 식 (1-13)을 이용하여 I_2을 구하면 다음과 같다.

$$I_2 = \frac{V}{R_2} = \frac{30}{15} = 2\,[\mathrm{A}]$$

다른 식을 이용하여 풀면 다음과 같다.

$$I_2 = \frac{R_1}{R_1 + R_2} \cdot I = \frac{10}{10+15} \times 5 = 2\,[\mathrm{A}]$$

예제 12

다음과 같은 병렬회로에서 합성저항과 전류, 각 소자에 걸리는 전류를 구하시오.
(단, $V = 6\,[\mathrm{V}]$, $R_1 = 3[\Omega]$, $R_2 = 6[\Omega]$, $R_3 = 2[\Omega]$이다.)

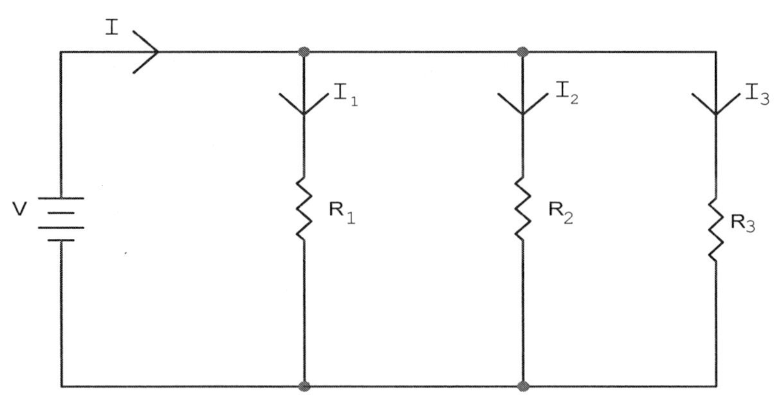

해설

1. 합성저항 식 (1-11)을 이용하면 다음과 같다.

$$R=\frac{1}{\frac{1}{R_1}+\frac{1}{R_2}+\frac{1}{R_3}}=\frac{1}{\frac{1}{3}+\frac{1}{6}+\frac{1}{2}}=1[\Omega]$$

2. 전류는 식 (1-12)를 이용하면 다음과 같다.

$$I=\frac{V}{R}=\frac{6}{1}=6[\mathrm{A}]$$

3. 식 (1-13)을 이용하여 I_1을 구하면 다음과 같다.

$$I_1=\frac{V}{R_1}=\frac{6}{3}=2[\mathrm{A}]$$

4. 식 (1-13)을 이용하여 I_2을 구하면 다음과 같다.

$$I_2=\frac{V}{R_2}=\frac{6}{6}=1[\mathrm{A}]$$

5. 식 (1-13)을 이용하여 I_3을 구하면 다음과 같다.

$$I_3=\frac{V}{R_3}=\frac{6}{2}=3[\mathrm{A}]$$

[3] 혼합접속(직병렬연결)

직렬연결과 병렬연결이 혼합하여 연결된 회로를 직병렬연결이라고 한다.

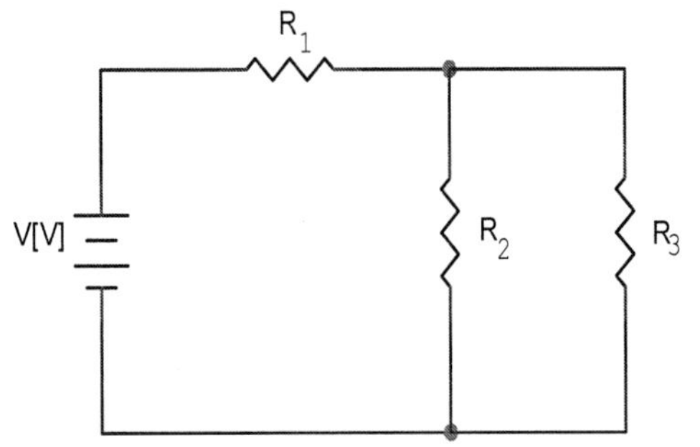

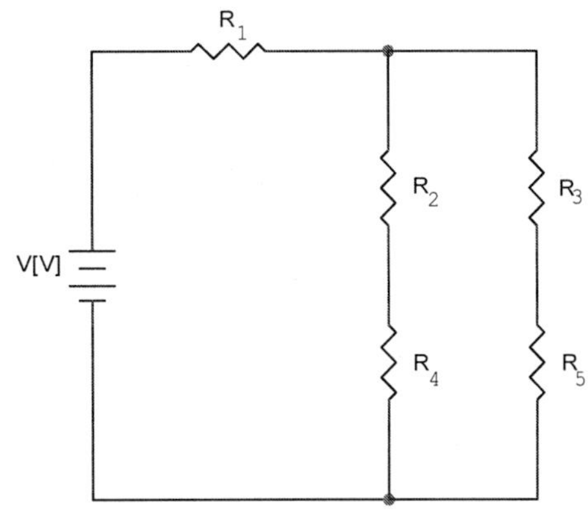

예제 13

다음과 같은 직, 병렬회로에서 합성저항과 전류, 각 소자에 걸리는 전압과 전류를 구하시오. (단, $V=15[\mathrm{V}]$, $R_1=3[\Omega]$, $R_2=6[\Omega]$, $R_3=3[\Omega]$이다.)

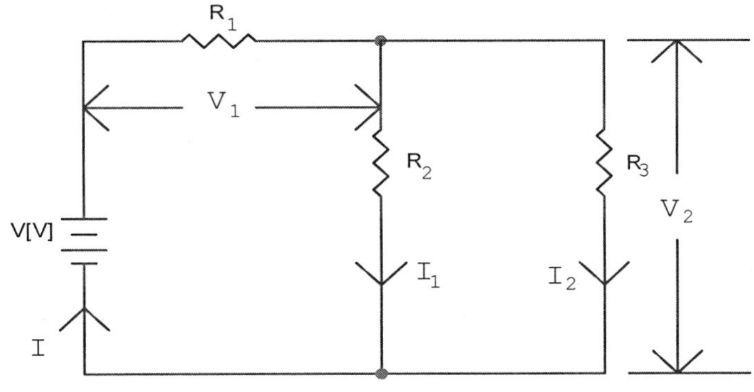

해설

1. 합성저항

$$R=R_1+\frac{R_2 \cdot R_3}{R_2+R_3}=3+\frac{6\times3}{6+3}=3+2=5[\Omega]$$

2. 전체전류 I를 구하면 다음과 같다.

$$I=\frac{V}{R}=\frac{15}{5}=3[\mathrm{A}]$$

3. V_1과 V_2을 구하면 다음과 같다.

$$V_1=I\times R_1=3\times3=9[\mathrm{V}],\quad V_2=I\times\frac{R_2 \cdot R_3}{R_2+R_3}=3\times\frac{6\times3}{6+3}=6[\mathrm{V}]$$

4. I_1과 I_2을 구하면 다음과 같다.

$$I_1=\frac{V_2}{R_2}=\frac{6}{6}=1[\mathrm{A}],\quad I_2=\frac{V_2}{R_3}=\frac{6}{3}=2[\mathrm{A}]$$

예제 14

다음과 같은 직, 병렬회로에서 $I_1=2[\mathrm{A}]$, $R_1=2[\Omega]$, $R_2=3[\Omega]$, $R_3=6[\Omega]$일 때 합성저항과 I, I_2, V_1, V_2, V을 구하시오.

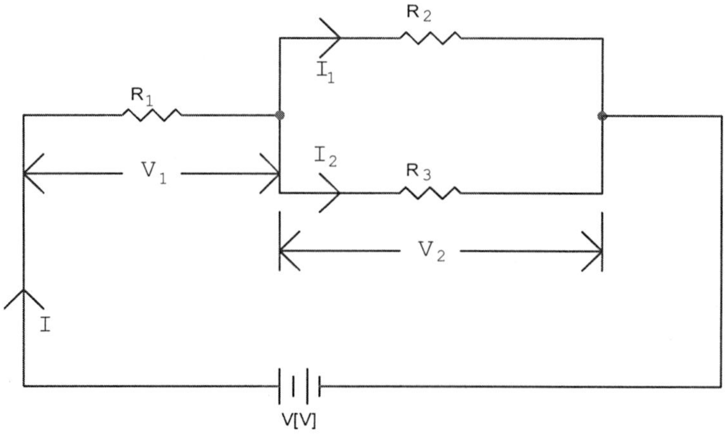

해설

1. R_2와 R_3가 병렬연결이므로 걸리는 전압은 같다. 따라서 여기에 걸리는 전압 V_2을 먼저 구하면 다음과 같다.

$$V_2 = I_1 \times R_2 = 2 \times 3 = 6[\mathrm{V}]$$

2. R_3에 흐르는 전류 I_2을 구하면 다음과 같다.

$$I_2 = \frac{V_2}{R_3} = \frac{6}{6} = 1[\mathrm{A}]$$

3. 전체에 흐르는 전류 I는 KCL을 적용하면 다음과 같다.

$$I = I_1 + I_2 = 2 + 1 = 3[\mathrm{A}]$$

4. 전압 V는 KVL을 적용하면 다음과 같다.

$$V = V_1 + V_2 = 6 + 6 = 12[\mathrm{V}]$$

5 전력과 전력량

[1] 전력

전력은 에너지가 회로에 전달되는 비율을 나타내는 것으로 단위는 watt이다. 이는 스코틀랜드의 발명가 와트(James Watt, 1736~1819)의 이름에서 따온 것이다.

식 (1-2)를 (1-1)에 대입하면 다음과 같다($W = V \cdot Q$ [J]과 $Q = I \cdot t$[C]).

$$W = V \cdot Q = V \cdot I \cdot t \ [\mathrm{J}] \qquad (1\text{–}15)$$

여기서 $V \times I$을 전력이라고 한다. 즉 전력은 다음과 같이 된다.

$$P = V \times I \ [\mathrm{W}] \tag{1-16}$$

전압과 전류에 대하여 옴의 법칙을 적용하면 아래와 같은 식이 성립한다.

$$P = VI = IRI = I^2R \ [\mathrm{W}] \tag{1-17}$$

$$P = VI = V\frac{V}{R} = \frac{V^2}{R}[\mathrm{W}] \tag{1-18}$$

예제 15

어떤 전열기에 100 [V]을 전압을 가하였을 때 5 [A]의 전류가 흐른다면 이 전열기의 전력은 얼마인가?

해설

$$P = VI = 100 \times 5 = 500 \ [\mathrm{W}]$$

예제 16

$50[\Omega]$ 같은 전열기에 100 [V]을 전압을 공급하였다면 5 [A]의 이 전열기의 전력은 얼마인가?

해설

$$P = \frac{V^2}{R} = \frac{100^2}{50} = 200\,[\mathrm{W}]$$

[2] 전력량(일량, 에너지)

식 (1-15)에서 $W= VQ= VIt = Pt\,[\mathrm{J}=\mathrm{ws}]$이다. 여기서 Joule = watt · sec.는 같은 단위이다. 따라서 전력량 = 전력 × 시간이 된다. 즉 전력량은 단위 시간동안에 사용한 전력을 나타낸다.

$$W= VQ= VIt = Pt\,[\mathrm{J}=\mathrm{ws}] \tag{1-19}$$

예를 들어 $1\,[\mathrm{Kwh}]$를 주울로 환산하면

$$W= Pt = 1\times 10^3 \times 60\times 60 = 3600\times 10^3 = 3.6\times 10^6\,[\mathrm{J}]$$

[3] 전력과 전력량

	전　력(P[W])	전　력　량(W[J])
정　의	1초 동안 공급되거나 소비된 전기에너지 또는 1초 동안에 전류가 한 일의 양	전기기구가 단위 시간동안 소비한 전기에너지의 총량이나 전류가 일정한 시간동안 한 일의 양
공　식	$P= VI= I^2R= \dfrac{V^2}{R}\,[\mathrm{W}]$	$W= Pt= VIt= I^2Rt= \dfrac{V^2}{R}t\,[\mathrm{J}=\mathrm{WS}]$
단　위	Watt, J/S	Joule, WS
W와 Wh	1W : 1초 동안에 소비하는 에너지 1J	1Wh : 1W의 전력을 1시간 동안 사용한 전기에너지의 양

[4] 열량

저항 양단에 전압을 걸어주면 전류가 흐르게 된다. 전류가 흐를 때 전류가 한 일이 대부분 열로 변한다면 이때 발생한 열량은 다음과 같다.

열량 $H= 0.24Pt = 0.24I^2Rt\,[\mathrm{cal}]$ (1-20)

예제 17

전열기에 100 [V]을 공급하고 2시간 동안 사용하였을 때 1,000 [W]가 소비되었다. 이 전열기의 저항을 구하시오.

해설

식 (1-19) $W = Pt = \frac{V^2}{R} \cdot t\,[\mathrm{J}]$을 이용하면 다음과 같다.

$$R = \frac{V^2}{P} \cdot t = \frac{100^2}{1000} \times 2 \times 3600 = 72 \times 10^3 = 72\,[\mathrm{k}\Omega]$$

[5] 마력(horse power)

기계의 동력으로 1마력은 약 735.5 [W]이다.

$$1Hp \fallingdotseq 735.5[watt] \fallingdotseq \frac{3}{4}\,[\mathrm{Kw}]$$

6 전지

[1] 건전지의 원리

전지는 1800년경 이탈리아의 물리학자 알레산드로 볼타(Alessandro Volta)가 처음으로 만들었는데, 그 모습은 은판과 아연판 사이에 소금물이나 알칼리 용액으로 적신 천 조각을 끼운 것을 여러 쌍 겹쳐 놓은 것이었다. 최초의 근대식 전지는 1868년 프랑스의 화학자 르클랑셰(Georges Leclanché)가 망간 산화물과 아연을 이용해 만든 망간 전지인데, 처음에는 전해질 용액을 그대로 사용했지만 나중에 전해질을 굳혀 마른 전지를 만들었다. 이것이 '건전지'의 유래이다.

산화는 어떤 물질이 산소와 결합하는 것이고, 환원은 산화의 반대로 화합물이 산소를 얻는 것이다. 건전지의 +와 -의 두 전극을 연결하면 -극의 아연은 염화암모늄 전해액과 반응해 산화아연으로 바뀌는 산화 반응이 일어나면서 아연 원자가 아연 이온이 되어 전자를 방출하게 된다. 그러면 이 전자는 연결된 선을 통해 이동하면서 +극의 이산화망간 속의 망간 이온과 결합하여 망간이 되는 환원 반응이 일어난다. 이와 같은 전자의 이동이 전류의 흐름이 되는 것이다(이때 전자의 이동 방향과 전류의 방향은 반대이다). 건전지를 계속 사용하면 아연판이 점점 가늘어지고 아연이 가진 전자가 모두 망간으로 가버리면 더 이상 전기가 흐르지 않게 된다.

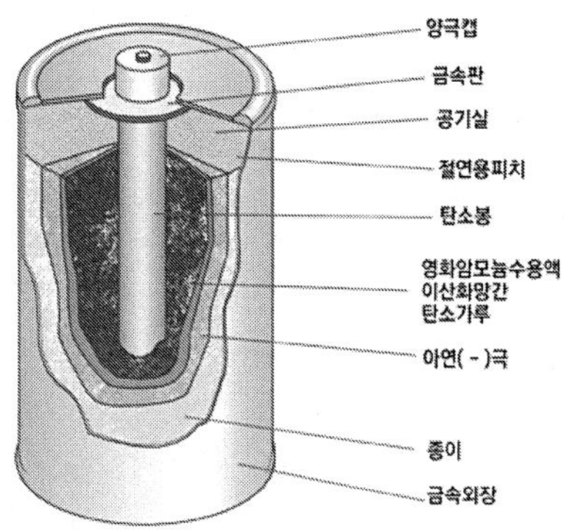

건전지의 내부 구조

[2] 건전지 등가회로

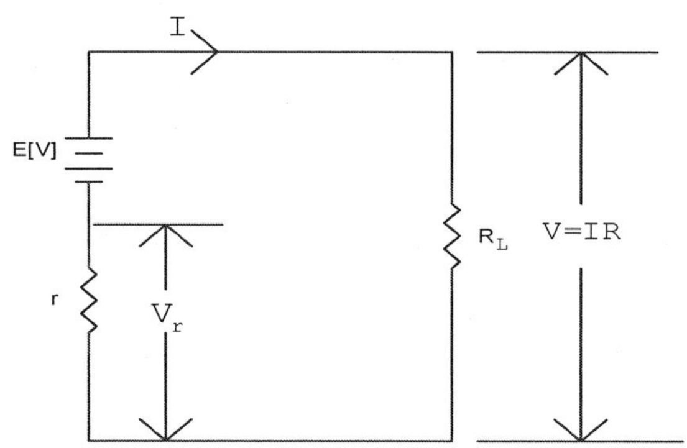

등가회로에서 KVL을 적용하면

$$E = Ir + IR_L = Ir + V[\mathrm{V}] \tag{1-21}$$

여기서 V를 단자전압, V_r은 전지 내부에 일어나는 내부 전압강하, r은 전지의 내부 저항이며, 부하의 값을 살펴보면 다음과 같다.

$$E = Ir + IR_L = Ir + V = \left(\frac{V}{R_L}\right) \cdot r + V$$

이 식에서 V를 좌항으로 이항하면 $E-V=(\frac{V}{R_L})\cdot r$에서 부하를 구하면 된다.

$$R_L=\frac{V}{E-V}\cdot r[\Omega] \tag{1-22}$$

[3] 전지의 직렬접속 - 직렬로 전지 n개 접속

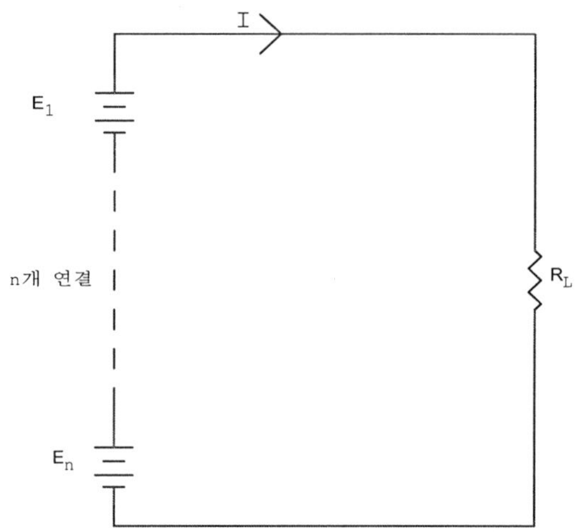

건전지마다 내부 저항이 있으며, 내부 저항은 r로 나타낸다. 외부 저항 R_L을 연결하면 위의 회로와 같다. 따라서 내부 저항과 기전력, 흐르는 전류는 다음과 같다.

- 직렬로 접속된 경우 : 흐르는 전류는 일정하며 전지의 기전력과 내부 저항은 모두 같다.

내부 저항 : $r_1+\cdot\cdot\cdot+r_n=nr[\Omega]$ (1-23)

기전력 : $E_1+\cdot\cdot\cdot+E_n=nE$ [V] (1-24)

$$I=\frac{nE}{nr+R_L}\ [\mathrm{A}] \tag{1-25}$$

[4] 전지의 병렬접속 - 병렬로 전지 m개 접속

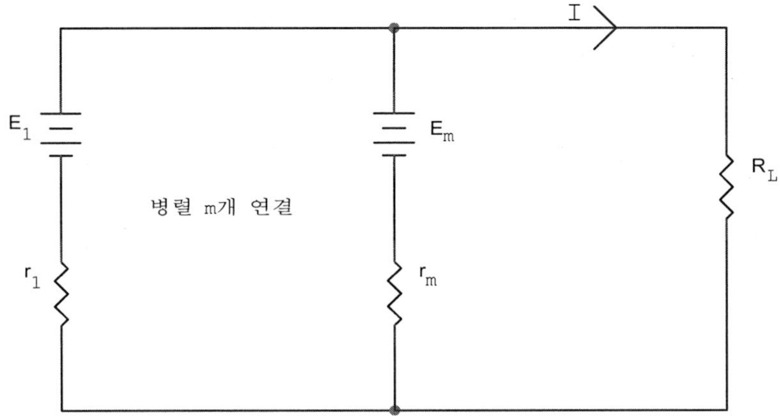

건전지마다 내부 저항이 있는데, 내부 저항을 r로 나타내고 외부 저항 R_L을 연결하면 위의 회로와 같다. 따라서 내부 저항과 기전력, 흐르는 전류는 다음과 같다.

● 병렬로 접속된 경우 : 흐르는 전압이 일정하고 전지의 내부 저항과 기전력은 모두 같다.

$$\text{내부 저항 : } \frac{1}{\frac{1}{r_1}+\cdot\cdot\cdot+\frac{1}{r_m}}=\frac{r}{m} \tag{1-26}$$

$$\text{기전력 : } E_1=\cdot\cdot\cdot=E_m=E \tag{1-27}$$

$$I=\frac{E}{\frac{r}{m}+R_L}\ [\mathrm{A}] \tag{1-28}$$

[5] 전지의 직, 병렬접속 - 직렬로 전지 n개 접속, 병렬로 m조 접속

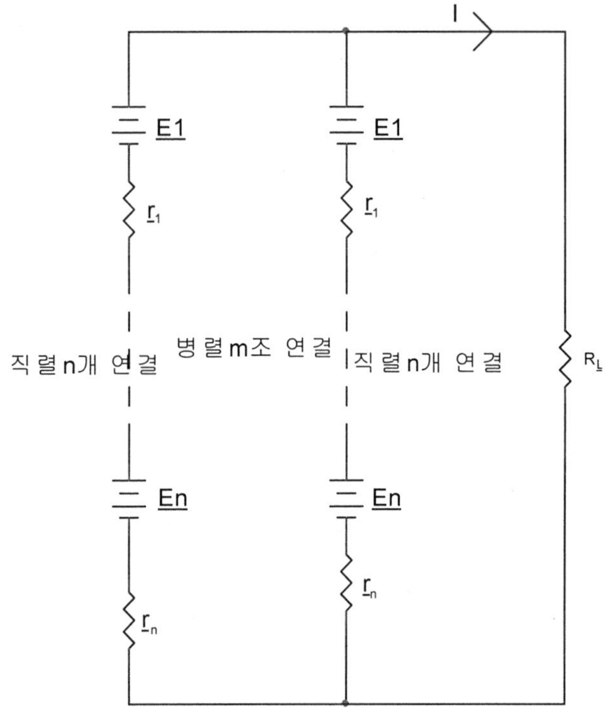

건전지마다 내부 저항이 있으며 내부 저항을 r로 나타내며 외부 저항 R_L을 연결하면 위의 회로와 같다. 따라서 내부 저항과 기전력, 흐르는 전류는 다음과 같으며, 직, 병렬회로에서 전지의 내부 저항과 기전력은 모두 같다.

내부 저항 : $\dfrac{1}{\dfrac{n}{r_1}+\cdot\cdot\cdot\cdot+\dfrac{n}{r_m}}=\dfrac{nr}{m}$ (1–29)

기전력 : $E_1+\cdot\cdot\cdot\cdot+E_n=nE$ (1–30)

$I=\dfrac{nE}{\dfrac{nr}{m}+R_L}$ [A] (1–31)

[6] 최대 전류(최대 전력)를 얻는 조건

내부 저항의 합 = 부하저항의 합 (1-32)

예제 18

기전력이 4 [V], 내부 저항이 0.4 [Ω]인 전지 12개가 있다. 이 전지를 3개 직렬로 하여 4조 병렬 접속한 것에 부하저항 1.7 [Ω]을 접속하였을 때 부하전류를 구하시오.

해설

1. 직렬연결인 경우
   1) 기전력 $\Rightarrow nE = 3 \times 4 = 12\,[\mathrm{V}]$
   2) 내부 저항 $\Rightarrow nr = 3 \times 0.4 = 1.2[\Omega]$

2. 병렬연결인 경우
   1) 기전력 : 병렬연결인 경우는 기전력은 일정하다. 직렬과 같이 12 [V]이다.
   2) 내부 저항 $\Rightarrow \dfrac{nr}{m} = \dfrac{3 \times 0.4}{4} = \dfrac{1.2}{4} = 0.3[\Omega]$
   3) 회로 전체 합성저항 $\Rightarrow R_0 = \dfrac{nr}{m} + R_L = \dfrac{3 \times 0.4}{4} + 1.7 = 2[\Omega]$

3. 부하전류

$$I = \frac{nE}{R_0} = \frac{12}{2} = 6\,[\mathrm{A}]$$

예제 19

다음과 같은 회로에서 E_1, E_2, E_3는 몇 [V]가 되는지 구하시오.

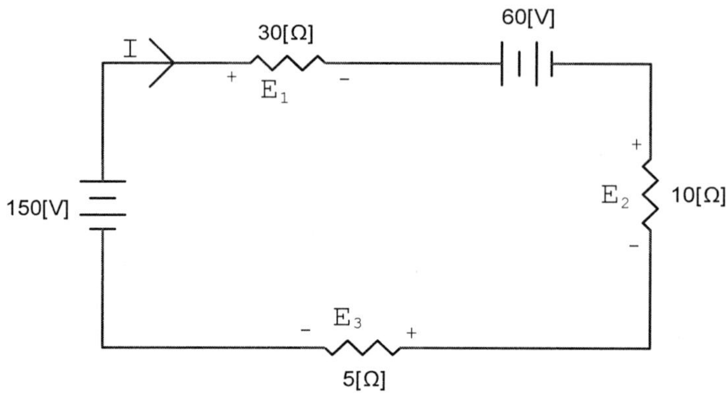

해설

1. 기전력의 방향이 반대이기 때문에 회로 내의 전체 기전력은 다음과 같다.

$$150 - 60 = 90\,[\mathrm{V}]$$

2. 합성저항

$$R = 30 + 10 + 5 = 45\,[\Omega]$$

3. 회로 내에 흐르는 전류

$$I = \frac{V}{R} = \frac{90}{45} = 2\,[\mathrm{A}]$$

4. 저항에 걸리는 전압강하
   1) $E_1 = 2 \times 30 = 60\,[\mathrm{V}]$
   2) $E_2 = 2 \times 10 = 20\,[\mathrm{V}]$
   3) $E_3 = 2 \times 5 = 10\,[\mathrm{V}]$

7 배율기와 분류기

[1] 배율기

전압의 측정범위를 넓히기 위하여 전압계에 직렬로 저항(배율 저항)을 접속한 것을 말한다. 여기서 전압계의 내부 저항을 r_V이고 외부 저항(배율 저항)을 R_m이라 한다.

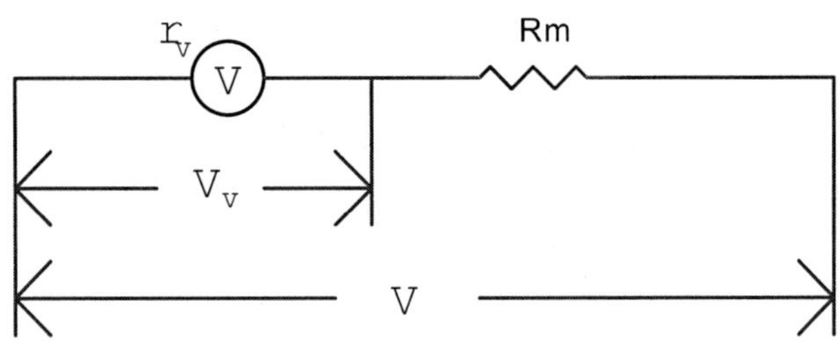

ⓥ는 전압계, r_V는 전압계 내부 저항, R_m은 배율 저항, V_V는 전압계의 지시값을 나타내고 V는 전체전압이다. 여기서 전압계의 전압을 구하면 $V_V = \frac{r_V}{r_V + R_m} \cdot V[\mathrm{V}]$이다. 이 식을 이용하여 배율기의 배율을 구할 수 있다.

위의 식을 이용하면 다음과 같이 된다.

$$\frac{V}{V_V} = \frac{r_V + R_m}{r_V} = 1 + \frac{R_m}{r_V} = m \tag{1-33}$$

식 (1-33)을 배율기의 배율이라고 한다. 배율 저항을 구하면 다음과 같다.

$$R_m = \left(\frac{V}{V_V} - 1\right) \cdot r_V = (m-1)r_V[\Omega] \tag{1-34}$$

[2] 분류기

전류의 측정범위를 넓히기 위하여 전류계에 병렬로 저항(분류 저항)을 접속한 것을 말한다. 여기서 전류계의 내부 저항을 r_a, 외부 저항(분류 저항)을 R_s이라 한다.

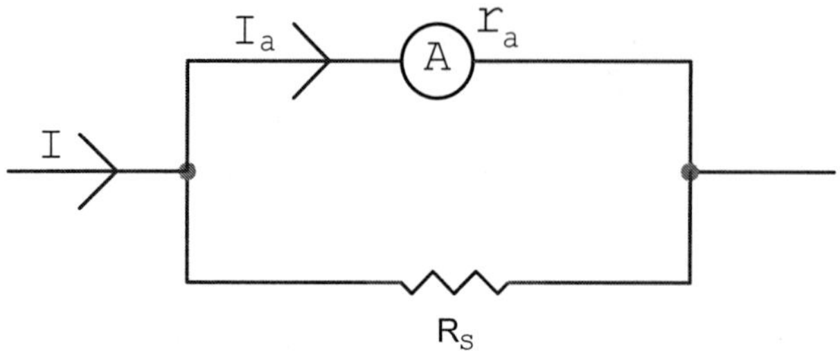

Ⓐ는 전류계, r_a는 전류계 내부 저항, R_s은 배율 저항, I_a는 전류계의 지시값을 나타내고 I는 전체전류이다. 여기서 전류계 측으로 흐르는 전류를 구하면 다음과 같다.

$$I_a = \frac{R_s}{r_a + R_s} \cdot I\,[\mathrm{A}]$$

이다. 위의 식을 이용하여 분류기의 배율을 구하면 다음과 같다.

$$\frac{I}{I_a} = \frac{r_a + R_s}{R_s} = 1 + \frac{r_a}{R_s} = n \qquad (1-35)$$

식 (1-35)을 분류기의 배율이라고 한다. 배율 저항을 구하면 다음과 같다.

$$R_s = \frac{r_a}{(\frac{I}{I_a} - 1)} = \frac{r_a}{(n-1)}[\Omega] \qquad (1-36)$$

예제 20

200[V]의 전압계가 있다. 이 전압계를 사용하여 600[V]의 전압을 측정하기 위해 최소 몇 [Ω]의 저항을 외부에 접해야 하는가? (단, 전압계의 내부 저항은 5000[Ω]이다)

해설

(1-34) 식인 $R_m = (\frac{V}{V_V} - 1) \cdot r_V = (m-1)r_V[\Omega]$를 적용하면 다음과 같다.

$$R_m = (\frac{V}{V_V} - 1) \cdot r_V = (m-1)r_V = (\frac{600}{200} - 1) \times 5000 = 10\,[\mathrm{k}\Omega]$$

예제 21

전류계의 최대눈금이 2 [A]이고 내부 저항이 8 [Ω]이다. 이 전류계로 최대 6 [A]까지 측정하기 위하여 분류 저항은 몇 [Ω] 사용해야 하는가?

해설

(1-36) 식인 $R_s = \dfrac{r_a}{(\dfrac{I}{I_a} - 1)} = \dfrac{r_a}{(n-1)}[\Omega]$를 적용하면 다음과 같다.

$$R_s = \frac{r_a}{(\dfrac{I}{I_a} - 1)} = \frac{r_a}{(n-1)} = \frac{8}{\dfrac{6}{2} - 1} = 4[\Omega]$$

예제 22

어떤 전압계의 측정범위를 10배로 한다면, 배율기의 배율 저항은 전압계의 내부 저항에 몇 배가 되겠는가?

해설

$$R_m = (\frac{V}{V_V} - 1) \cdot r_V = (m-1)r_V = (10-1)r_V = 9r_V.$$

즉 9배가 된다.

8 전압과 전류측정

임의의 회로망에서 전압과 전류를 측정하는 방법은 전압계는 병렬로 연결하여 측정하고 전류는 직렬로 연결하여 측정한다. 전압계와 전류계는 내부 저항을 가지고 있으며, 전압계의 내부 저항은 커야 하고 전류계의 내부 저항은 적어야 한다.

[1] 전압 측정법

: Ⓥ → 전압계

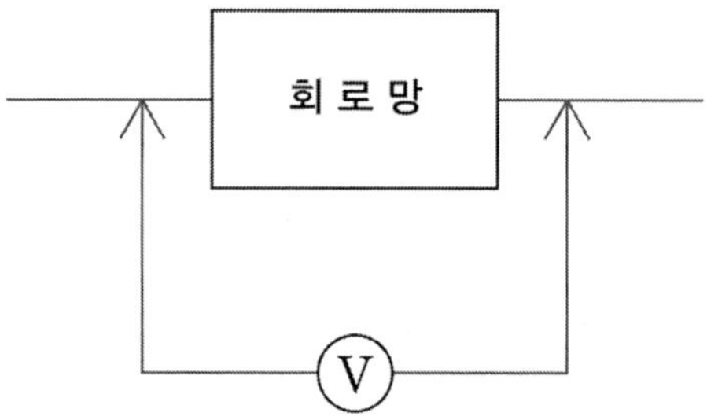

[2] 전류 측정법

: Ⓐ → 전류계

9 중첩의 원리(Superposition Theorem)

입력이 A일 때 출력이 B이고 입력이 C일 때 출력이 D가 되는 것은 같은 회로망에서 입력이 A+C이면 출력은 B+D가 될 수 있다. 이러한 경우에 중첩의 원리가 성립된다.

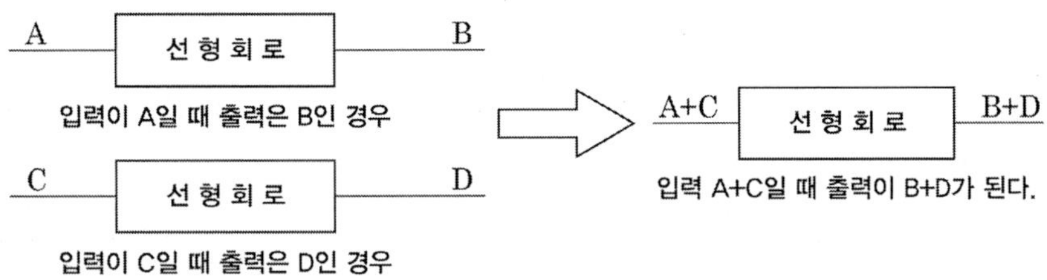

여러 개의 독립전원을 포함한 선형 회로의 응답은 각 독립전원이 개별적으로 작용할 때의 응답을 구하여 합한 것과 같다. 각 독립전원이 개별적으로 작용할 때는 다른 독립전원은 끄고, 독립전원을 Impedance로 변환하여 구한다. 즉 전압원은 단락하고 전류원은 개방한다.

예를 들면 다음과 같다.

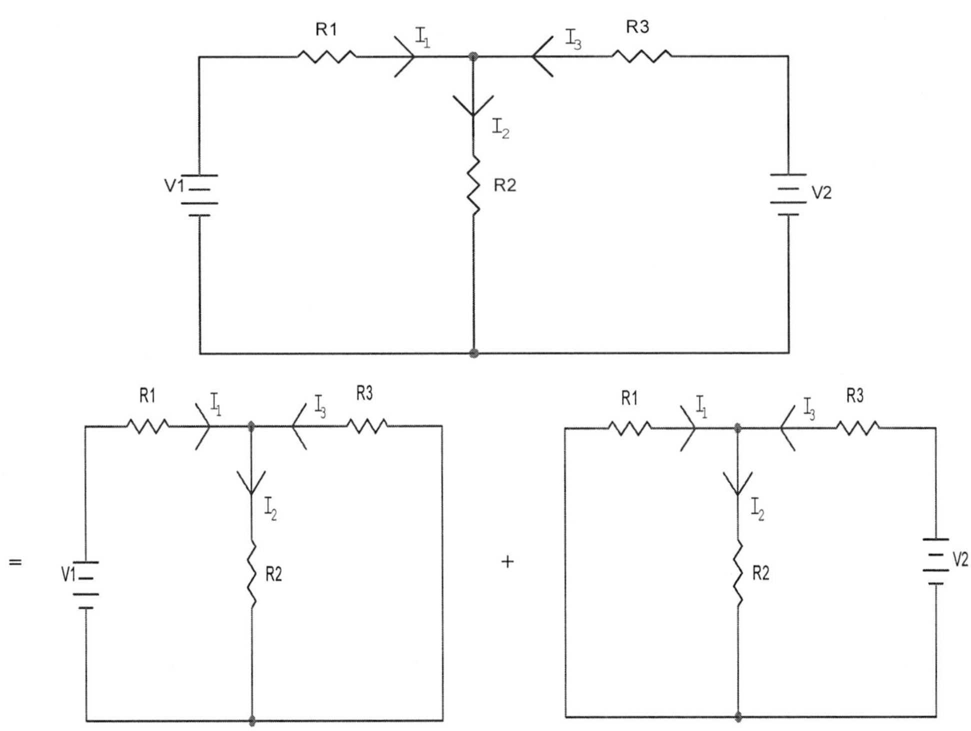

예제 23

다음과 같은 회로에서 전류 I을 구하시오.

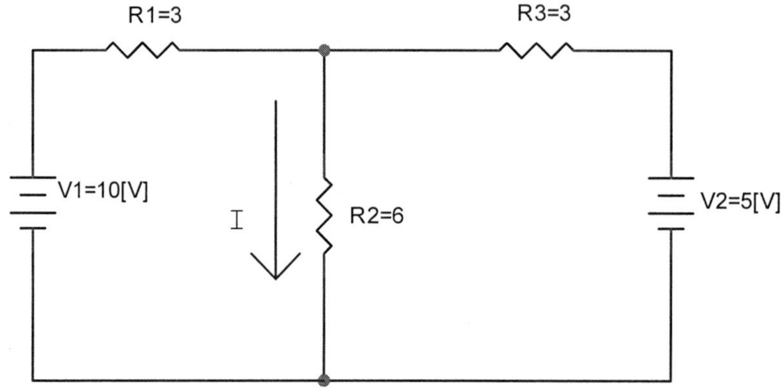

해설

1) V_2을 단락하여 전류를 구한다.

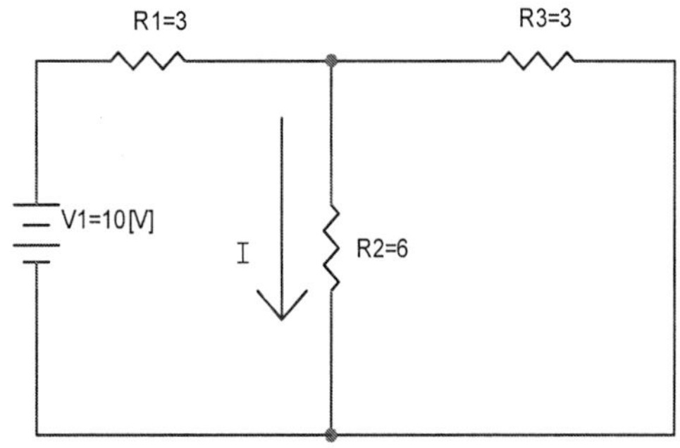

1. 합성저항

$$R_1 + \frac{R_2 \cdot R_3}{R_2 + R_3} = 3 + 2 = 5[\Omega]$$

2. 전체에 흐르는 전류

$$I_o = \frac{V}{R} = \frac{10}{5} = 2[\mathrm{A}]$$

3. I를 구한다.

$$I_1 = \frac{R_3}{R_2 + R_3} \cdot I_o = \frac{3}{6+3} \times 2 = \frac{2}{3}[\mathrm{A}]$$

2) V_1을 단락하여 전류를 구한다.

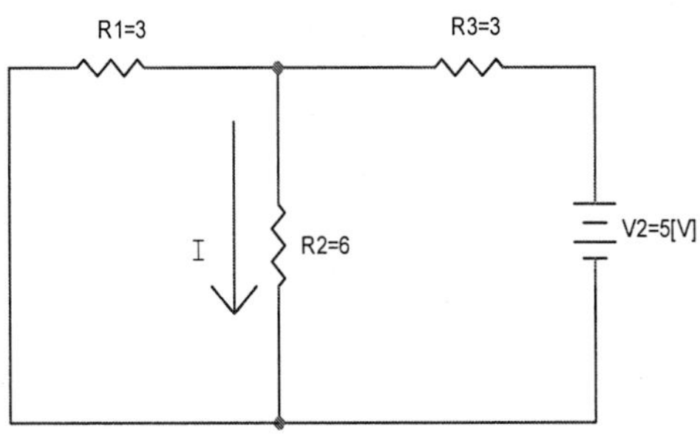

1. 합성저항

$$R_3+\frac{R_1\cdot R_2}{R_1+R_2}=3+2=5[\Omega]$$

2. 전체에 흐르는 전류

$$I_o=\frac{V}{R}=\frac{5}{5}=1\,[\mathrm{A}]$$

3. I를 구한다.

$$I_2=\frac{R_1}{R_1+R_2}\cdot I_o=\frac{3}{6+3}\times 1=\frac{1}{3}\,[\mathrm{A}]$$

3) $I=I_1+I_2=\frac{2}{3}+\frac{1}{3}=1\,[\mathrm{A}]$가 된다.

예제 24

다음과 같은 회로에서 전류 $I_1,\ I_2,\ I_3$을 구하시오.

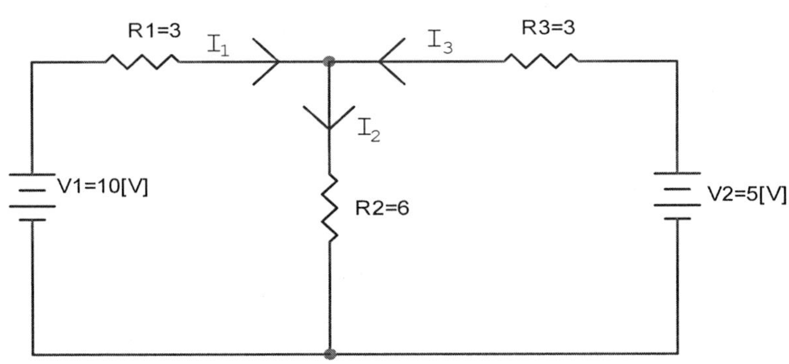

해설

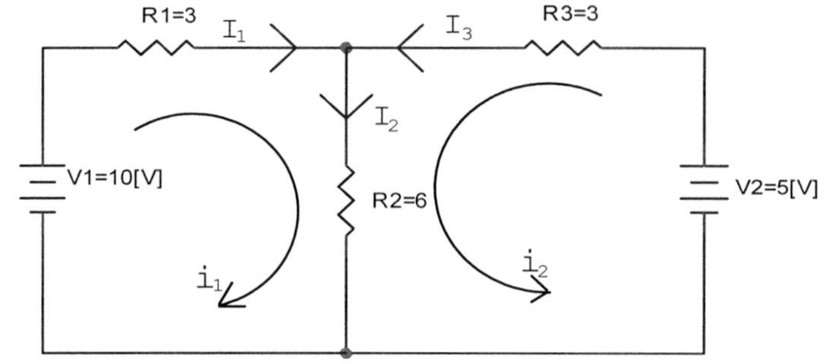

1. KCL을 적용하면 다음과 같다.

$$I_2 = I_1 + I_3 \quad \text{-----} \ 1식$$
$$I_1 = I_2 - I_3 \quad \text{-----} \ 2식$$
$$I_3 = I_2 - I_1 \quad \text{-----} \ 3식$$

2. i_1 루프에서 KVL을 적용하면 다음과 같다.

$$V_1 = I_1R_1 + I_2R_2 \Rightarrow 10 = 3I_1 + 6I_2 \quad \text{-----} \ 4식$$

3. i_2 루프에서 KVL을 적용하면 다음과 같다.

$$V_2 = I_2R_2 + I_3R_3 \Rightarrow \ 5 = 6I_2 + 3I_3 \quad \text{-----} \ 5식$$

4. 4식과 5식을 연립방정식을 이용하여 I_2을 구하면 다음과 같다. 우선 4식에 2식을 대입한다.

$$10 = 3I_1 + 6I_2 = 3(I_2 - I_3) + 6I_2 = 9I_2 - 3I_3 \quad \text{--} \ 6식$$

5식 + 6식을 하면 $15 = 15I_2$에서 $I_2 = \frac{15}{15} = 1[\mathrm{A}]$가 된다.

5. I_2을 4식에 대입하면 $10 = 3I_1 + 6I_2 \Rightarrow 10 = 3I_1 + 6 \Rightarrow I_1 = \frac{4}{3}[\mathrm{A}]$가 된다.

6. I_1과 I_2을 3식에 대입하면 $I_3 = I_2 - I_1 = 1 - \frac{4}{3} = -\frac{1}{3}[\mathrm{A}]$이 된다.

예제 25

다음과 같은 회로에서 전류 I을 구하시오.

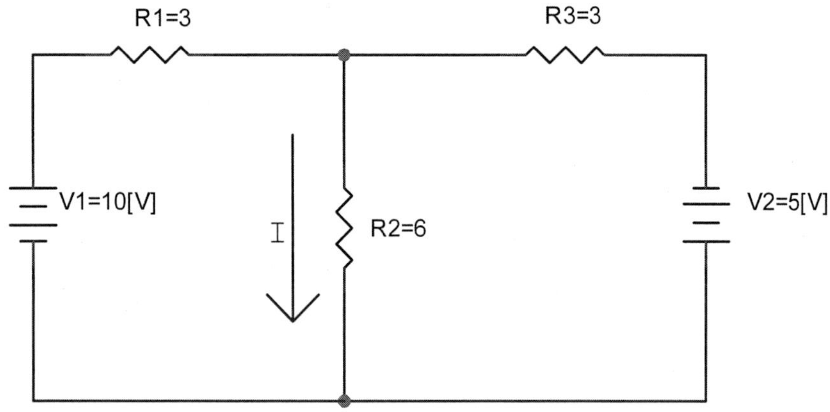

해설

1) V_2을 단락하여 전류를 구한다.

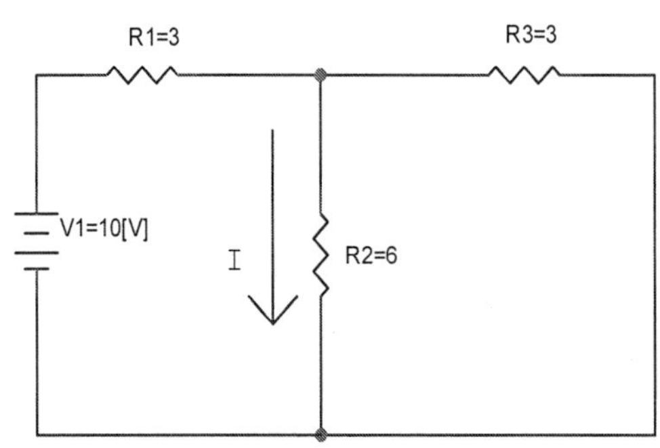

1. 합성저항

$$R_1 + \frac{R_2 \cdot R_3}{R_2 + R_3} = 3 + 2 = 5[\Omega]$$

2. 전체에 흐르는 전류

$$I_o = \frac{V}{R} = \frac{10}{5} = 2\,[\mathrm{A}]$$

3. I을 구한다.

$$I_1 = \frac{R_3}{R_2 + R_3} \cdot I_o = \frac{3}{6+3} \times 2 = \frac{2}{3}\,[\mathrm{A}]$$

2) V_1을 단락하여 전류를 구한다.

3) $I = I_1 - I_2 = \frac{1}{3}\,[\mathrm{A}]$

10 테브난의 정리(Thevenin's theorem)

테브난의 정리는 1880년대 프랑스의 기술자인 레옹 테브난(Léon Thévenin)이 발견한 것으로, 복잡한 회로(복수의 전원(전압원, 전류원)과 저항으로 이루어진 회로)를 단일 내부 저항을 가지는 전압원으로 등가 변환하는 정리이다.

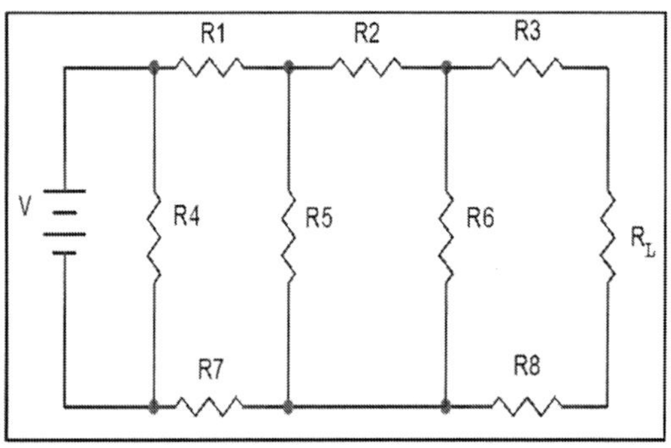

일반회로

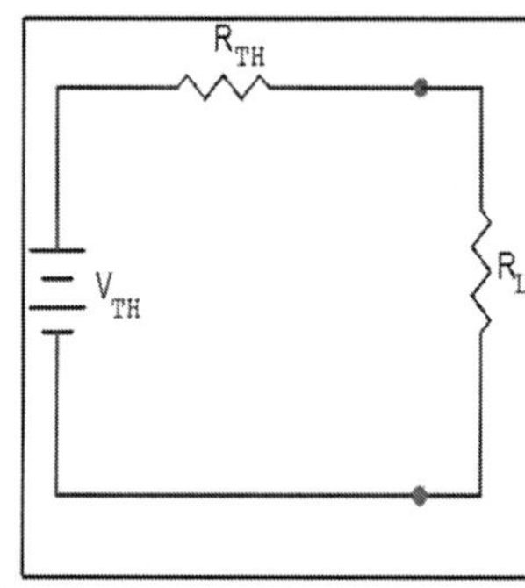

테브난 등가회로

임의의 선형 2 단자 회로망은 테브난 전압원와 테브난 저항을 직렬 연결한 등가회로로 대체할 수 있다. 테브난의 등가 전압 V_{TH}는 부하저항을 개방한 상태에서 부하 양단에 걸리는 전압을 나타내고 R_{TH}는 테브난의 등가 저항으로 회로에서 전압원을 단락시키고 전류원은 개방했을 때 부하 쪽에서 회로 쪽을 본 저항을 말한다.

다음과 같은 일반회로를 테브난 등가회로로 변환하면 다음과 같다.

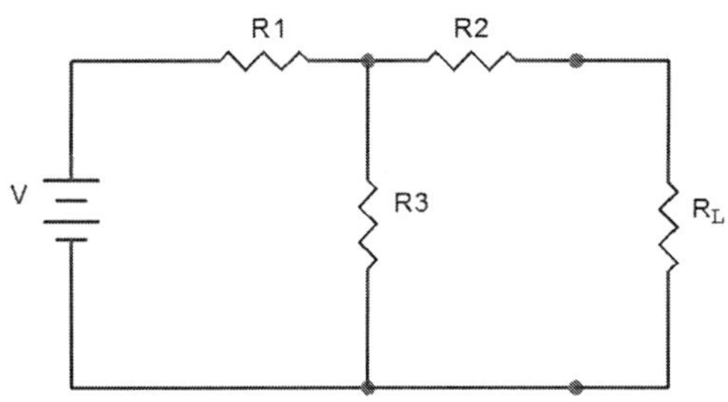

일반회로

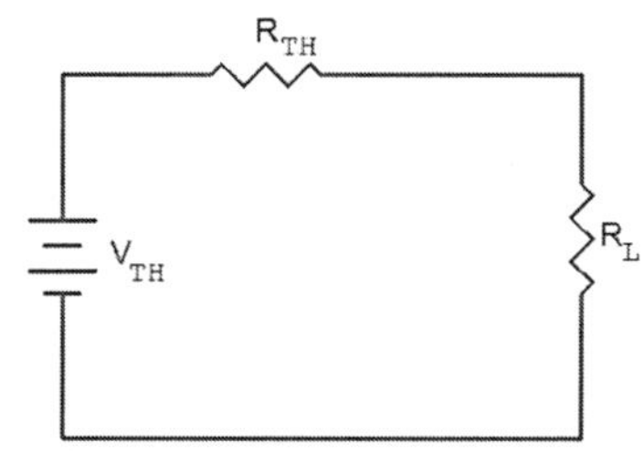

테브난 등가회로

1. 전압원을 단락시킨 후 R_{TH}를 구한다.

$$R_{TH} = \frac{R_1 \cdot R_3}{R_1 + R_3} + R_2[\Omega] \tag{1-37}$$

2. 부하저항을 개방하고 V_{TH}을 구한다.

$$V_{TH} = \frac{R_3}{R_1 + R_3} \cdot V[\mathrm{V}] \tag{1-38}$$

3. 부하에 흐르는 전류

$$I_L = \frac{V_{TH}}{R_{TH} + R_L}[\mathrm{A}] \tag{1-39}$$

예제 26

다음의 회로를 테브난 정리를 이용하여 R_{TH}와 I_L, V_{TH}을 구하시오.
(단, $R_L = 4[\Omega]$이다.)

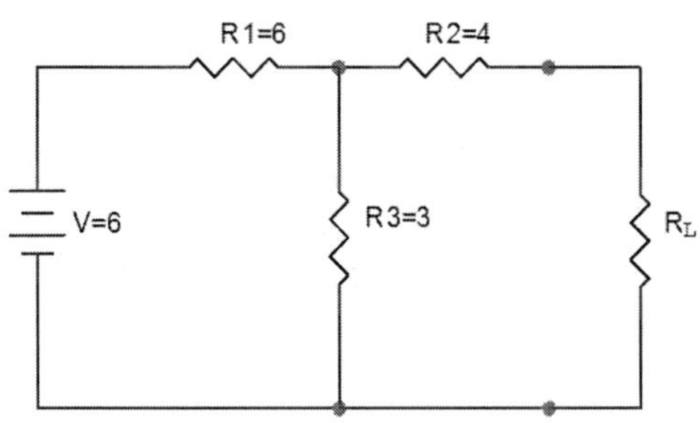

일반회로

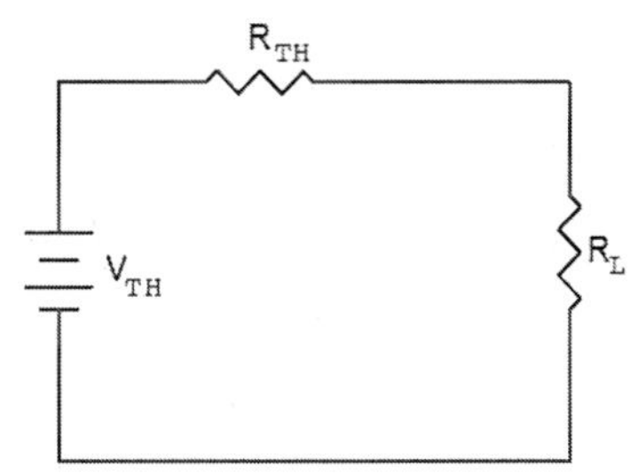

테브난 등가회로

해설

1. 전압원을 단락할 때

$$R_{TH} = \frac{R_1 \cdot R_3}{R_1 + R_3} + R_2 = \frac{6 \times 3}{6+3} + 4 = 6[\Omega]$$

2. $V_{TH} = \dfrac{R_3}{R_1 + R_3} \cdot V = \dfrac{3}{6+3} \times 6 = 2[\mathrm{V}]$

3. 부하에 흐르는 전류

$$I_L = \frac{V_{TH}}{R_{TH}+R_L} = \frac{2}{6+4} = 0.2[A]$$

---

11 노턴의 정리(Norton`s theorem)

노턴의 정리는 미국의 과학자인 에드워드 노턴(Edward L.Norton)이 제안한 것으로, 테브난 정리와 마찬가지로 복잡한 회로를 간소화하여 해석할 때 사용된다. 노턴의 정리가 테브난 정리와 다른 점은 등가 저항과 병렬 연결된 등가 전류원을 만든다는 것이다. 원래의 회로가 아무리 복잡해도 이 등가회로를 사용하면 간소화하여 해석할 수 있다. 따라서 임의의 선형 2 단자 회로망을 노턴의 등가 전류원인 I_N과 노턴의 등가 저항 R_N을 병렬로 연결한 등가회로로 대체할 수 한다.

등가회로로 변환하기 위해서는 부하저항을 없애고 그 자리를 단락시킨 후 단락된 곳에 흐르는 전류를 노턴의 등가 전류인 I_N이며 부하저항을 R_L을 제거하고, 회로 쪽을 바라본 저항을 노턴의 등가 저항 R_N이다. 이것은 테브난의 등가 저항 R_{TH}와 같은 방법으로 구할 수 있다.

다음과 같은 일반회로를 노턴의 등가회로로 변환하면 다음과 같다.

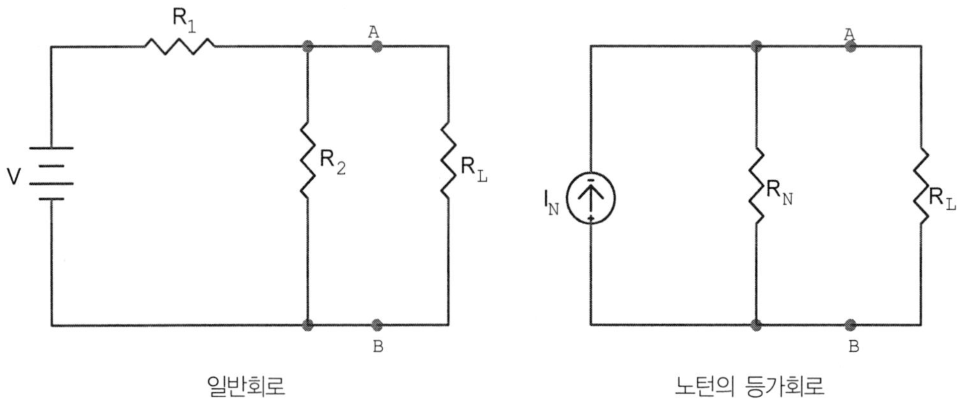

일반회로 노턴의 등가회로

1. 전압원을 단락 후 R_N를 구한다.

$$R_N = \frac{R_1 \cdot R_2}{R_1 + R_2}[\Omega] \tag{1-40}$$

2. 전압원을 포함한 단자 A와 B를 단락하고 단락전류 I_N을 구한다.

$$I_N = \frac{V}{R_1}[\mathrm{A}] \tag{1-41}$$

3. 부하전류

$$I_L = \frac{R_N}{R_N + R_L} \times I_N[\mathrm{A}] \tag{1-42}$$

- 테브난 및 노턴 회로 간의 등가 변환

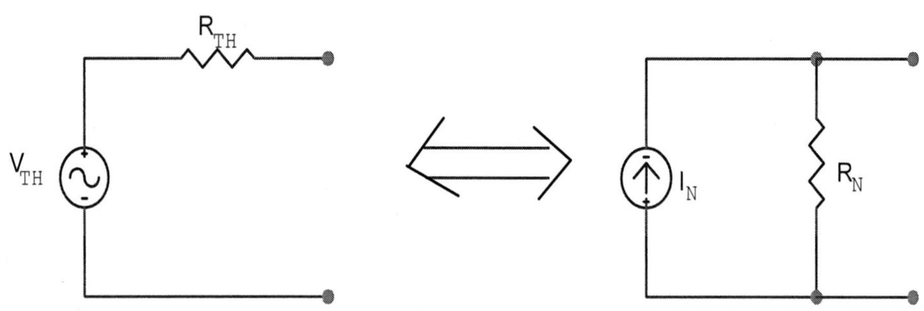

테브난 등가회로 노턴 등가회로

- 노턴 등가회로

$$I_N = \frac{V_{TH}}{R_{TH}}[\mathrm{A}] \tag{1-43}$$

$$R_N = R_{TH} \tag{1-44}$$

예제 27

다음 회로를 노턴 등가회로로 변환했을 때 I_N, R_N과 R_L에 흐르는 전류를 구하라.

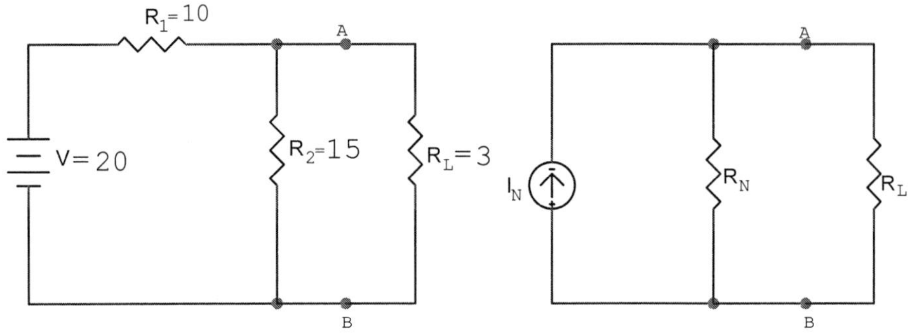

해설

1. 전압원을 단락한 후 R_N를 구한다.

$$R_N = \frac{R_1 \cdot R_2}{R_1 + R_2} = \frac{10 \times 15}{10 + 15} = \frac{150}{25} = 6[\Omega]$$

2. 전압원을 포함한 단자 A와 B를 단락하고 단락 전류 I_N을 구한다.

$$I_N = \frac{V}{R_1} = \frac{20}{10} = 2\,[\mathrm{A}]$$

3. 부하전류

$$I_L = \frac{R_N}{R_N + R_L} \times I_N = \frac{6}{6+3} \times 2 = \frac{12}{9} = \frac{4}{3}\,[\mathrm{A}]$$

12 태양전지(solar cell)

[1] 태양전지의 원리

태양전지는 빛의 에너지를 전기에너지로 변환시키는 장치이다. 태양광 모듈은 여러 개의 태양전지로 구성되어 있으며 태양전지는 재료에 따라 결정질 실리콘, 비정질 실리콘, 화합물 반도체 등으로 분류하는데, 이 중에서 현재 가장 많이 사용되고 있는 재료는 결정질 실리콘이다.

태양전지의 원리는 n형 반도체와 p형 반도체를 접합시켜 놓은 것으로, pn 접합은 접합부분에 전기장이 생겨 전자(electron)를 n형 반도체 쪽으로 끌어당기는 성질이 있다. 전자는 원자핵(nucleus)의 흡인력(인력)에 묶여있기 때문에, pn 접합이 이루어져 있다. 태양전지가 충분한 빛에너지를 받으면 고체 내부의 전자가 에너지를 받아 원자핵의 흡인력(인력)에서 벗어나 자유롭게 이동할 수 있는 자유전자(free electron)가 되는데, 이를 광전효과(photoelectric effect)라고 한다. 이렇게 원자핵의 구속에서 벗어난 자유전자들은 pn 접합의 원리에 따라 n형 반도체 쪽으로 이동하게 되고, 이 전자의 흐름이 곧 전류가 되는 것이다.

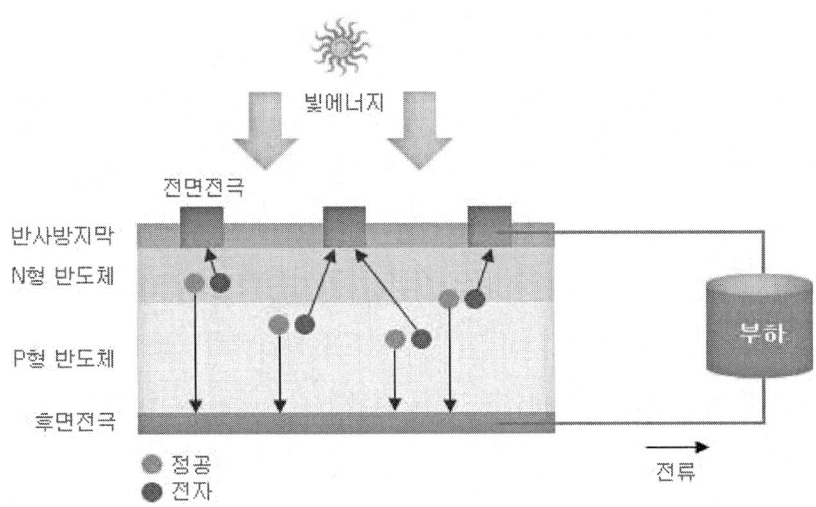

태양전지의 구조

[2] 태양전지의 분류

재료에 따라 결정질 실리콘, 비정질실리콘, 화합물반도체로 분류한다.

- 태양전지
  - Si계
    - 결정질 Si
      - 기판형
        - 단결정(Single Crystalline Si)
        - 다결정(Poly-Crystalline Si)
      - 박막형(Poly-Crystalline Thin Si)
    - 비정질 Si 박막(a-Si Thin File)
  - 화합물 반도체
    - II-IV족 : CdTe, CIS 등
    - III-V족 : GaAs, InP, InGaAs 등
    - 기타 : Quantum Dot Cell, Dye Cell 등

[3] 태양전지의 장단점

구 분	특 성	내 용
장 점	환경 적합성 연료 냉각수 불필요 모듈화 단기 건설 기간 부하 패턴 적합성 무보수성, 고신뢰성	배기스 폐열 등 환경오염과 소음이 없음 에너지 자원 보존 입지상의 제약이 적음 발전용량의 신축성 / 발전시설의 유동성 수요 증가에 신속한 대응 가능 첨두 부하 경감 / 공급 예비력 감소에 효과적 대응 무인 자동화 운전가능 및 운전 비용 절감
단 점	대면적 필요 이용률 낮음 불안정성 고출력 불가능	일사량에 의존 / 대규모 발전에 대면적이 필요 야간 · 우천 시에 발전 불가능 일사량 변동에 따라 출력이 불안정함 공급가능 출력에 한계 / 급격한 전력수요에 대응 불가

[4] 태양전지의 종류별 특징

종 류	a-Si 박막	CIS / CIGS 박막	CdTe 박막	결정질 실리콘
모 듈 효 율	6-8.5%; triple 12%	11-13%	8-10%	13-18%
장 점	기술의 성숙도 제조비용 저가 다양한 턴키 솔루션	박막 태양전지 최고효율 제품 장기 신뢰성 다양한 기판 활동 타 박막 대비 재활용 가능	낮은 제조비용 면적 대비 고효율	제품의 안정성 성숙된 제반기술 안정된 시장성
단 점	저효율 초기 열화 문제 시장 축소 우려	희귀원소 원료 수급 재료물성 개발 양산공정 개발	Cd 중금속 문제 및 Te 부족 기판 재료 한정 대면적화 제조 원재료손실	Wafer 생산 시 원료 수급 및 제조 비용 고가, 효율 열화 현상

13 열전 효과

열로부터 전기를 얻는 현상으로, 도체 한쪽을 가열하게 되면 온도가 상승하며 도체의 다른 쪽보다 높아지게 되면 양(+) 전하의 온도가 낮은 쪽으로 확산이 이루어져 전위차가 생성되고 전장의 방향이 양(+) 전하의 이동을 저지하므로 이 온도차에 의한 확산과 전장의 크기가 같아지게 되면 더 이상의 변화가 생기지 않는 것을 열전 효과(thermoelectricity)고 한다.

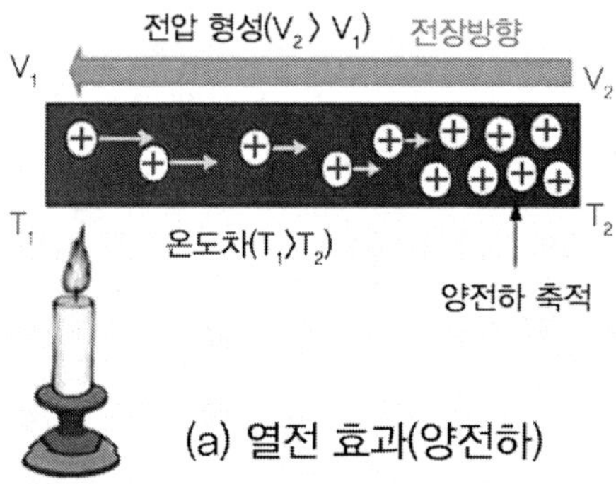

(a) 열전 효과(양전하)

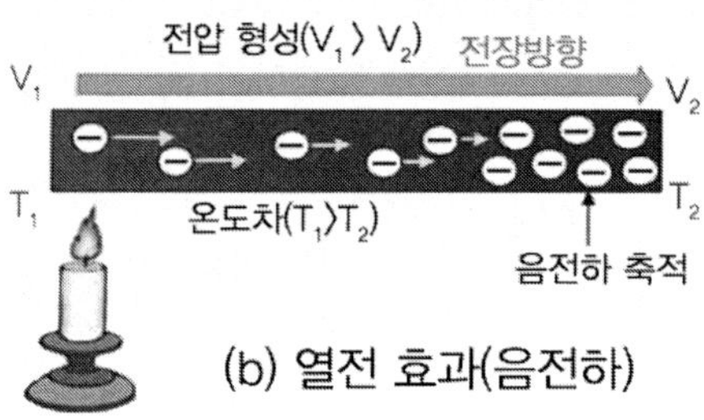

(b) 열전 효과(음전하)

[1] 제백 효과(Seebeck Effect)

1821년 독일의 물리학자인 토마스 제백(Thomas J.Seebeck, 1770~1831)은 비스무트(Bi)와 안티몬(Sb)을 이용하여 연결된 선에서 온도에 의해서 전압이 발생하는 것을 발견하였다. 따라서 다른 두 물체를 접합시킨 다음 두 접점 사이에 온도차를 주면 전류가 흐르는데, 여기서 발생되는 기전력을 열기전력(thermo electromotive force)라 하고, 1℃당 온도차로 인하여 발생되는 열기전력을 제백 계수(Seeback Coefficient)라 하며, 제백의 이름을 따서 제백 효과라고 부른다.

열기전력을 측정하여 온도로 환산하는 열전대식 온도계는 공업적으로도 널리 이용되고 있고, 고온에서 극저온까지 각종 열전대가 있다. 온도계측용으로 사용되는 열전대에는 은-금(철 첨가), 크로멜-금(철 첨가), 구리-콘스탄탄, 크로멜-콘스탄탄, 크로멜-알루멜, 백금로듐-백금, 텅스텐-텅스텐 레늄 등 여러 가지가 있다.

[2] 펠티어 효과(Peltier Effect)

1834년 프랑스의 물리학자 장 펠티어(Jean Charles Athanase Peltier, 1785~1845)가 발견한 현상으로, 열전대에 전류를 흘리면 이 전류에 의해 발생하는 줄열 외에도 열전대의 각 접점에서 발열 또는 흡열이 일어나는 현상이다.

두 금속의 접합점에서의 흡열과 발열의 발생, 즉 한쪽은 열이 발생하고 다른 쪽은 열을 빼앗기는 현상을 이용하여 냉각과 가열을 할 수 있으며 이러한 특성 때문에 냉동기나 항온조 제작에 사용된다. 현재 도체에 사용하는 열전소자의 연구가 진행되어 전자 냉동 등에서 이용하고 있다. 결론적으로 직류를 흐르게 하면 한 쪽은 발열, 반대쪽은 냉각이 되는 온도차를 가져오는 것을 말한다.

- 서로 다른 물체를 P형 반도체와 N형 반도체로 한 열전 반도체

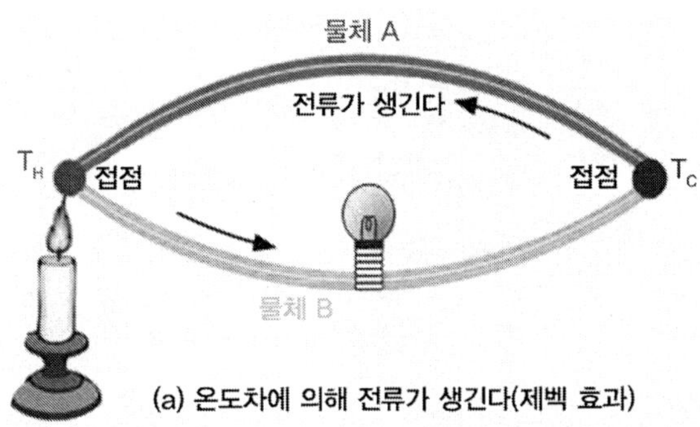

(a) 온도차에 의해 전류가 생긴다(제벡 효과)

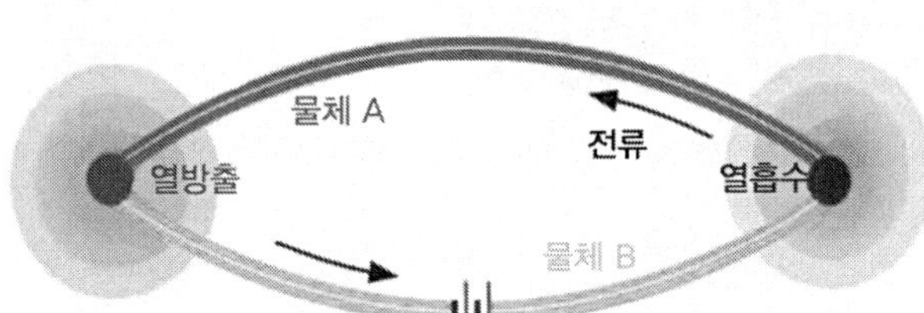

(b) 전류에 의해 온도차가 생긴다(펠티에 효과)

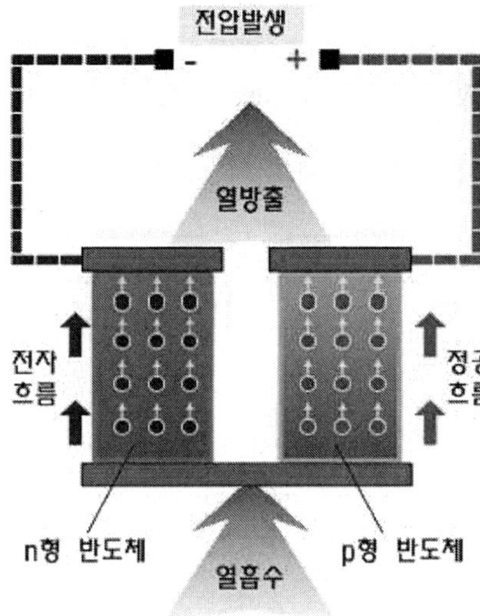

(a) 제백 효과

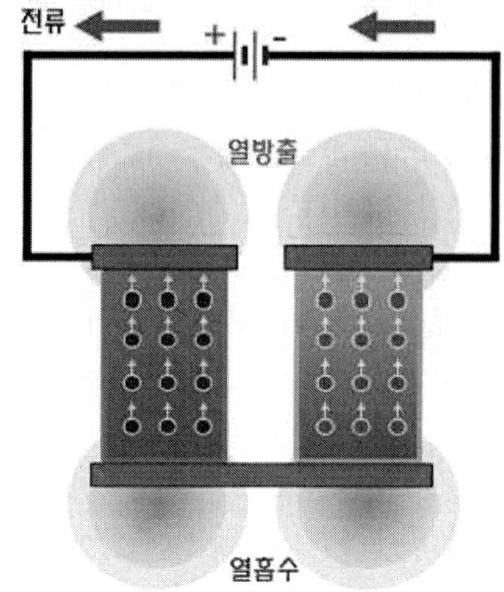

(b) 펠티에 효과

토성 탐사선 카시니(Cassini)

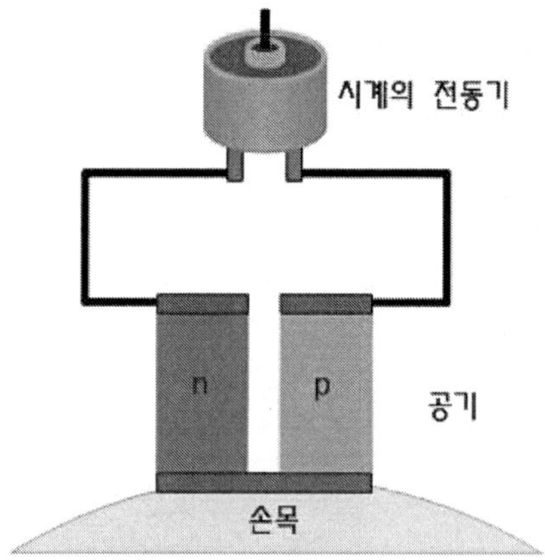

체온을 이용한 시계 전동기 구동

(a) 제백 효과의 응용

자동차 냉장고(cooler)

CCD 카메라

(b) 펠티에 효과의 응용

[3] 톰슨 효과(Thomson Effect)

1854년 윌리엄 톰슨(William Thomson)에 의해 발견된 것으로, 어떤 금속에 온도 차가 주어지면 기전력이 발생하여 전류가 흐르면서 열이 발생하는 현상이다.

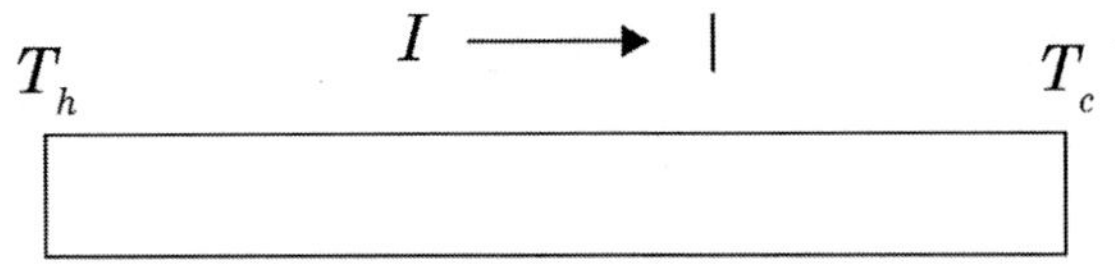

위와 같이 온도차가 주어질 때 생성되는 전류가 I일 때 발생되는 열량 Q는 다음과 같다.

온도차 $\Delta T = T_h - T_c$ (1-45)

열 량 $Q = \mu I \Delta T$ (1-46)

여기서 μ는 톰슨 계수이다.

연습문제

1. 도체에 3 [A]의 전류가 10분간 흘렀을 때 이 도체에 통과한 전기량은 얼마인가?

2. 그림과 같은 회로에서 각 저항에 흐르는 전류를 구하시오.

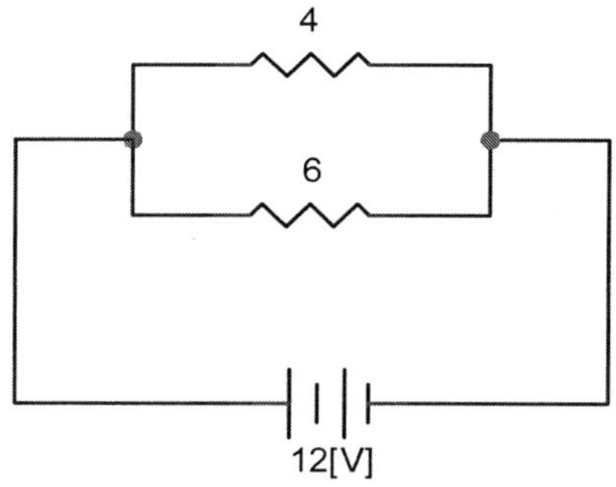

3. 10.2 [℧]의 콘덕턴스를 가지고 있는 저항체에 10 [A]의 전류를 흘렸을 때 전압은 얼마인가?

4. 0.6 [℧]의 콘덕턴스 3개를 직렬로 접속하고 6 [A]의 전류를 흘렸을 때 전압은 얼마인가?

5. 다음과 같은 회로에서 A, B 간의 합성저항을 구하시오.

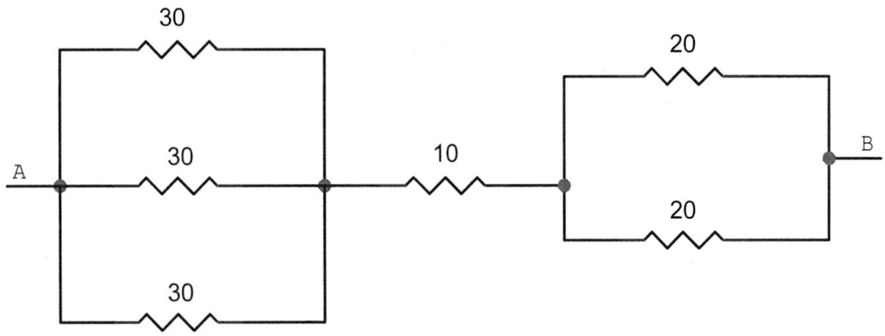

6. 일정한 전압의 직류전원에 저항을 접속하고 전류를 흘릴 때 저항값을 30% 감소시키면 흐르는 전류는 얼마만큼 변화하는가?

7. 어떤 전압계의 측정범위를 40배 늘리려면 배율저항은 내부저항의 몇 배로 해야 하는가?

8. 전류의 열작용을 나타내는 법칙은 무엇인가?

9. 10 [V]의 전위차로 10 [A]의 전류가 1 [분]간 흘렀을 때, 이때 일량[J]은 얼마인가?

10. 100 [V], 500 [W]의 전열기에 90 [V]를 가했을 때 전력을 구하시오.

11. 1 [KW]의 전열기를 30 [분] 사용하였을 때 발열량은 얼마인가?

12. 2 [KWh]는 몇 [J]인가?

13. 전자 냉동기에 이용되는 열전현상은 무엇인가?

14. 기전력이 1.5 [V]이고 내부 저항 0.3 [Ω]의 전지 3개를 직렬로 접속하고 이를 단락하였을 때 단락 전류를 구하시오.

15. 다음과 같은 회로에서 키르히호프 법칙을 이용하여 I_1, I_2, I_3을 구하시오.

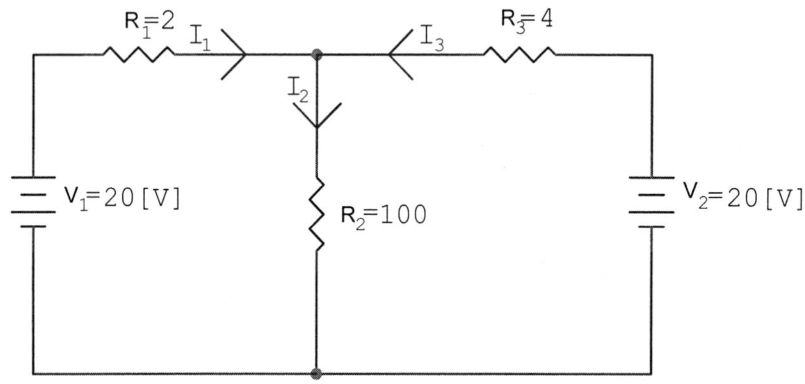

16. 다음과 같은 회로에서 R을 구하시오.(단, $V=20\,[\mathrm{V}]$, $E=30\,[\mathrm{V}]$, $r=1\,[\Omega]$이다.)

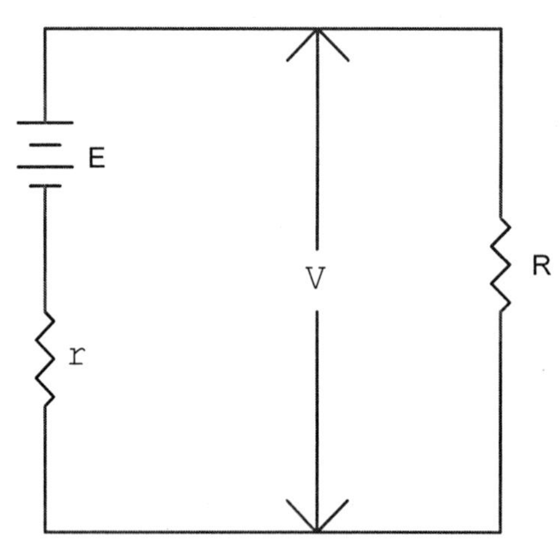

제 2 장

전계와 자계

1 전하와 전기량

[1] 전하(electric charge)

전하란 물질이 가지고 있는 전기적 성질을 말한다. 예를 들어 털가죽과 플라스틱을 마찰시켜 보면 각각의 물질에서 전기가 띠게 되는데 여기서 발생한 전기적 성질을 가리킨다.

전하는 (+)전하(양 전하)와 (-)전하(음 전하)로 나뉘며, 같은 전하는 서로 밀어내는 힘(반발력, 척력), 다른 전하는 서로 끌어당기는 힘(흡인력, 인력)이 작용한다.

[2] 전기량

전기량이란 전하가 가지는 전기의 양을 말한다. 단위는 쿨롱(Coulomb) 또는 [C]를 사용하며 전자 1개의 전기량은 $e = -1.602 \times 10^{-19}$ [C]이다. 여기서 정지 시 전자의 질량 $m = 9.109 \times 10^{-31}$ [kg]이다. 양전하의 전하량은 음전하의 전하량과 같고 양자와 전자의 질량비는 약 1,836배가 된다.

또한 1 [C]의 전기량은 $\dfrac{1\,[\mathrm{C}]}{1.602 \times 10^{-19}\,[\mathrm{C}]} = 6.24 \times 10^{18}$ [개]의 전자가 과부족을 일으키는 전기량이다.

2 정전용량(Capacitance)

커패시터(capacitor)가 전하를 충전할 수 있는 능력을 나타내는 것 또는 절연된 도체가 어느 정도의 전하를 축적하고 있는지를 나타내는 것을 정전용량 또는 커패시턴스라고 한다. 즉 전압을 가했을 때 축적되는 전하량의 비율을 나타내는 양이며, 기호는 Capacitance의 앞 글자 C를 쓰고 단위는 패럿[F]이다.

콘덴서(Condenser)는 '축전기'라고도 하며, 직류전압을 가하면 각 전극에 전하를 축적(저장)하는 기능이 있다. 그 이유로는 콘덴서는 용량만큼 저장된 후에는 전류가 흐르지 않기 때문이다. 또 교류에서는 직류를 차단하고 교류 성분을 통과시키는 기능을 가지고 있다.

콘덴서는 불안정한 전원에서 또는 전원에 리플이 발생하는 경우에 리플(ripple)을 잡아주거나 잡음을 제거하기 위해서 사용된다. 또 직류는 차단하고 교류를 통과시키는 곳과 회로에서 안정된 동작을 위해서 사용된다.

[1] Capacitor의 구조

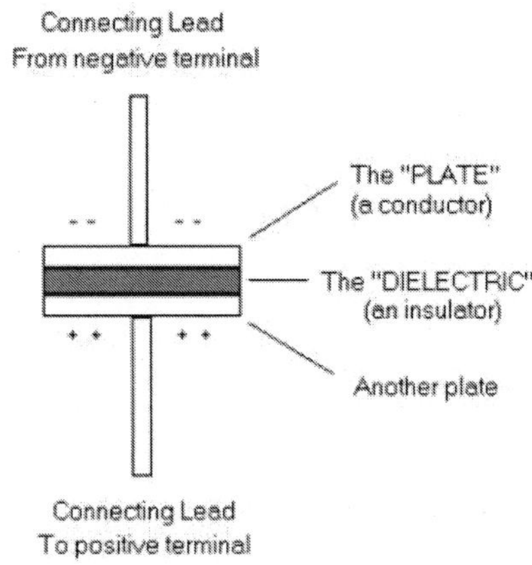

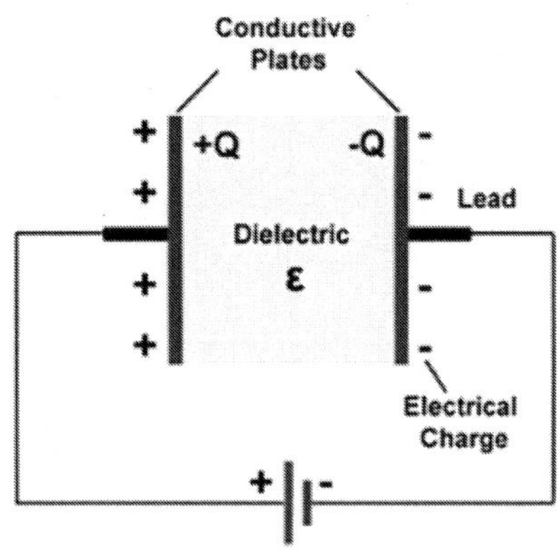

위의 그림에서 보는 것과 같이 콘덴서는 두 개의 도체로 된 전극 판이 마주보는 구조로 되어 있으며 전극 판 사이에는 유전체(절연체)가 들어있다.

PLATE : 전극 판, Lead : 리드선, Dielectric : 전극 판 사이에는 절연체(유전체)이다. 절연체(유전체)에는 운모, 종이, 세라믹 등의 재료들이 사용된다.

[2] Capacitor의 종류

(1) 고정형 콘덴서

① 무극 콘덴서

■ 폴리에스테르(polyester) 필름 콘덴서

마일러(Mylar) 콘덴서라고도 부르며, 얇은 폴리에스테르 필름을 양측에서 금속으로 삽입하여 원통형으로 감은 것이다. 저가격으로 사용되며 정밀도는 높지 않다. 오차는 대략 ±5%에서 ±10% 정도이다.

■ 세라믹 콘덴서

세라믹 콘덴서는 전극 간의 유전체로 티탄산바륨(Titanium-Barium)을 사용하고 있다. 이 콘덴서는 인덕턴스(inductance)가 적기 때문에 고주파 특성이 양호한 성질을 가지고 있어 고주파의 바이패스(고주파 성분 또는 잡음을 어스로 통과시킨다)에 고주파용으로 많이 사용된다. 모양으로는 둥글게 되어 있으며, 용량은 비교적 작다. 세라믹은 강유전체의 물질로 아날로그 신호계통의 회로에 사용하면 신호에 일그러짐이 나타난다. 따라서 이와 같은 회로에는 사용하지 않는 것이 좋다.

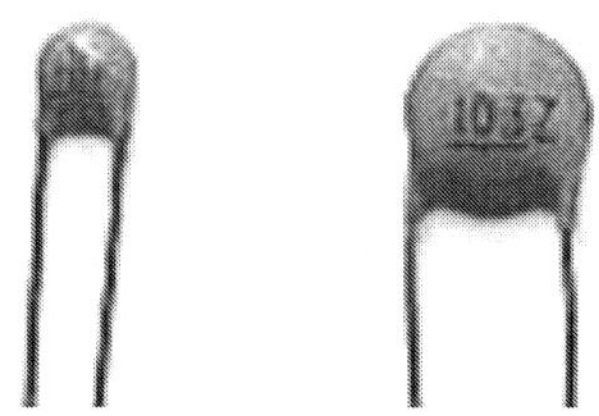

■ 적층 세라믹 콘덴서

적층 세라믹 콘덴서는 전극 간의 유전체로 고 유전율계 세라믹을 다층 구조로 사용하고 있으며, 온도 특성과 주파수 특성이 양호하고 소형이라는 특징이 있다. 이 특징 덕분에 적층 세라믹 콘덴서는 바이패스용이나 온도 특성도 양호하여 온도변화를 꺼려하는 회로에도 사용된다.

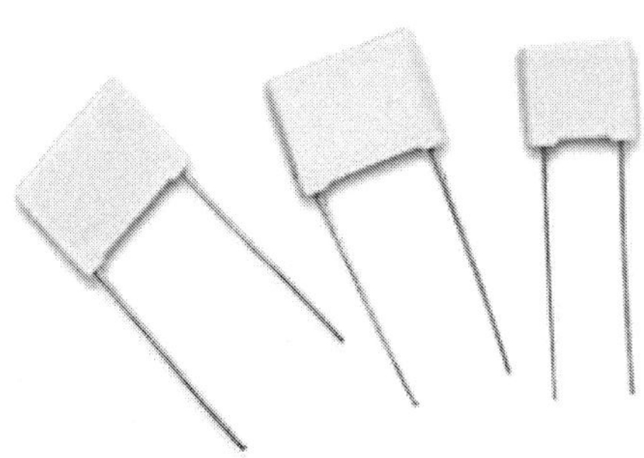

■ 마이카 콘덴서

유전체로 운모(mica)를 사용한다. 이 운모는 온도계수가 작고 안정성이 우수하며, 또 주파수 특성이 양호하고 고주파에서의 공진회로나 필터 회로, 절연 내압이 우수해서 고압 회로에 사용된다. 결점은 용량이 그다지 크지 않고 비싸다는 것이다.

■ 스티롤 콘덴서

전극 간의 유전체로는 폴리스티렌(polystyrene) 필름이 사용되고 있다. 이 콘덴서는 필름을 감은 구조이므로 inductance(코일) 성분이 커서 고주파에는 사용할 수 없고 수백 kHz 이하의 필터 회로나 타이밍 회로 등에 흔히 사용된다.

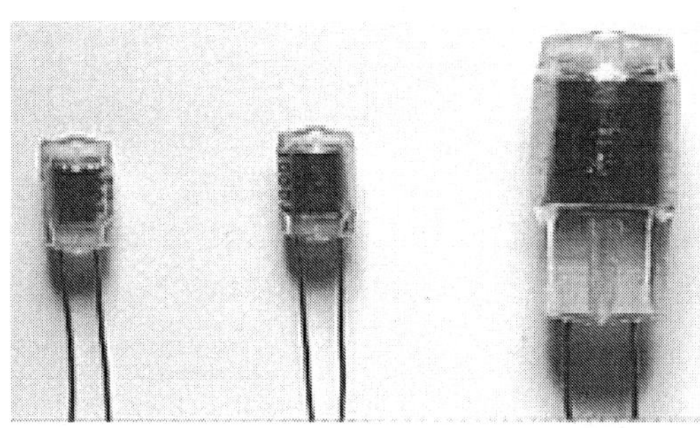

■ 폴리프로필렌(polypropylene) 콘덴서

폴리에스테르 콘덴서보다 정밀도가 높은 곳에 사용한다. 유전체 재료는 폴리프로필렌 필름을 사용하며, 100kHz 이하의 주파수에서 사용하면 거의 용량의 변화가 없다.

② 유극 콘덴서

■ 전해 콘덴서

케미콘(chemical condenser)이라고도 부르며, 유전체는 얇은 산화막, 전극은 알루미늄을 사용하고 있다. 유전체를 매우 얇게 할 수 있으므로 콘덴서의 체적에 비해 큰 용량을 얻을 수 있다.

특징은 다음과 같다.

- 극성이 있다.
- 전압, 용량(전기를 축적할 수 있는 양)이 표시되어 있다.
- 전원의 평활회로와 저주파 바이패스 등에 사용된다.
- 주파수 특성이 나쁘다.

■ 탄탈 콘덴서(tantalum condenser)

전극에 탄탈륨이라는 재료를 사용하고 있는 전해 콘덴서이다. 알루미늄 전해 콘덴서와 마찬가지로 비교적 큰 용량을 얻을 수 있으며, 온도 특성과 주파수 특성 모두 전해 콘덴서보다 우수하다.

특징은 다음과 같다.

- 극성이 있다.
- 가격은 전해 콘덴서보다 비싸다.
- 온도에 의한 용량변화가 엄격한 회로, 어느 정도 주파수가 높은 회로 등에 사용한다.

■ 슈퍼 콘덴서(super condenser)

전기용량이 큰 콘덴서이고 비교적 크기가 작기 때문에 전지로 많이 사용된다. 콘덴서의 용량이 크기 때문에 회로 구성 시 과전류, 쇼트 등의 이유로 회로가 손상될 수 있으므로 항상 주의가 필요하다.

(2) 가변용량 콘덴서

■ 트리머(trimmer) 콘덴서

세라믹을 유전체로 사용한 것으로, 주로 이동통신 및 방송 시스템에 필요한 주파수에 따라 용량 값을 조절하는 곳에 사용한다.

■ 바리콘(varicon)

공기를 유전체로 사용한 가변용량 콘덴서이다. 라디오 방송을 선택하는 튜너 등에 사용되며, 1년과 2년 바리콘이 사용되고 있다.

[3] Capacitor 읽는 법

(1) 전해 콘덴서와 탄탈 콘덴서의 경우에는 정격전압과 정전용량과 극성이 표시되어 있다.

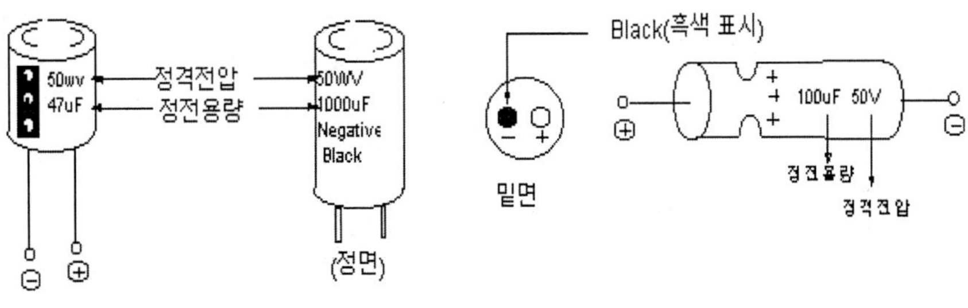

전해 콘덴서

탄탈 콘덴서

(2) 무극 콘덴서의 경우에는 정전용량과 허용오차는 다음과 같다.

- 정전용량 계산하는 방법(단, 기본 단위는 pF이다.)

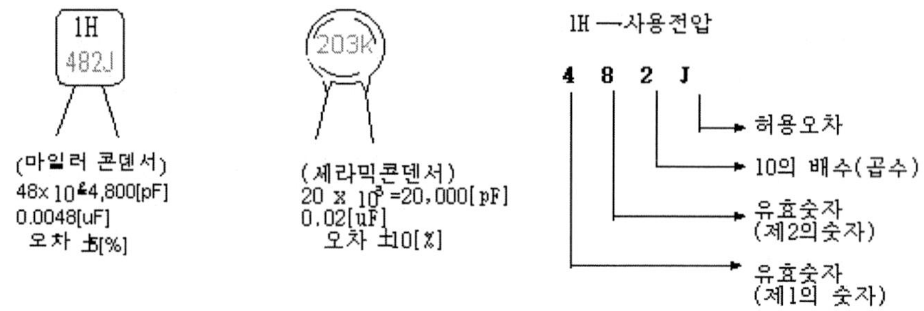

1H : 사용 정격전압, 482 : 정전용량, J : 허용오차를 나타낸다.

정전용량을 계산하는 방법은 다음과 같다. 482에서 1숫자인 4와 2숫자인 8은 유효숫자이고, 3숫자인 2는 승수이다. 따라서 482 $\Rightarrow 48 \times 10^2$[pF] = 4800[pF] = 0.0048[μF]이 된다.

- 정격전압(단위 : [V])

	A	B	C	D	E	F	G	H	J	K
0	1	1.25	1.6	2.0	2.5	3.15	4.0	5.0	6.3	8.0
1	10	12.5	16	20	25	31.5	40	50	63	80
2	100	125	160	200	250	315	400	500	630	800
3	1,000	1,250	1,600	2,000	2,500	3,150	4,000	5,000	6,300	8,000

- 허용오차

	B	C	D	F	G	J	K	M
허용오차 %	±0.1	0.25	0.5	±1	±2	±5	±10	±20
허용오차 pF	±0.1	0.5	0.5	±1	±2			

	N	V	X	Z	P
허용오차 %	±30	±20~10	±40~20	±80~20	±100~40
허용오차 pF					

예제 1

다음의 콘덴서를 계산하시오.

1) 1A103F
2) 2C472K
3) 2B104J
4) 3D685G
5) 75
6) 5

해설

1) 1A103F ⇒ 1A는 정격전압 : 10 [V]
103은 정전용량 : 10 X 10^3 [pF] = 0.01 [μF]
F는 허용오차 : ±1%

2) 2C472D ⇒ 2C는 정격전압 : 160 [V]
472는 정전용량 : 47 X 10^2 [pF] = 0.0047 [μF]
K는 허용오차 : ±10%

3) 2B104J ⇒ 2B는 정격전압 : 125 [V]
104는 정전용량 : 10 X 10^4 [pF] = 0.1 [μF]
J는 허용오차 : ±5%

4) 3D685G ⇒ 3D는 정격전압 : 2,000 [V]
685는 정전용량 : 68 X 10^5 [pF] = 6.8 [μF]
G는 허용오차 : ±2%

5) 75 ⇒ 75는 정전용량으로 75 [pF]이다.

6) 5 ⇒ 5는 정전용량으로 5 [pF]이다.

예제 2

다음은 전해 콘덴서와 탄탈 콘덴서이다. 정전용량과 정격전압은 얼마인가?

1) 전해 콘덴서

2) 탄탈 콘덴서

해설

1. 정전용량 : 68 [μF], 정격전압 : 450 [V]
2. 정전용량 : 2.2 [μF], 정격전압 : 25 [V]

[4] 콘덴서의 기호

(1) 무극 콘덴서

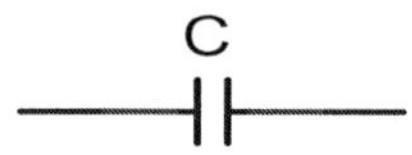

(2) 유극 콘덴서

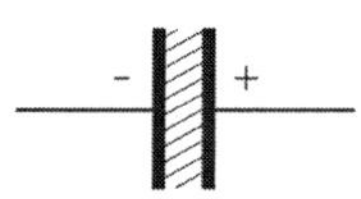

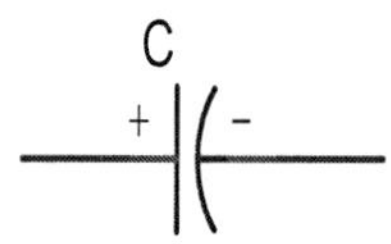

(3) 가변 콘덴서

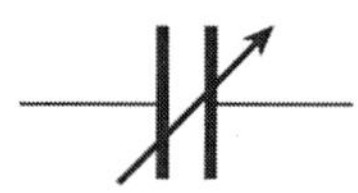

3 정전용량(C), 전위차(V), 전기량(Q)의 관계

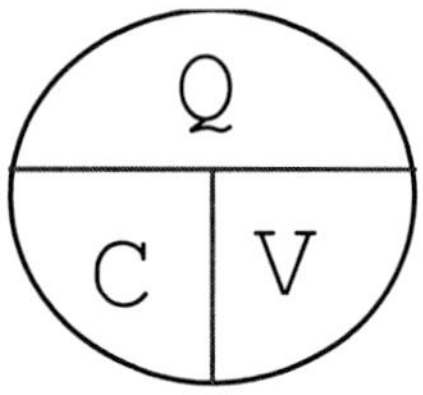	– 전기량(Q)은 전위차(V)에 비례 – 전기량(Q)은 전전용량(C)에 비례 – 정전용량(C)과 전위차(V)는 반비례 – 엘라스턴스 : 정전용량의 역수

$$Q = CV[\mathrm{C}] \tag{2-1}$$

$$V = \frac{Q}{C}[\mathrm{V}] \tag{2-2}$$

$$C = \frac{Q}{V}[\mathrm{F}] \tag{2-3}$$

$$\text{엘라스턴스} = \frac{1}{C} = \frac{V}{Q} = \frac{\text{전위차}}{\text{전기량}} \tag{2-4}$$

예제 3

전기량이 10 [C]이고 정전용량이 5 [F]일 때 전위차는 얼마인가?

해설

(2-2) 식을 적용하면 다음과 같다.

$$V = \frac{Q}{C}[\mathrm{V}] = \frac{10}{5} = 2[\mathrm{V}]$$

예제 4

전기량이 5 [C]이고 전위차가 20 [V]일 때 엘라스턴스는 얼마인가?

해설

(2-4) 식을 적용하면 다음과 같다.

$$\text{엘라스턴스} = \frac{1}{C} = \frac{V}{Q} = \frac{\text{전위차}}{\text{전기량}} = \frac{20}{5} = 4$$

4 콘덴서의 접속

[1] 직렬연결

아래 회로와 같이 콘덴서가 나란히 연결된 것을 직렬연결이라고 한다. 직렬연결은 전하량은 일정하고 각각의 콘덴서에 걸리는 전위차가 다르다.

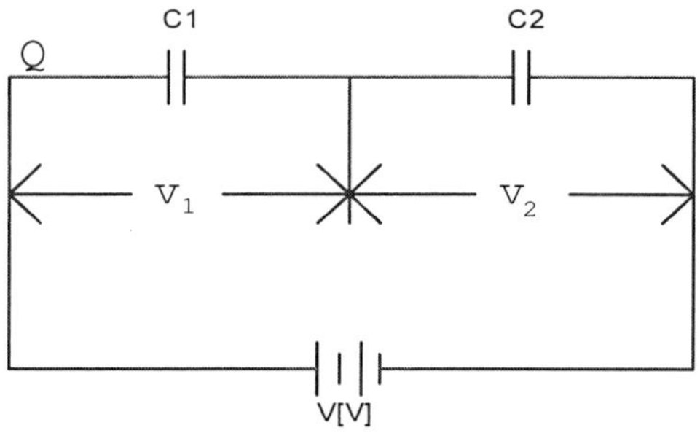

위의 회로에서 KVL과 (2-2)를 적용하면 다음과 같다.

$$V = V_1 + V_2 = \frac{Q}{C_1} + \frac{Q}{C_2} = Q(\frac{1}{C_1} + \frac{1}{C_2})[\mathrm{V}] \qquad (2\text{–}5)$$

(2-5) 식에서 정전용량을 구하면

$$C = \frac{Q}{V} = \frac{1}{\frac{1}{C_1} + \frac{1}{C_2}} = \frac{C_1 \cdot C_2}{C_1 + C_2}[\mathrm{F}] \qquad (2\text{–}6)$$

(2-6) 식은 직렬로 연결된 회로에서 합성 정전용량을 구하는 식이다. C_1과 C_2 양단에 걸리는 전위차는 다음과 같다.

$$V_1 = \frac{Q}{C_1} = \frac{C \cdot V}{C_1} = \frac{\frac{C_1 \cdot C_2}{C_1 + C_2} \times V}{C_1} = \frac{C_2}{C_1 + C_2} \cdot V[\mathrm{V}] \qquad (2\text{–}7)$$

$$V_2 = \frac{Q}{C_2} = \frac{C \cdot V}{C_2} = \frac{\frac{C_1 \cdot C_2}{C_1 + C_2} \times V}{C_2} = \frac{C_1}{C_1 + C_2} \cdot V[\mathrm{V}] \tag{2-8}$$

예제 5

다음과 같은 직렬회로에서 합성 정전용량, 전기량, V_1, V_2을 구하시오.
(단, $C_1 = 6[\mathrm{F}]$, $C_2 = 3[\mathrm{F}]$, $V = 6[\mathrm{V}]$이다.)

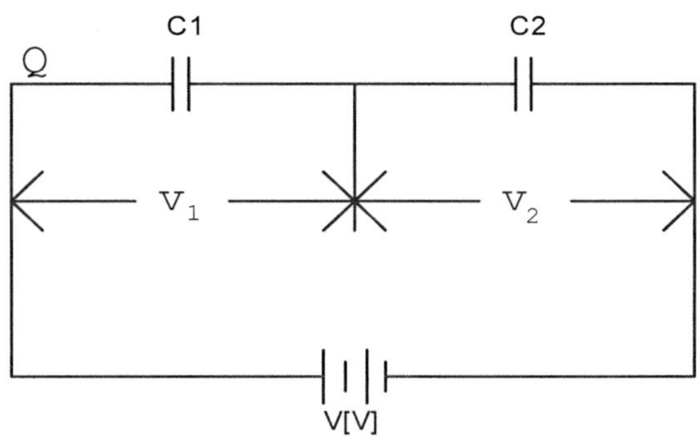

해설

1. (2-6) 식을 이용하여 합성 정전용량을 구하면 다음과 같다.

$$C = \frac{C_1 \cdot C_2}{C_1 + C_2} = \frac{6 \times 3}{6+3} = \frac{18}{9} = 2[\mathrm{F}]$$

2. (2-1) 식을 이용하여 전기량을 구한다.

$$Q = CV = 2 \times 6 = 12[\mathrm{C}]$$

3. (2-7) 식과 (2-8) 식을 이용하여 V_1과 V_2을 구한다.

$$V_1 = \frac{Q}{C_1} = \frac{12}{6} = 2\,[\mathrm{V}]$$

이 식을 이용해서 구할 수도 있다.

$$V_1 = \frac{C_2}{C_1 + C_2} \cdot V = \frac{3}{6+3} \cdot 6 = 2\,[\mathrm{V}]$$

$$V_2 = \frac{Q}{C_2} = \frac{12}{3} = 4\,[\mathrm{V}]$$

이 식을 이용해서 구할 수도 있다.

$$V_2 = \frac{C_1}{C_1 + C_2} \cdot V = \frac{6}{6+3} \times 6 = \frac{36}{9} = 4\,[\mathrm{V}]$$

---

[2] 병렬연결

아래 회로와 같이 콘덴서가 연결된 것을 병렬연결이라고 한다. 병렬연결은 전위차는 일정하고 각각의 콘덴서에 걸리는 전기량은 다르다.

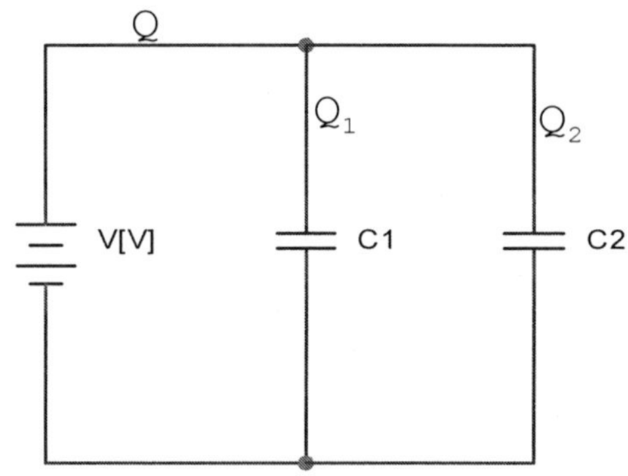

위의 회로에서 전체에 축적되는 전기량 Q를 구하면 다음과 같다.

$$Q = Q_1 + Q_2 \;[\mathrm{C}] \tag{2-9}$$

여기서 (2-1) 식과 (2-9) 식을 이용하여 합성 정전용량을 구할 수 있다.

$$Q = Q_1 + Q_2 = C_1 V + C_2 V = V(C_1 + C_2)\,[\mathrm{C}]$$

여기서 합성 정전용량은

$$C=\frac{Q}{V}=(C_1+C_2)\,[\mathrm{F}] \tag{2-10}$$

C_1과 C_2 양단에 축적되는 전하는 다음과 같다.

$$Q_1=C_1V=\frac{C_1\times Q}{C}=\frac{C_1}{C_1+C_2}\cdot Q\ [\mathrm{C}] \tag{2-11}$$

$$Q_2=C_2V=\frac{C_2\times Q}{C}=\frac{C_2}{C_1+C_2}\cdot Q\ [\mathrm{C}] \tag{2-12}$$

예제 6

다음과 같은 병렬회로에서 합성 정전용량, 전기량, Q_1, Q_2를 구하시오.
(단, $C_1=6[\mathrm{F}]$, $C_2=3[\mathrm{F}]$, $V=12[\mathrm{V}]$이다)

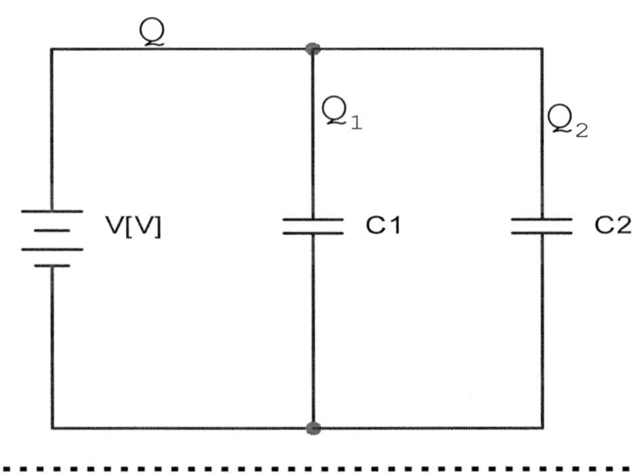

해설

1. (2-10) 식을 이용하여 합성 정전용량을 구하면 다음과 같다.

$$C = C_1 + C_2 = 6 + 3 = 9\,[\mathrm{F}]$$

2. (2-1) 식을 이용하여 전기량을 구한다.

$$Q = CV = 9 \times 12 = 108\,[\mathrm{C}]$$

3. (2-11) 식과 (2-12) 식을 이용하여 Q_1과 Q_2을 구한다.

$$Q_1 = C_1 V = 6 \times 12 = 72\,[\mathrm{C}]$$

이 식을 이용해서 구할 수도 있다.

$$Q_1 = \frac{C_1}{C_1 + C_2} \cdot Q = \frac{6}{6+3} \times 108 = 72\,[\mathrm{C}]$$

$$Q_2 = C_2 V = 3 \times 12 = 36\,[\mathrm{C}]$$

이 식을 이용해서 구할 수도 있다.

$$Q_2 = \frac{C_2}{C_1 + C_2} \cdot Q = \frac{3}{6+3} \times 108 = 36\,[\mathrm{C}]$$

[3] 직·병렬연결

직렬연결과 병렬연결이 혼합하여 연결된 회로를 직 · 병렬연결이라고 한다.

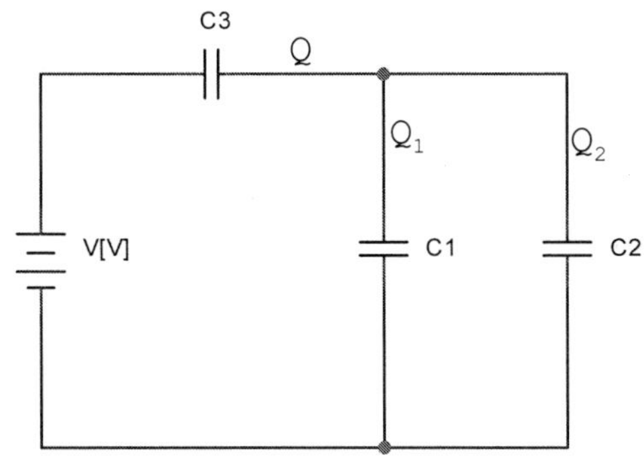

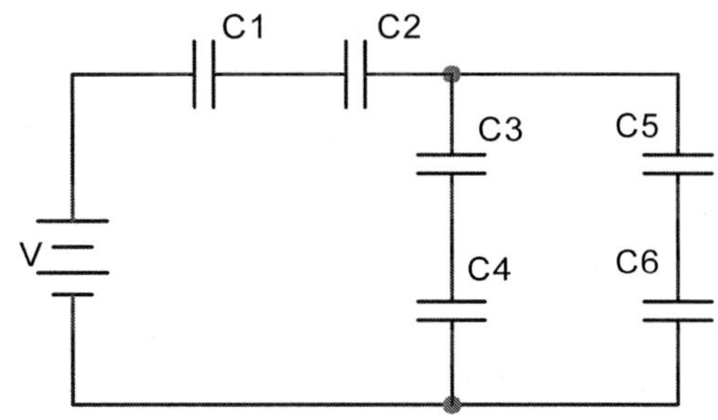

예제 7

다음과 같은 직·병렬회로에서 합성 정전용량 C와 Q, Q_1, Q_2, V_1, V_2을 구하시오.
(단, $C_1=15[\mathrm{F}]$, $C_2=4[\mathrm{F}]$, $C_3=6[\mathrm{F}]$, $V=5[\mathrm{V}]$이다.)

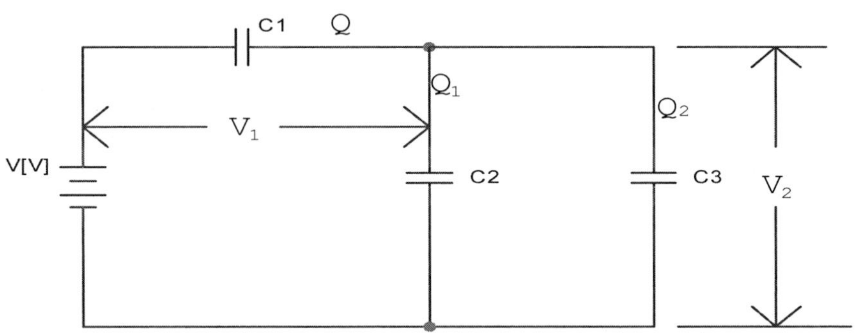

해설

1. 합성용량

$$C=\frac{C_1\cdot(C_1+C_2)}{C_1+(C_1+C_2)}=\frac{15\times(4+6)}{15+(4+6)}=\frac{150}{25}=6[\mathrm{F}]$$

2. 전체 전기량

$$Q = CV = 6 \times 5 = 30\,[\mathrm{C}]$$

3. V_1과 V_2를 구한다.

$$V_1 = \frac{Q}{C_1} = \frac{30}{15} = 2\,[\mathrm{V}]$$

다른 식을 이용해서 구해도 된다. (단, $C_4 = C_2 + C_3 = 4 + 6 = 10\,[\mathrm{F}]$)

$$V_1 = \frac{C_4}{C_1 + C_4} \cdot V = \frac{10}{15 + 10} \times 5 = 2\,[\mathrm{V}]$$

$$V_2 = \frac{Q}{C_4} = \frac{30}{10} = 3\,[\mathrm{V}]$$

다른 식을 이용해서 구해도 된다. (단, $C_4 = C_2 + C_3 = 4 + 6 = 10\,[\mathrm{F}]$)

$$V_2 = \frac{C_1}{C_1 + C_4} \cdot V = \frac{15}{15 + 10} \times 5 = 3\,[\mathrm{V}]$$

4. Q_1과 Q_2을 구한다.

$$Q_1 = C_2 \cdot V_2 = 4 \times 3 = 12\,[\mathrm{C}]$$

다른 식을 이용해서 구해도 된다.

$$Q_1 = \frac{C_2}{C_2 + C_3} \cdot Q = \frac{4}{4 + 6} \times 30 = 12\,[\mathrm{C}]$$

$$Q_2 = C_3 \cdot V_2 = 6 \times 3 = 18\,[\mathrm{C}]$$

다른 식을 이용해서 구해도 된다.

$$Q_2 = \frac{C_3}{C_2 + C_3} \cdot Q = \frac{6}{4 + 6} \times 30 = 18\,[\mathrm{C}]$$

예제 8

다음과 같은 직·병렬회로에서 합성 정전용량을 구하시오.
(단, $C_1=2[\mathrm{F}]$, $C_2=3[\mathrm{F}]$, $C_3=10[\mathrm{F}]$, $C_4=15[\mathrm{F}]$, $C_5=6[\mathrm{F}]$, $C_6=3[\mathrm{F}]$)

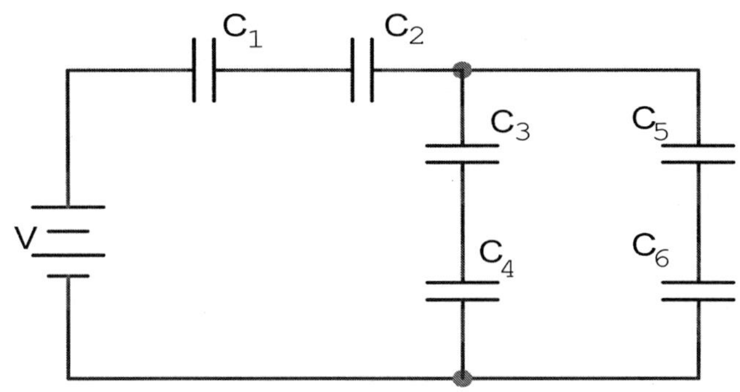

해설

1. 직렬부터 먼저 할 것.

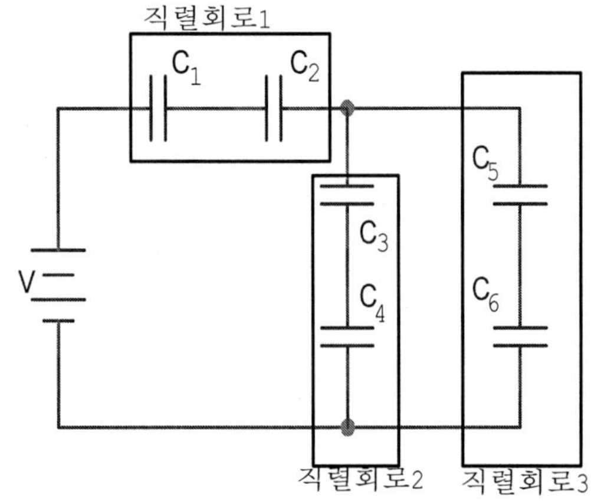

1) 직렬회로 1에서

$$C_a=\frac{C_1\cdot C_2}{C_1+C_2}=\frac{2\times 3}{2+3}=1.2[\mathrm{F}]$$

2) 직렬회로 2에서

$$C_b = \frac{C_3 \cdot C_4}{C_3 + C_4} = \frac{10 \times 15}{10 + 15} = 6\,[\mathrm{F}]$$

3) 직렬회로 3에서

$$C_c = \frac{C_5 \cdot C_6}{C_5 + C_6} = \frac{6 \times 3}{6 + 3} = 2\,[\mathrm{F}]$$

2. 전체의 합성 정전용량을 구하면 된다. 전체의 합성용량은 다음과 같이 나타난다. 여기서

$$C_d = C_b + C_c = 6 + 2 = 8\,[\mathrm{F}]$$

이다. 따라서

$$C = \frac{C_a \cdot C_d}{C_a + C_d} = \frac{1.2 \times 8}{1.2 + 8} = \frac{9.6}{9.2} \simeq 1.04\,[\mathrm{F}]$$

5 콘덴서의 기능과 용도

[1] 기능

콘덴서는 전기를 저장 및 방출하는 축전지의 기능과, 직류는 차단하고 교류는 통과시키는 기능을 가지고 있다. 따라서 전원회로, 평활회로 등 주파수 특성을 고려해야 하는 회로에는 반드시 사용하는 소자이다.

[2] 용도

(1) 교류를 정류회로를 사용하여 직류로 만든다.

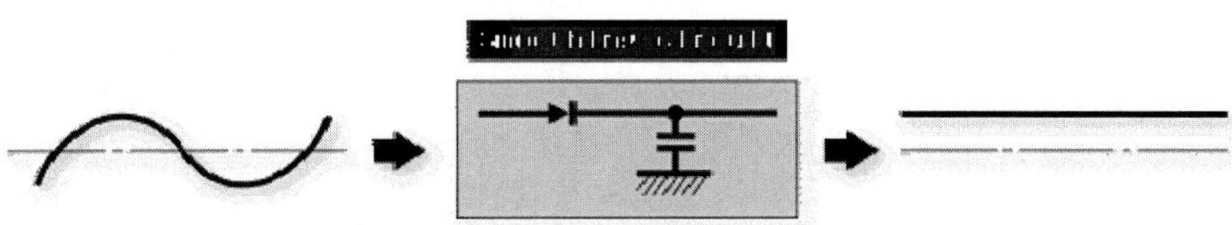

(2) 펄스 신호를 C의 (시정수 $T = CR$[sec.]) 충전 시간을 이용하여 시간을 지연시킬 수 있도록 만든다.

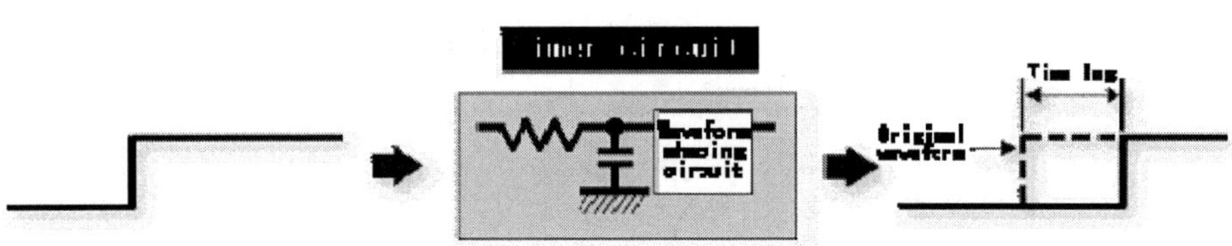

(3) 여러 개의 입력신호에서 LPF(저역 통과 여파기)를 저주파 신호만 꺼낼 수 있도록 만든다.

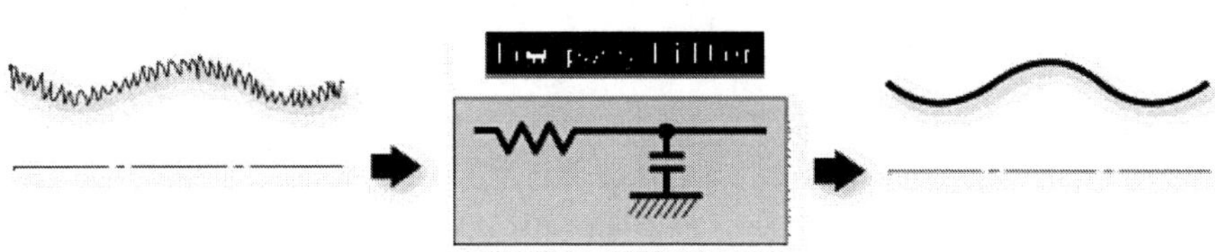

(4) 여러 개의 입력신호에서 HPF(고역통과 여파기)를 고주파 신호만 꺼낼 수 있도록 만든다.

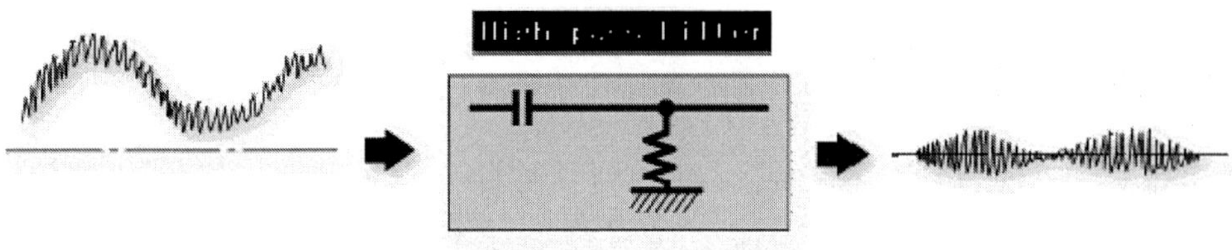

[3] 콘덴서 사용범위

(1) By-pass Coupling : Coupling은 누설전류가 적어야 하고 주파수특성이 좋아야 한다.

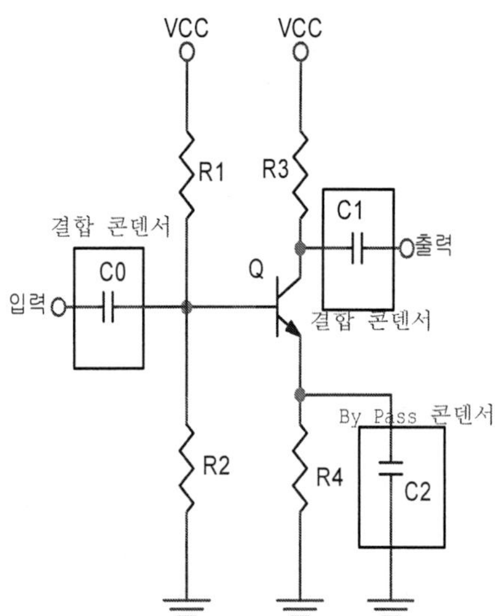

(2) 맥류를 직류로 변환하는 회로로서 C_1은 대용량, C_2는 대용량, C_3는 주파수 특성이 좋은 것을 사용한다.

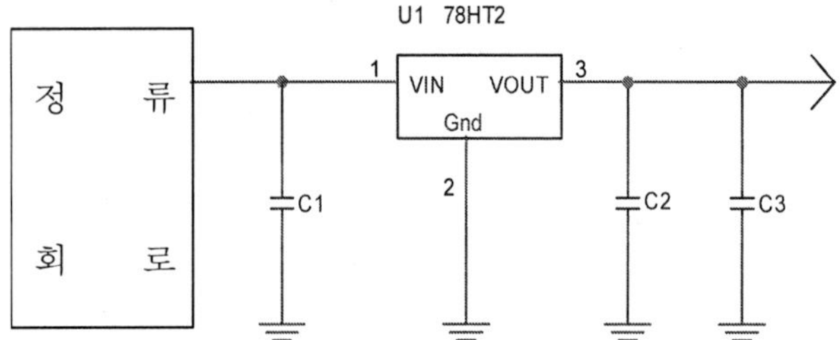

(3) By-pass Charge pump : 전원 노이즈 제거용으로 사용된다.

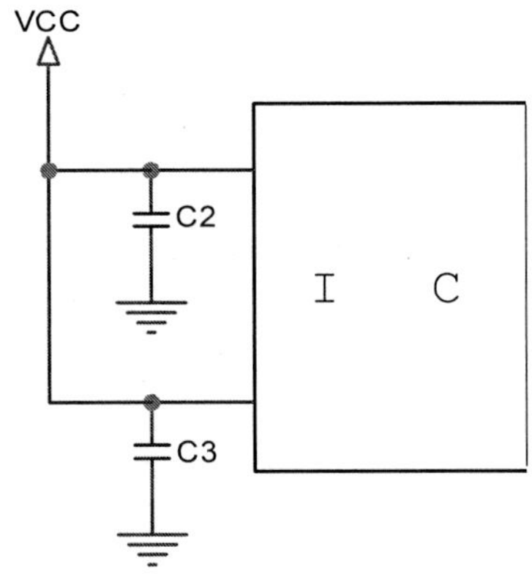

(4) 발진회로 : 저주파 발진과 고주파 발진에 사용된다.

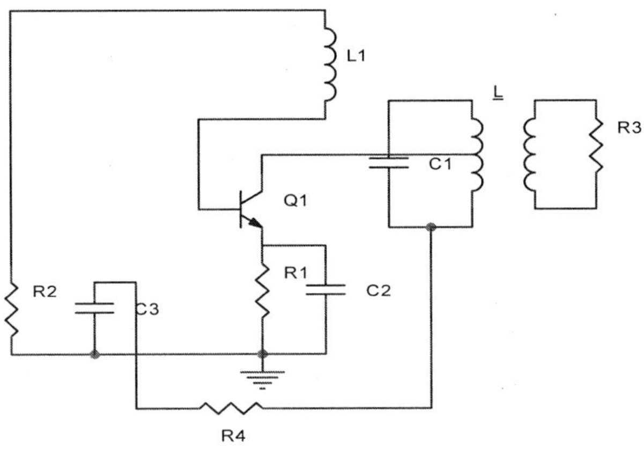

LC 동조 발진회로

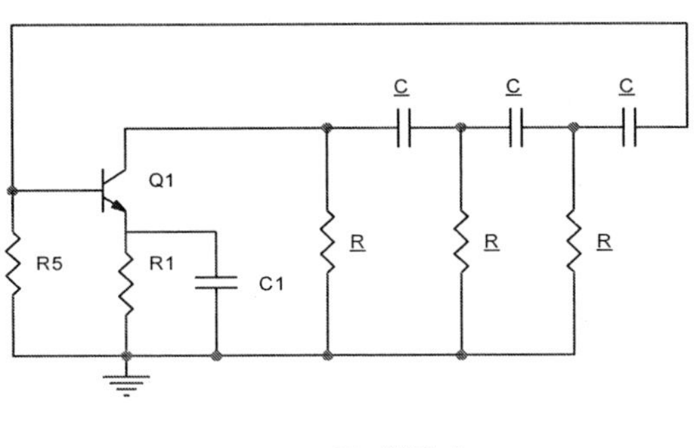

CR 발진기

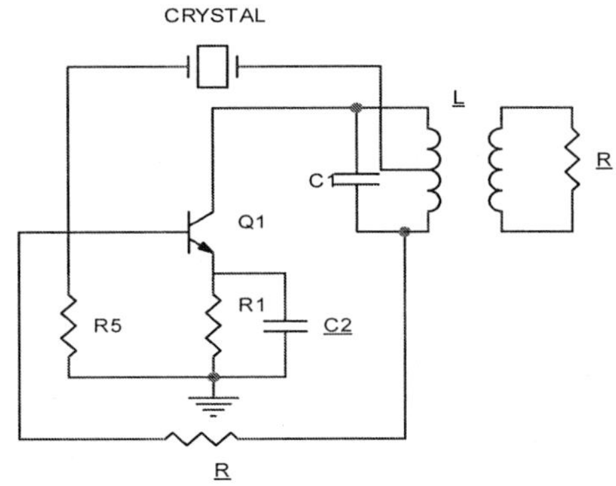

수정 발진기

(5) 위상보전 : 주파수 특성이 양호하고 정전용량 허용오차가 적은 것을 사용한다.

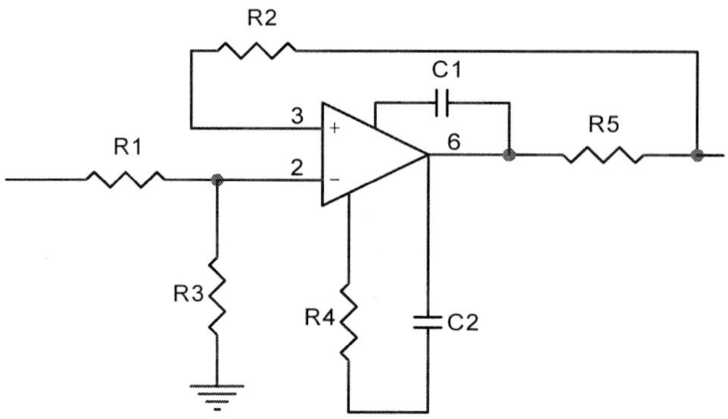

(6) 공진회로 : 소용량, 중용량을 사용하고 주파수 특성과 선택도(Q)가 높은 것을 사용한다.

(7) sine 주파수 발진 : 누설전류가 적고 주파수 특성이 양호한 것을 사용한다. C_1은 R-C 발진에 C_2는 Coupling용으로 사용된다.

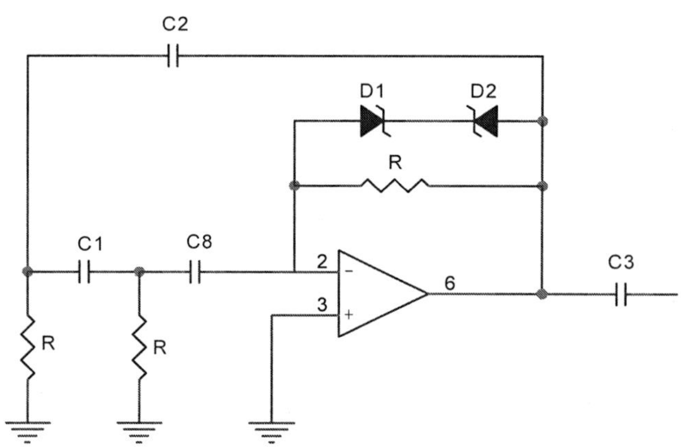

6 평행판 사이의 정전용량

[1] 평행판 사이에 유전체가 있는 경우의 정전용량

그림과 같이 DC 전압을 평행판에 연결하고 2개의 플레이트는 전하가 서로 교차하지 않도록 절연 유전체로 분리한다. 평행판의 한쪽 단자는 양의 전원에 연결하고 다른 하나는 음의 전원에 연결한 상태에서 전원이 켜지면 커패시터는 충전을 시작한다.

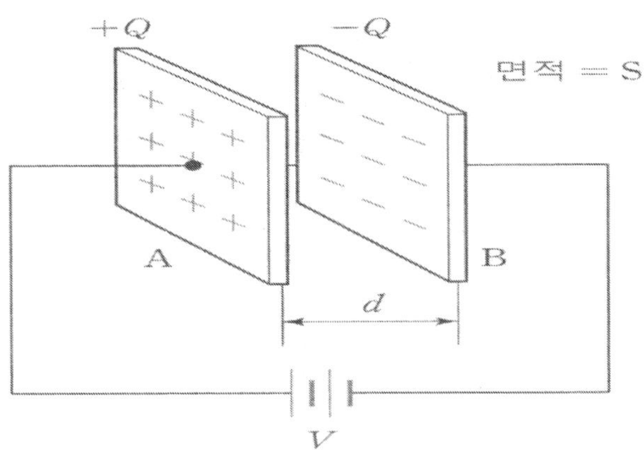

커패시턴스 방정식은 다음과 같다.

$$C = \frac{\varepsilon S}{d} = \frac{\varepsilon_0 \varepsilon_s S}{d}\,[\mathrm{F}] \qquad (2\text{-}13)$$

여기서 d는 극판 사이의 간격[m], ε_o(진공 중의 유전율) = 8.855×10^{-12}[F/m], S는 면적 [m^2], ε_s는 비유전율을 나타낸다.

[2] 커패시터의 용량을 크게 하는 방법

정전용량을 크게 한다는 것은 커패시터에 많은 전하가 축적되어야 하고, 금속판 사이의 간격이 좁아야 하며, 금속판의 면적이 넓어야 한다. 아래 그림은 용량을 크게 하는 방법이다.

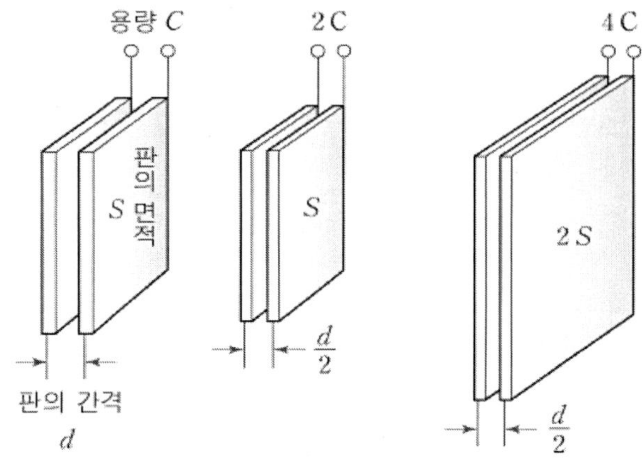

예제 9

평행판 콘덴서의 면적을 $\frac{1}{4}$로 줄이고 간격을 2배로 늘리면 용량은 처음의 몇 배가 되는가?

해설

(2-13) 식을 이용하여 $C=\dfrac{\varepsilon S}{d}=\dfrac{\varepsilon_0\varepsilon_s S}{d}[\mathrm{F}]$에서 $C'=\dfrac{\epsilon\frac{1}{4}S}{2d}=\dfrac{\epsilon S}{2d}[\mathrm{F}]$이므로 처음의 $\frac{1}{2}$배가 된다.

7 커패시터의 점검

[1] 회로 시험기를 이용하여 커패시터를 점검하는 방법

① 커패시터를 방전시킨다.
② 회로 시험기를 저항(OHM Range) Range에 둔다(처음 연결 시 저항 Range에서 저항값이 제일 낮은 곳에 두어야 한다).
③ 회로 시험기의 내부전지에 의해서 커패시터가 충전된다(저항값이 차츰 증가한다).
④ 충전되면 아주 높은 저항값을 나타낸다.

[2] 커패시터의 저항값

커패시터의 저항값은 정상적인 경우의 커패시터는 저항값이 상당히 크고, 누설 커패시터의 경우에는 저항값이 정상값보다 작으며 완전히 단락된 상태에서는 저항값은 0[Ω]이다. 누설 커패시터란 부분적으로 단락된 상태이다. 그것은 유전체의 열화가 생기게 되면 저항은 감소하게 된다. 즉 절연 능력이 떨어져서 단락 상태가 된다.

8 코일(Coil)과 인덕터(Inductor)

코일이란 구리선을 둥글게 감은 것을 말한다. 기호로는 

이며 코일은 L (L의 의미는 자기적인 결합을 의미하는 linkage의 글자를 따서 인덕턴스를 L로 표시한다)로 나타내고 단위로는 헨리(Henry : H)를 사용한다. 1헨리(H)라고 하는 것은 어떤 코일에 매초 1A(1[A/s])의 전류가 변화할 때, 다른 쪽의 코일에 1V의 기전력을 유도하는 두 코일 간의 상호 인덕턴스를 말한다. 코일에 교류전류를 흘리면 암페어의 오른나사 법칙에 의해서 코일에서 자속이 변화하고, 그 코일에 다른 코일을 가까이하게 되면 상호유도작용(Mutual Induction)에 의해서 가까이 접근시킨 코일에 교류전압이 발생되는데, 이 상호유도작용에 의해 나타난 인덕턴스를 상호 인덕턴스(단위 : 헨리 [H])라고 한다. 코일이 하나만 있는 경우에도 전류를 흘리게 되면 자속이 발생한다. 이렇게 자속의 변화가 자신에게 영향을 주는 것을 자기유도작용이라고 하며, 그것을 자기인덕턴스(Self Inductance)라 한다.

[1] 인덕터 심볼

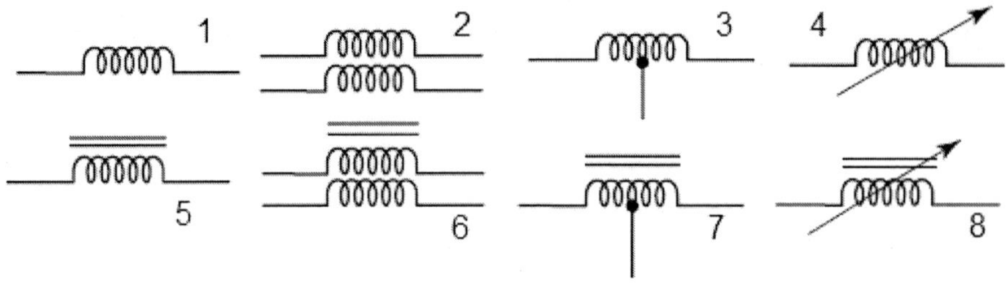

1. Air core inductor 2. Bifilar air core inductor 3. Tapped air core inductor
4. Variable air core inductor 5. iron core inductor 6. Bifilar iron core inductor
7. Tapped iron core inductor 8. Variable iron core Inductor

[2] 코일의 성질

(1) 전류의 변화를 안정시키려고 하는 성질

(2) 상호 유도 작용

(3) 전자석의 성질

(4) 공진을 하는 성질

(5) 전원 노이즈 차단 기능

[3] 코일의 종류

(1) 공심형(Air wound inductor)

공심형 인덕터는 내부에 코어 없이 코일만 감아놓은 것으로 수백 MHz 이상의 높은 주파수회로에서 많이 사용된다.

(2) Toroidal inductor

원통형의 코어(자성체)에 구리선을 감은 것으로, 시작과 끝부분을 마주 보게 하여 폐회로를 구성하게 하므로 코일에서 발생하는 자속이 누설이 없고 효율이 좋고, 자속이 주변 회로에 영향을 주는 것도 적게 할 수 있으며 소형으로 큰 인덕턴스를 만들 수 있다.

(3) 페라이트 코어 인덕터(Ferrite core inductor)

페라이트 코어는 광대역 회로에 주로 사용된다.

페라이트 코어 인덕터/딥 리드 인덕터

(4) SMD inductor

휴대용과 초소형 고주파용으로 사용된다.

(5) Axial inductor

저항의 모습과 비슷한 Axial Lead 인덕터로 저항과 같은 방식으로 색 띠를 통해서 인덕터의 값을 알 수 있다.

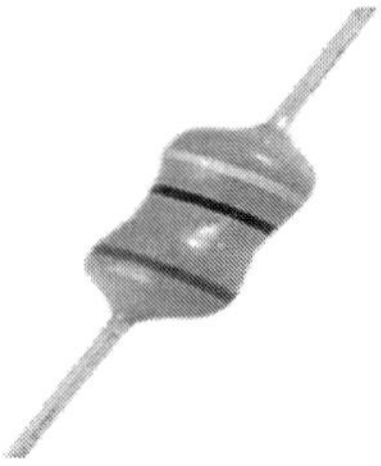

(6) Radial lead inductor

(7) Variable inductor

코일 중심에는 코어부가 나사 모양으로 되어있어, 드라이버 등으로 돌리면 코어가 코일에 들어가기도 하고 나오기도 하며 코어의 상하 움직임에 따라서 코일의 인덕턴스 값이 변화한다.

[4] 인덕터의 분류

인덕터란 도선이나 코일의 전기적 자기적 성질을 가지고 있는 것을 말한다.

(1) 주파수에 따른 분류 : 저주파 코일, 고주파 코일

(2) 용도에 따른 분류 : 동조 코일, 발진 코일, 초크 코일, 전원 트랜스 등

(3) 코일 종류에 따른 분류

① 저주파 회로용 : 자심 코일, 성층 철심 코일

② 고주파 회로용 : 공심 코일, 페라이트 코일

연습문제

1. 다음과 같은 회로에서 A와 B 간의 합성 정전용량을 구하시오.

1)

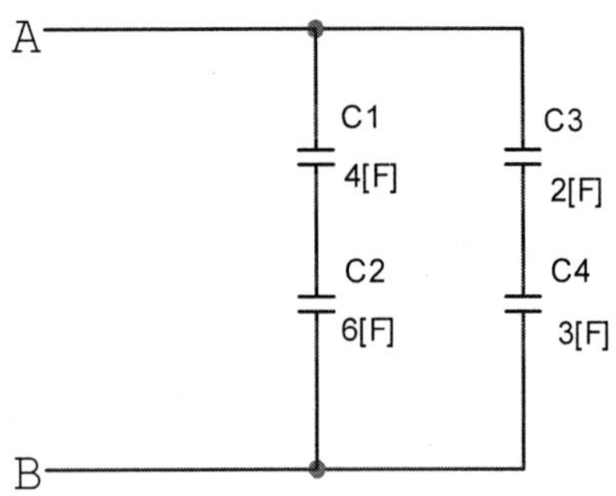

2)

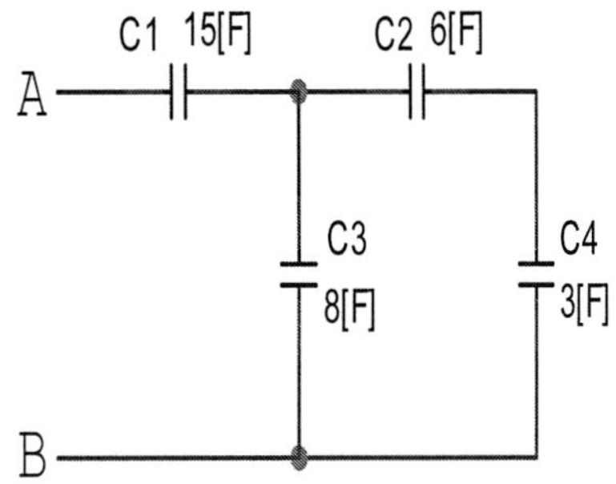

2. 정전용량이 10 [μF]에 20 [V] 전압을 인가하였을 때 전기량은 얼마인가?

3. 전기량이 10 [C]이고 인가한 전압이 20 [V]였다. 엘라스턴스는 얼마인가?

4. 다음의 콘덴서를 계산하시오.

1) 1A682J

2) 1C472K

3) 2A223F

4) 2D684G

5) 2A334J

6) 1B105K

7) 10

8) 1

5. 그림과 같은 회로에서 다음을 구하시오.

($C_1=4[\mu F]$, $C_2=14.5[\mu F]$, $C_3=1.5[\mu F]$, $Q=3.2\times10^{-4}[C]$, $Q_1=3\times10^{-3}[C]$)

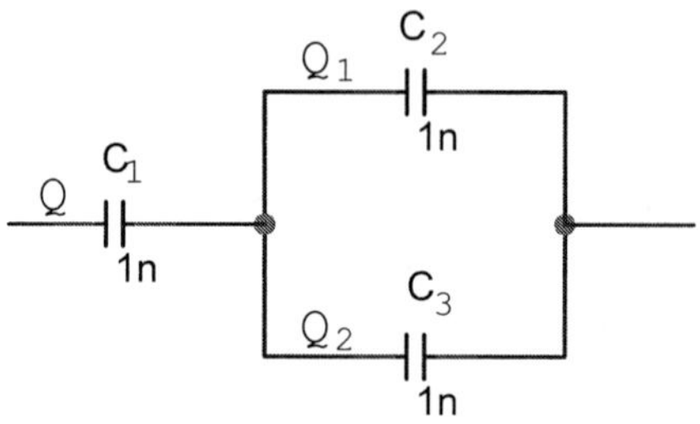

1) Q_2를 구하시오.

2) 전위차 V를 구하시오.

3) C_1 양단의 전위차를 구하시오.

4) C_2, C_3 양단의 전위차를 구하시오.

6. 6 [μF]와 3 [μF]의 콘덴서를 직렬로 연결하였다. 이때 합성 정전용량은 얼마인가? 여기서 600 [V]의 전압을 인가하면 각각의 콘덴서에 걸리는 전압은 얼마인가?

7. 평행판 콘덴서에서 극판의 간격을 2 [mm] 면적을 0.5 [m^2]이다. 여기에 사용되는 유전체의 비유전율이 4인 운모를 사용했을 때 정전용량을 구하시오.

8. 진공 중의 유전율은 얼마인가?

제 3 장

디지털 논리회로

1. 수의 진법
2. 진법변환
3. 2진수의 연산
4. 코드
5. 부울 대수
6. 논리회로
7. 논리식 간략화
8. 카르노 맵에 의한 논리식의 간략화

1 수의 진법

[1] 수의 진법과 수의 체계

우리는 통상적으로 10진수를 사용한다. 10진수는 오래 전부터 열 개의 손가락으로 0부터 10까지 기호 10개를 사용하므로 10진수라고 하였으며, 수의 체계에 익숙하게 사용하였다.

어떻게 사용하느냐에 따라 수의 진법이 각각 달라지며, 기수의 개수가 진수를 나타낸다. 기수가 16개인 것은 16진수, 기수가 10개인 것은 10진수, 기수가 8개인 것은 8진수, 기수가 4개인 것은 4진수, 기수가 2개인 것은 2진수가 된다.

수의 체계는 R 진법으로 표시되며 다음과 같다.

$$N = dnRn+dn-1Rn-1+dn-2Rn-2+......d2R2+d1R1+d0R0+d-1R-1+d-2R-2+...... \qquad (3-1)$$

여기서 $d_n < R$이며 d_n은 각 자리에서 자리수(digit)이고, R은 기수(radix or base)이며, n은 1의 자리수에서부터 정해지는 자리 번호 0, 1, 2, ... 등의 승수를 나타내는 것이다.

[2] 10진수

10진수는 자리수의 열에서 각 자리수의 위치는 10의 승수(power)를 가지고 있으며 그 위치에서는 정의 값과 연관된다. 다시 표현하면 10진수의 제일 아래의 자리는 1의 자리, 두 번째는 10의 자리, 세 번째는 100의 자리 등으로 나타낸다.

예를 들어 10진수 235.3을 살펴보면 다음과 같다.

$$235.3 = 2 \times 10^2 + 3 \times 10^1 + 5 \times 10^0 + 3 \times 10^{-1} = 200 + 30 + 5 + 0.3 = 235.3$$

예제 1

10진수 54947.9를 진수의 일반식을 사용하여 나타내시오.

해설

$$54945.9 = 5 \times 10^4 + 4 \times 10^3 + 9 \times 10^2 + 4 \times 10^1 + 5 \times 10^0 + 9 \times 10^{-1}$$
$$= 50000 + 4000 + 900 + 40 + 5 + 0.9 = 54945.9$$

2 진법변환

[1] 10진수를 2진수로 변환하는 방법과 2진수를 10진수로 변환하는 방법

10진수를 2진수로 변환하는 방법은 크게 2부분으로 나눌 수 있다. 첫 번째는 소수점 위의 정수 부분이고 두 번째는 소수점 아래 부분의 소수이다. 소수점 위와 소수점 아래를 2진법으로 변환하는 방법은 다르다. 소수점 위는 10진수를 2로 나누고 그때 생긴 몫을 다시 2로 나눈 뒤 그 몫을 다시 2로 나누어가면서 발생된 나머지를 각각 순서에 따라 열거하면 된다. 그러나 소수점 아래 부분은 ×2를 하여 정수로 올라가는 값을 순서대로 열거하면 된다.

예를 들어 10진수 85.75를 2진수로 변환하면 다음과 같다. 먼저 소수점 위의 정수 부분부터 계산한다.

$$85 = 1010101_{(2)}$$

그 다음은 소수점 아래 부분을 계산한다. $0.75 = 0.11_{(2)}$ 되어 다음과 같다.

$85.75 = 1010101.011_{(2)}$ 이 된다.

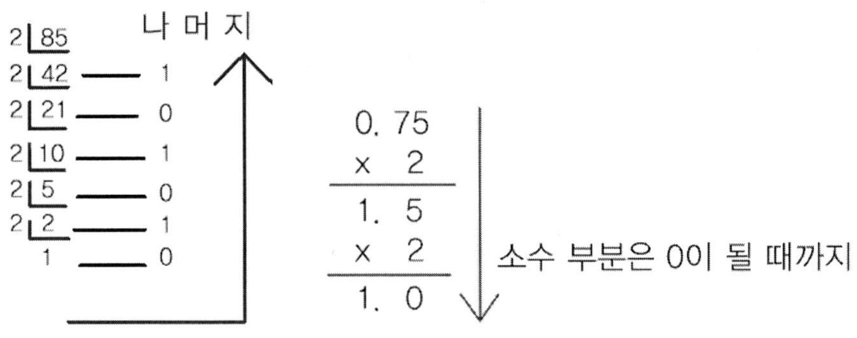

2진수를 10진수로 변환할 때도 소수점 아래 부분과 소수점 위의 부분을 해석하면 다음과 같이 할 수 있다.

$$1010101.011_{(2)} = 1\times2^6 + 0\times2^5 + 1\times2^4 + 0\times2^3 + 1\times2^2 + 0\times2^1 + 1\times2^0 + 0\times2^{-1} + 1\times2^{-2} + 1\times2^{-3} = 85.75$$

예제 2

2진수 10111을 10진수로 변환하시오.

해설

$$10111_{(2)} = 1\times2^4 + 0\times2^3 + 1\times2^2 + 1\times2^1 + 1\times2^0 = 16+0+4+2+1 = 23$$

예제 3

10진수 28.125를 2진수로 변환하시오.

해설

1. 소수점 위의 수 부분부터 계산하면 $28 = 11100_{(2)}$이 된다.

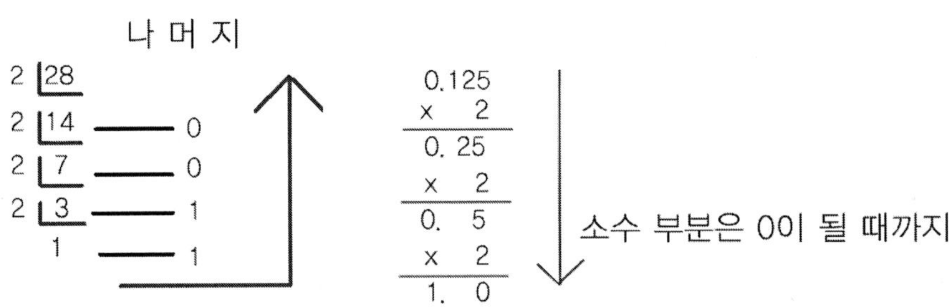

10진수를 2진수로 변환하는 방법

2. 소수점 아래 부분을 계산하면 $0.125 = 0.001_{(2)}$이 된다.

☆ $28.125 = 11100.001_{(2)}$

[2] 10진수를 8진수로 변환하는 방법과 8진수를 10진수로 변환하는 방법

(1) 10진수를 8진수로 변환하는 방법

진법변환은 10진수를 2진수로 변환하는 방법과 마찬가지로 소수점 위와 아래를 나누어서 변환을 해야 한다. 예를 들어 10진수 65.6875를 8진수로 변환하면 다음과 같다.

$$65.6875 = 101.54_{(8)}$$

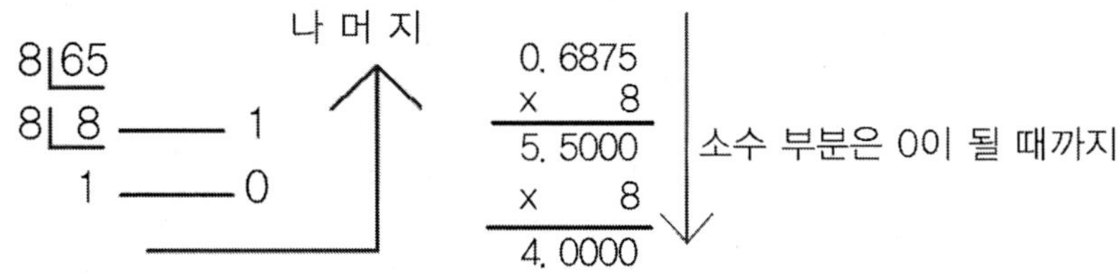

10진수를 8진수로 변환하는 방법

(2) 8진수를 10진수로 변환하는 방법

8진수를 10진수로 변환할 때도 소수점 아래 부분과 소수점 위의 부분을 해석하면 다음과 같이 할 수 있다.

$$\begin{aligned} 101.54_{(8)} &= 1\times 8^2 + 0\times 8^1 + 1\times 8^0 + 5\times 8^{-1} + 4\times 8^{-2} \\ &= 64 + 0 + 1 + \frac{5}{8} + \frac{4}{16} = 65.6875 \end{aligned}$$

[3] 10진수를 4진수로 변환하는 방법과 4진수를 10진수로 변환하는 방법

(1) 10진수를 4진수로 변환하는 방법

진법변환은 10진수를 4진수로 변환하는 방법과 마찬가지로 소수점 위와 아래를 나누어서 변환해야 한다. 예를 들어 10진수 65.6875를 4진수로 변환하면 다음과 같다.

$$65.6875 = 1001.23_{(4)}$$

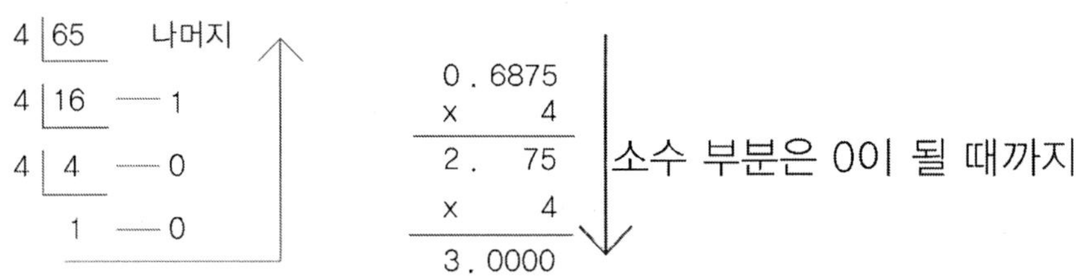

10진수를 4진수로 변환하는 방법

(2) 4진수를 10진수로 변환하는 방법

4진수를 10진수로 변환할 때도 소수점 아래 부분과 소수점 위의 부분을 해석하면 다음과 같이 할 수 있다.

$$1001.23_{(4)} = 1\times4^3+0\times4^2+0\times4^1+1\times4^0+2\times4^{-1}+3\times4^{-2}$$
$$= 64+0+1+\frac{2}{4}+\frac{3}{16}=65.6875$$

[4] 2진수, 4진수, 8진수, 16진수 변환하는 방법

각 진수별로 변환하면 2진수 3bit(3자리)가 8진수 1자리가 되고 2진수 4bit(4자리)가 16진수 1자리가 된다는 것을 알 수 있듯이 진법변환 시에는 효율적으로 사용할 수 있다.

10진수에 대한 각 진수별 변환

10진수	2진수	4진수	8진수	16진수
0	0000	0	0	0
1	0001	1	1	1
2	0010	2	2	2
3	0011	3	3	3
4	0100	10	4	4
5	0101	11	5	5
6	0110	12	6	6
7	0111	13	7	7
8	1000	20	10	8
9	1001	21	11	9
10	1010	22	12	A
11	1011	23	13	B
12	1100	30	14	C
13	1101	31	15	D
14	1110	32	16	E
15	1111	33	17	F
16	10000	100	20	10
17	10001	101	21	11

18	10010	102	22	12
19	10011	103	23	13
20	10100	110	24	14

예제 4

다음 10진수 45.6875를 8진수와 16진수로 변환하시오.

해설

1. 8진수로 변환하면 2진수 3bit(3자리)가 8진수 1자리가 된다. 45를 2진수로 변환하면

$$45 = 101101.1011_{(2)}$$

여기서 소수점을 기준을 위와 아래를 3bit(3자리)씩 계산하면 8진수가 된다.

101 | 101 | . 101 | 100

= 5 5 . 5 6

$$45 = 55.56_{(8)}$$

2. 소수점을 기준을 위와 아래를 4bit(4자리)씩 계산하면 16진수가 된다.

10 | 1101 . 1011 |

= 2 D . B

$$45 = 2D.B_{(16)}$$

3 2진수의 연산

[1] 가산

2진수는 10진수와 마찬가지로 가산하는 방법은 같다. 2진수에서는 한 자리에 사용될 수 있는 제일 큰 수가 1이다. 10진수와 마찬가지로 두 수의 합이 10 이상이 되어 자리 올림수(Carry)가 발생하면 윗자리의 값과 더하면 된다. 2진수도 Carry가 발생하면 윗자리의 값과 더하면 된다.

$$0 + 0 = 0,\ 0 + 1 = 1,\ 1 + 0 = 1,\ 1 + 1 = 10$$

여기서 1은 자리 올림수이다.

[2] 감산

2진수의 감산은 10진수의 감산 방법과 비슷하나, 평상시에는 잘 사용하지 않기 때문에 10진수의 감산에 비해 조금 어렵게 느껴질 수 있다. 여기서 감산수가 1일 때 자리 내림수(borrow)가 한 개 발생한다.

0 - 0 = 0,　　　　　　　　　　　　1 - 0 = 1,

0 - 1 = 1 (여기서 1은 자리 내림수이다)　　1 - 1 = 0

[3] 보수를 이용한 2진수의 감산

보수의 정의는 다음과 같다. 예를 들어 어떤 큰 수가 X에 대한 작은 수 N의 차를 X에 대한 보수라고 해보자. 따라서 X-N = a일 때 a를 X에 대한 N의 보수라고 하며, 베이스가 R, 정수 부분이 n 자리, 소수 부분이 m 자리수인 A의 절대치를 $|A|$라고 할 때 보수는 다음과 같다.

$$R\text{의 보수} \rightarrow \begin{cases} R^n - |A|, & A \neq 0 \\ 0, & A = 0 \end{cases} \qquad (R-1)\text{의 보수} \rightarrow R^n - R^{-m} - |A|$$

따라서 보수를 이용한 2진수의 감산에는 2진수의 보수를 이용한다. 2진수 보수에는 1의 보수(one' complements)와 2의 보수(two' complements)의 두 가지가 있으면 자리수가 n인 2진수 N에 대한 각각의 보수는 다음과 같이 정의된다.

(1) 2의 보수 : 2n - N

다음을 2의 보수로 변환하면 110110을 N = 54이고 n = 6이다. 따라서 2의 보수는 2n - N = 64 - 54 = 10 = 1010이 된다.

(2) 1의 보수 : (2n - N) - 1

즉, 1의 보수는 2의 보수보다 1이 적으므로 계산 시에는 조심해야 한다. 다음을 1의 보수로 변환하면 110110을 N = 54이고 n = 6이다. 따라서 2의 보수는 2n - N = 64 - 54 = 10 = 1010이 되므로 1의 보수는

$$(2n - N) - 1 = (64 - 54) - 1 = 9 = 1001$$

4 코드(Code)

[1] 2진화 10진 코드(bianry-coded decimal : BCD) 또는 2진화 10진수

BCD 코드는 웨이티드 코드(weighted code)로 10진수의 0~9를 자릿수의 값에 따라 나열한 것이다. 즉 자릿수의 값인 8, 4, 2, 1의 순서로 정해 놓은 것이다.

BCD 코드는 10진수 1개를 나타내기 위해서 4 비트가 소요된다. 예를 들어 365를 BCD 코드로 나타내면 다음과 같다.

$$365 \rightarrow 3 = 0011_{BCD} \quad 6 = 0110_{BCD} \quad 5 = 0101_{BCD}$$

$365 = (0011\ \ 0110\ \ 0101)_{BCD}$로 표현한다.

■ 코드변환

10진수	BCD Code	10진수	BCD Code	10진수	BCD Code
0	0000	10	0001 0000	31	0011 0001
1	0001	11	0001 0001	35	0011 0101
2	0010	15	0001 0101	40	0100 0000
3	0011	16	0001 0110	55	0101 0101
4	0100	20	0010 0000	77	0111 0111
5	0101	21	0010 0001	99	1001 1001

6	0110	22	0010 0010	100	0001 0000 0000
7	0111	25	0010 0101	256	0010 0101 0110
8	1000	29	0010 1001	387	0011 1000 0111
9	1001	30	0011 0000	852	1000 0101 0010

예제 5

10진수 927을 BCD Code로 변환하시오.

해설

BCD 코드는 10진수 1개를 나타내기 위해서 4비트가 필요하다.
927 = $(1001\ 0010\ 0111)_{BCD}$가 된다.

[2] 3 초과 코드

3 초과 코드는 언웨이티드 코드(unweighted code)로 BCD 코드에 0011(3)을 더한 것이다. 3 초과 코드의 자기 보수 코드(self complement code)로서 자리값을 갖지 않고 연산 동작이 쉽게 이루어지는 특징을 가지고 있다.

10진수, BCD Code, 3 초과 코드 비교

10진수	BCD Code	3초과 Code	10진수	BCD Code	3초과 Code
0	0000	0011	10	0001 0000	0100 0011
1	0001	0100	11	0001 0001	0100 0100
2	0010	0101	15	0001 0101	0100 1000
3	0011	0110	20	0010 0000	0011 0011
4	0100	0111	35	0011 0101	0110 1000
5	0101	1000	60	0110 0000	1001 0011
6	0110	1001	73	0111 0011	1010 0110
7	0111	1010	89	1000 1001	1011 1100
8	1000	1011	94	1001 0100	1100 0111
9	1001	1100	99	1001 1001	1100 1100

[3] 그레이 코드(Gray Code)

그레이 코드는 웨이트가 없는 언웨이티드 코드(unweighted code)로, 연산에는 부적당하지만 Analog Digital 변환과 입, 출력 장치와 기타 주변 장치용으로 사용된다. 여기서 Analog Digital 변환은 인접하고 있는 각 코드 간에는 한 개의 bit만 변환하는 것을 말한다. 즉 그레이 코드는 각 코드 간에는 한 개의 bit만 변환시켜야 한다.

(1) 2진수를 그레이 코드로 변환하는 방법

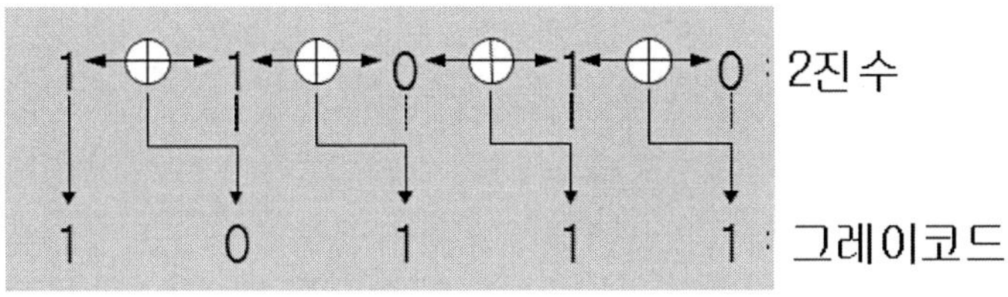

(2) 그레이 코드를 2진수로 변환하는 방법

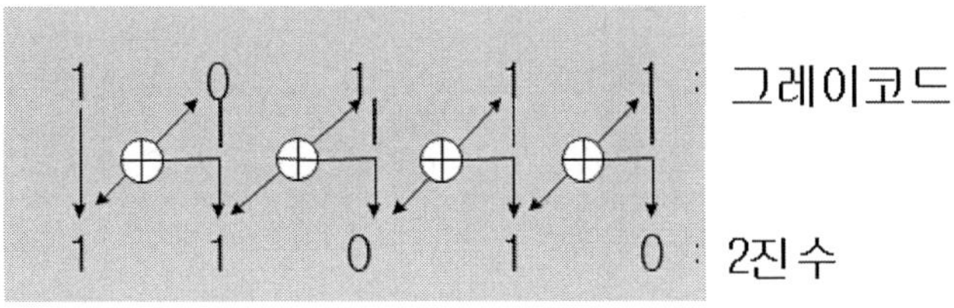

5 부울 대수(Boolean algebra)

부울 대수는 0과 1로 된 두 개의 수치만 사용하여 연산하며, 2진 변수와 논리 동작을 취급하는 수학적 표현이다. 그 후 19세기 중반 영국의 수학자 조지 부울이 기본적인 원리를 만들었고, 1938년 미국의 벨 연구소에 근무하던 클로드 섀넌이 전기회로의 스위치가 ON, OFF의 두 상태를 갖는 점에 착안하여 릴레이 회로의 접점 수를 감소시키는 데 응용하여 스위칭 대수로 확립하였다. 즉 연산의 결과를 0과 1로 표현하여 논리에서 0은 거짓 · 신호 없음 · 스위치의 개방을, 1은 참 · 신호 있음 · 스위치의 단락을 의미하는 것이다. 부울 변수의 기본 논리연산은 논리합, 논리곱 및 논리 부정이 있다.

[1] 부울 대수의 공리와 법칙

(1) 항등 법칙

$A + 0 = A$ $A + 1 = 1$

$A \cdot 0 = 0$ $A \cdot 1 = A$

(2) 동일 법칙

$A + A = A$ $A \cdot A = A$

(3) 보수 법칙

$A + \overline{A} = 1$ $A \cdot \overline{A} = 0$

(4) 교환 법칙

1) $A + B = B + A$ 2) $A \cdot B = B \cdot A$

(5) 결합 법칙

1) $(A + B) + C = A + (B + C)$
2) $(A \cdot B) \cdot C = A \cdot (B \cdot C)$

(6) 분배 법칙

1) $A \cdot (B + C) = A \cdot B + A \cdot C$
2) $A + (B \cdot C) = (A + B) \cdot (A + C)$

(7) 공리 1

$A \neq 0$이면 $A = 1$, $A \neq 1$이면 $A = 0$이다.

부울 대수 A에는 0과 1로 두 가지만 존재하기 때문이다.

(8) 공리 2

$\overline{1} = 0$이고 $\overline{0} = 0$이다.

(9) 공리 3

$0 \cdot 0 = 0$, $0 \cdot 1 = 0$, $1 \cdot 0 = 0$, $1 \cdot 1 = 1$

$0 + 0 = 0$, $0 + 1 = 1$, $1 + 0 = 1$, $1 + 1 = 1$

(10) 드 모르간 정리

1) $\overline{A + B} = \overline{A} \cdot \overline{B}$

2) $\overline{A \cdot B} = \overline{A} + \overline{B}$

(11) 흡수 정리

$A + \overline{A} \cdot B = A + B$

(12) 쌍대 원리

쌍대 원리는 서로 바뀌는 것을 의미하며 여기서는 AND를 OR로 1은 0으로 나타내는 것을 말한다. 어떤 논리식에 대한 쌍대의 식은 다음과 같이 변형하면 얻어진다. 논리식 중의 AND는 OR로, OR는 AND로 서로 바꾸며, 0은 1로, 1은 0으로 서로 바꾸고 변수는 그대로 둔다.

예제 6

$10110_{(2)}$을 그레이 코드로 변환하시오.

해설

$10110_{(2)}$을 그레이 코드로 변환하면 11101이 된다.

예제 7

기본 정리를 이용하여 다음의 논리식을 간략화하시오.

1) $f = (A + B)(A + \overline{B})$

2) $f = (A + B)(C + A) + AB$

3) $f = A \cdot (A \cdot B + \overline{C})$

해설

1) $f = (A+B)(A+\overline{B}) = AA + A\overline{B} + AB + B\overline{B} = A(1+\overline{B}+B) = A$

2) $f = (A+B)(C+A) + AB = AC + AA + AC + AB + AB = A(C+1+C+B) = A$

3) $f = A \cdot (A \cdot B + \overline{C}) = AAB + A\overline{C} = AB + A\overline{C} = A(B+\overline{C})$

6 논리회로

[1] OR 회로

여러 개의 입력 단자 중 1개 이상에서 High 또는 1이면 출력이 High 또는 1이 되는 것을 OR Gate라 한다. 스위치 회로로 구성된 OR Gate는 스위치가 병렬로 되어 있다. 다이오드로 구성된 회로는 아래 그림과 같으며 여기서 R은 Full Down 저항이다.

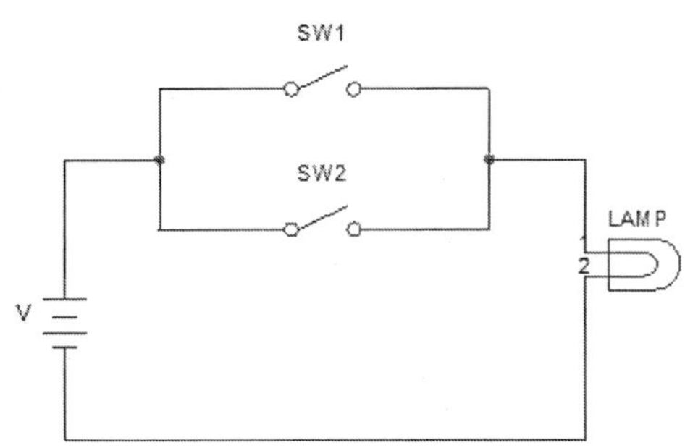

스위치 회로

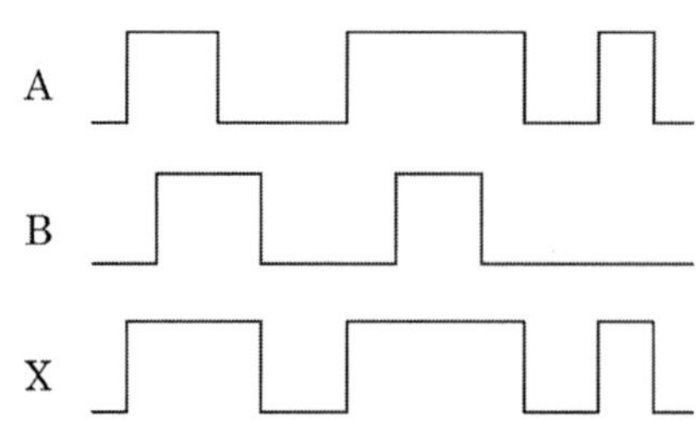

타이밍도

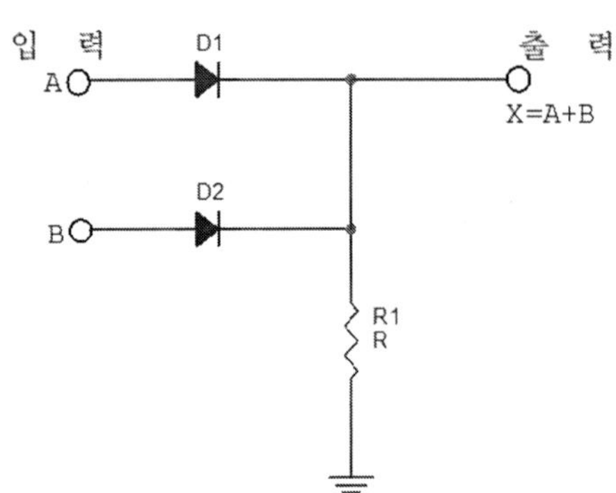

회로

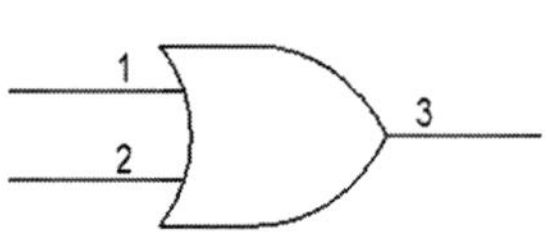

기호

A	B	X
0	0	0
0	1	1
1	0	1
1	1	1

진리표

$$X = A + B$$

논리식

[2] AND 회로

여러 개의 입력 단자가 전부 1이면(High 또는 1) 출력이 High 또는 1이 되고, 여러 개의 스위치 중 한 개의 스위치만이라도 OFF(논리 0)가 되면 출력은 0이 되는 것을 AND Gate라 한다. 스위치 회로로 구성된 AND Gate는 스위치가 직렬로 되어 있으며 다이오드로 구성된 회로는 아래 그림과 같다. 여기서 R은 Full Up 저항이다.

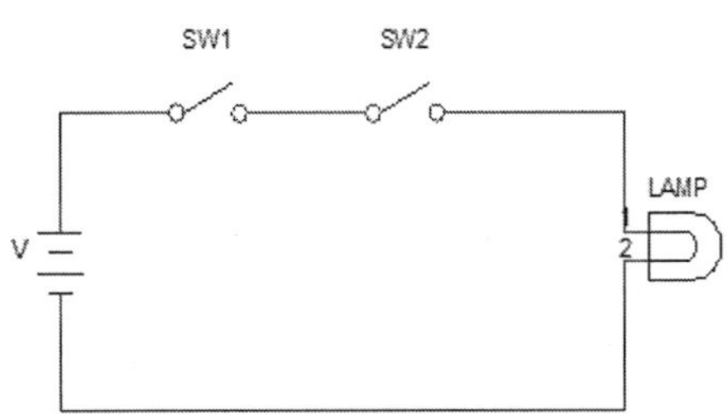

스위치 회로

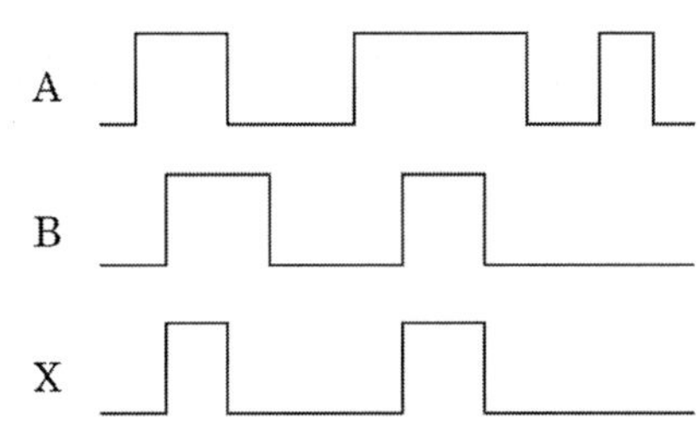

타이밍도

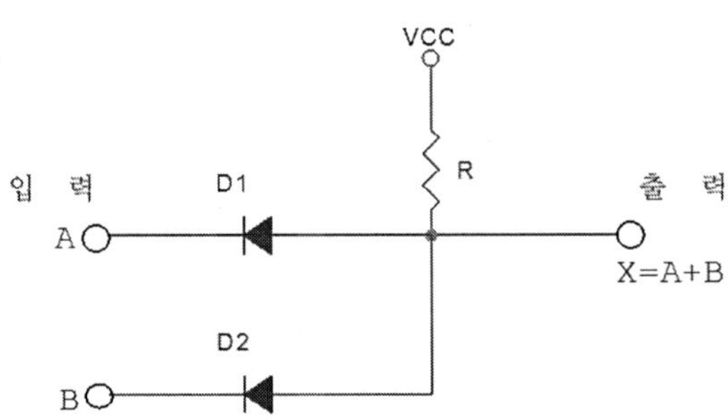

회로

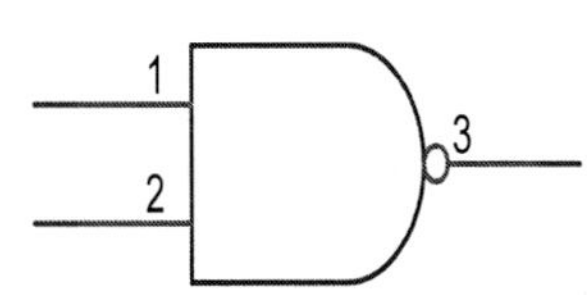

기호

A	B	X
0	0	0
0	1	1
1	0	1
1	1	1

진리표

$$X = A \cdot B$$

논리식

[3] NOT(부정) 회로(Inverter)

NOT(부정) 회로 하나의 입력에 하나의 출력을 갖는 회로이며 입력이 0(Low)이면 출력은 1이 되며, 입력이 1(High)이면 출력은 0이 되는 회로이다.

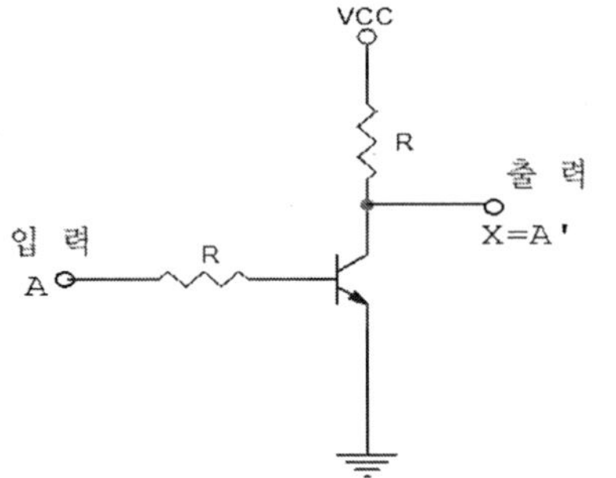

회로

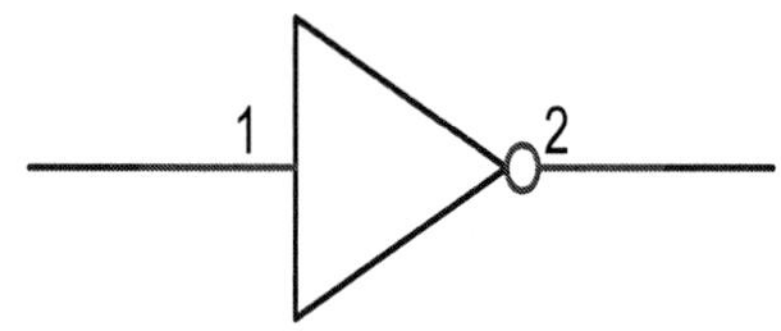

기호

A	X
0	1

진리표

$$X = \overline{A}$$

논리식

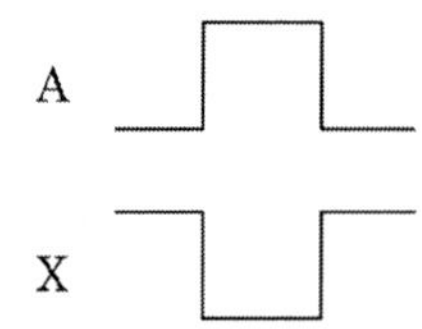

타이밍도

[4] NOR 회로

NOR 회로는 OR 회로의 출력에 Inverter를 직렬로 연결한 방식으로 동작 결과는 OR 회로의 반대(부정)의 동작을 한다. 여러 개의 입력 단자 중 1개 이상의 단자가 1 또는 High이면 출력은 0(L)이 되는 논리회로이다. 즉 입력이 모두 0(L)이 되어야 출력이 1이 되는 회로이다.

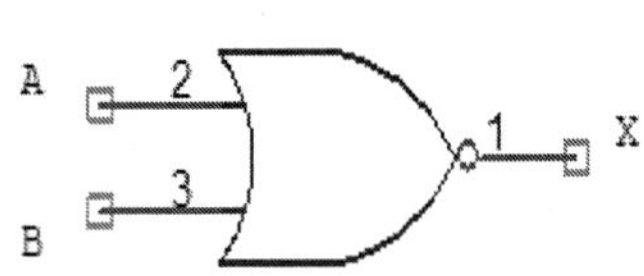

기호

A	B	X
0	0	1
0	1	0
1	0	0
1	1	0

진리표

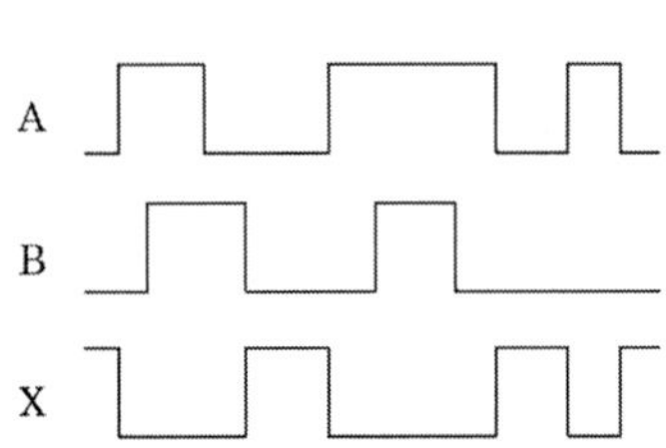

타이밍도

$X = \overline{A + B}$ 또는 A or B 바(bar)

논리식

[5] NAND 회로

NAND 회로는 AND 회로의 출력에 Inverter를 직렬로 연결한 방식으로, 동작 결과는 AND 회로의 반대(부정)의 동작을 한다. 여러 개의 입력 단자 중 1개 이상의 단자가 0 또는 Low이면 출력은 1(H)이 되는 논리회로이다. 즉 입력 중에서 하나가 모두 0(L)이면 출력이 1이 되는 회로이다.

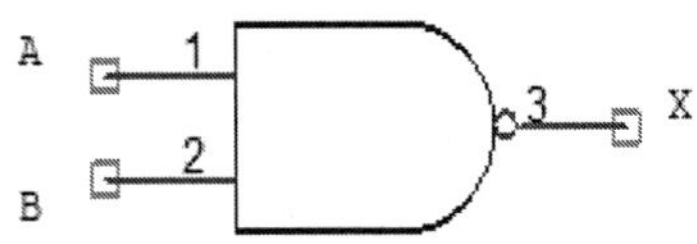

기호

A	B	X
0	0	1
0	1	1
1	0	1
1	1	0

진리표

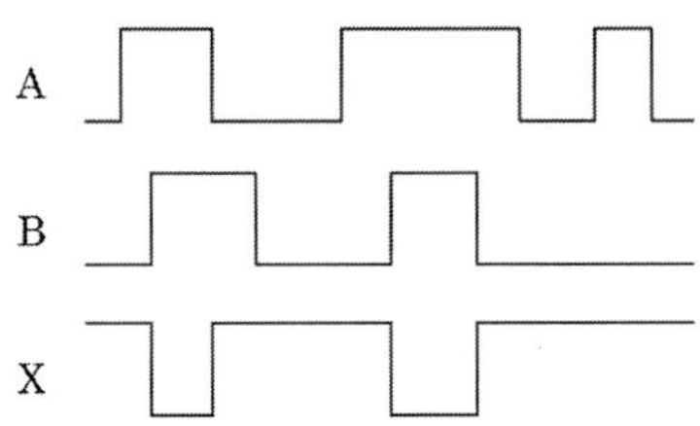

타이밍도

$X = \overline{A+B}$ 또는 A and B 바(bar)

논리식

[6] EX-OR 회로(Exclusive-OR, 배타적-OR, 반 일치 회로)

EX-OR 회로는 두 입력이 서로 다를 때 출력이 1(H)이 되는 논리회로이다. 두 입력이 서로 다를 때 즉 A〉B 또는 A〈B이면 출력이 1이 되는 회로를 말하며 반 일치 회로라고 한다.

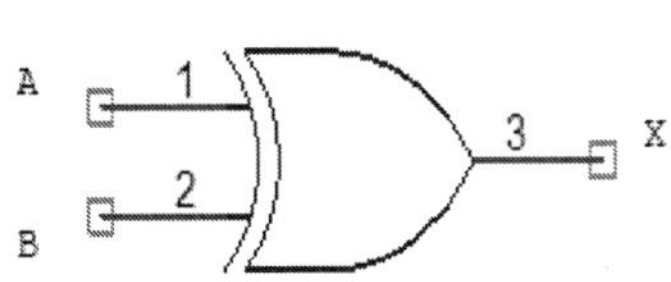

기호

A	B	X
0	0	0
0	1	1
1	0	1
1	1	0

진리표

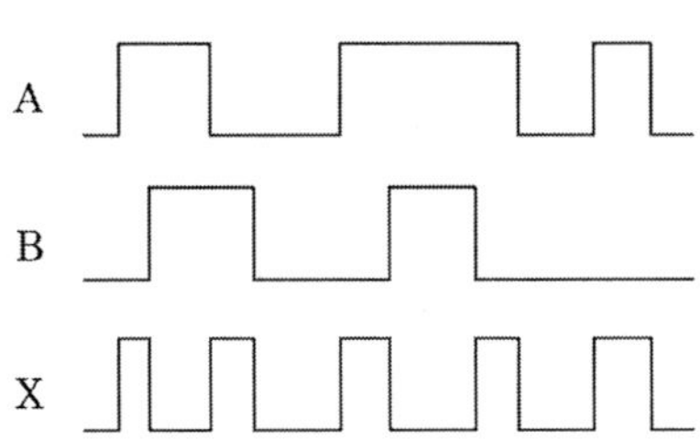

타이밍도

$$X = \overline{A}B + A\overline{B} = A \oplus B$$

논리식

[7] EX-NOR 회로(Exclusive-NOR, 배타적-NOR, 일치 회로)

EX-NOR 회로는 두 입력이 서로 같을 때 출력이 1(H)이 되는 논리회로이며, EX-OR 회로의 출력에 NOT 회로를 직렬로 연결한 회로이다. 두 입력이 서로 같을 때 즉 A=B이면 출력이 1이 되는 회로를 말하며 일치 회로라고 한다.

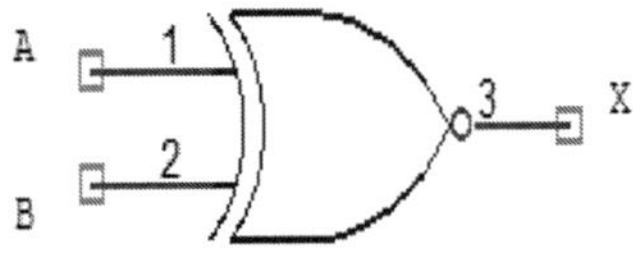

기호

A	B	X
0	0	1
0	1	0
1	0	0
1	1	1

진리표

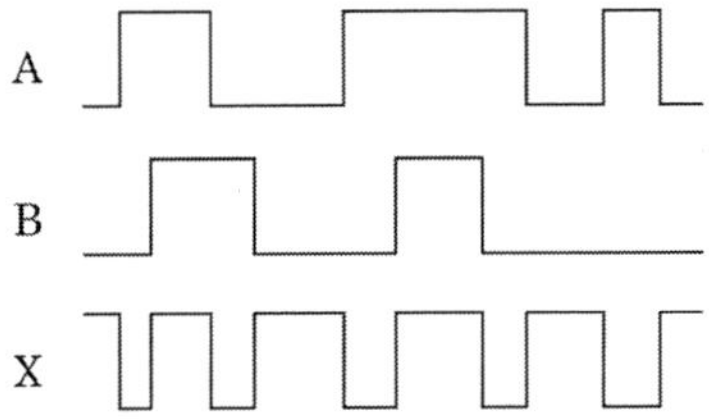

타이밍도

$$X = A \odot B = \overline{A}\,\overline{B} + AB$$

논리식

7 논리식의 간략화

[1] 논리식의 간략화

논리식을 간략화하는 이유는 복잡한 논리식을 간단히 하기 위해서이다. 또한 논리식을 간략화를 하면 논리회로가 간단하게 구성할 수 있으며 AND, OR, NOT 등을 이용하여 논리회로 설계할 수 있다.

예를 들어 다음과 같은 $F = (A \cdot B + A \cdot \overline{B}) \cdot C$ 논리식을 간략화하면 다음과 같다.

$$F = (A \cdot B + A \cdot \overline{B}) \cdot C = A \cdot B \cdot C + A \cdot \overline{B} \cdot C = A \cdot C(B + \overline{B}) = A \cdot C$$

여기서 $F = (A \cdot B + A \cdot \overline{B}) \cdot C$식을 이용하여 회로를 구성하면 다음과 같이 복잡하다.

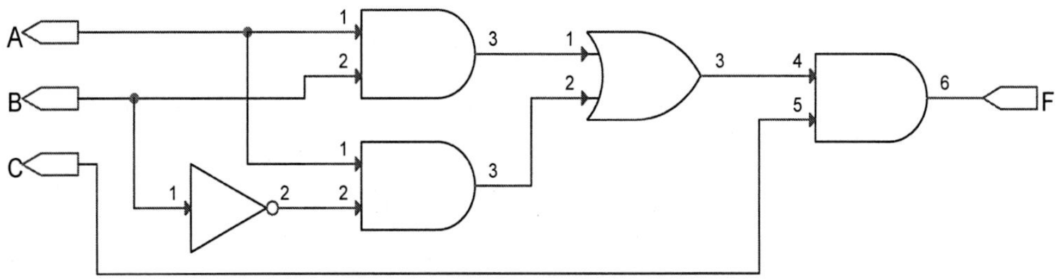

이 회로를 간략화하면 다음과 같다.

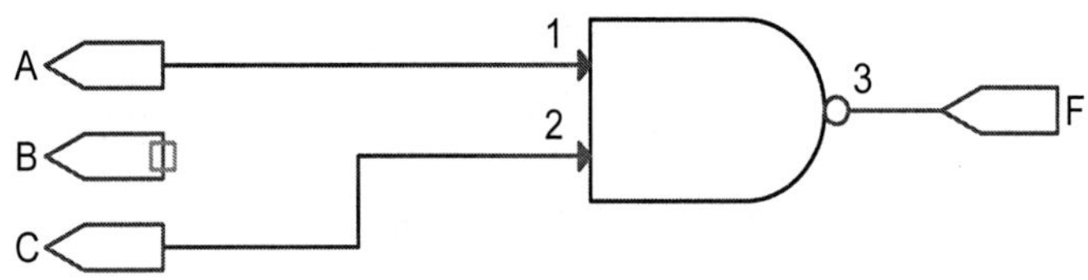

예제 8

다음의 논리식을 간략화하시오.

1. $Y=(A+B+C)\cdot(\overline{A}+B)$

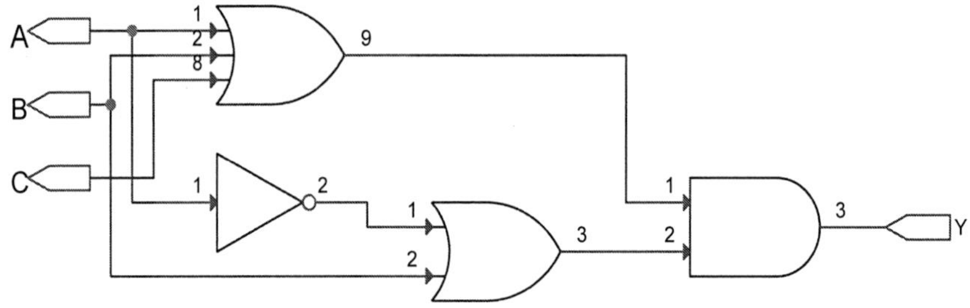

2. $Y=(\overline{A}+B)\cdot(B+C)\cdot(A+\overline{C})$

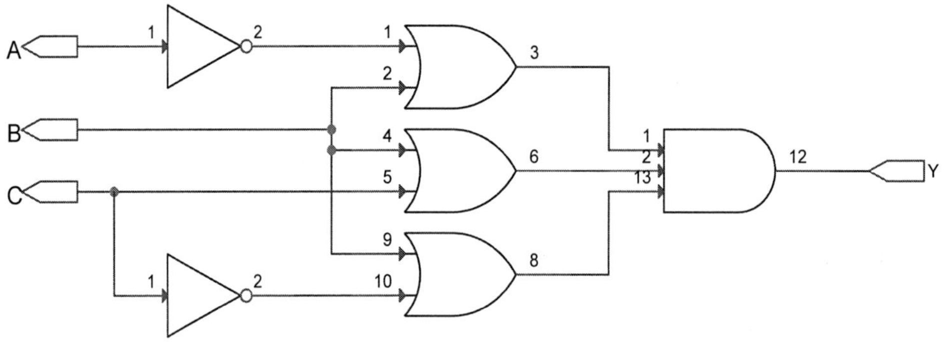

3. $Y=A\cdot B\cdot C+\overline{A}\cdot B\cdot C+A\cdot B\cdot \overline{C}$

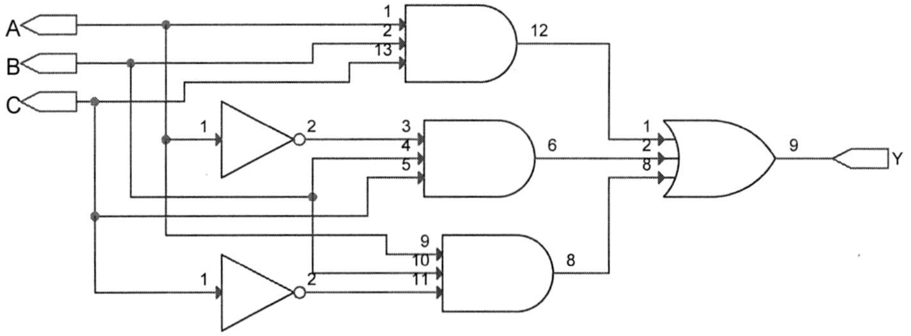

4. $Y = \overline{A} \cdot \overline{B} \cdot \overline{C} + A \cdot \overline{B} \cdot \overline{C} + \overline{B} \cdot \overline{C}$

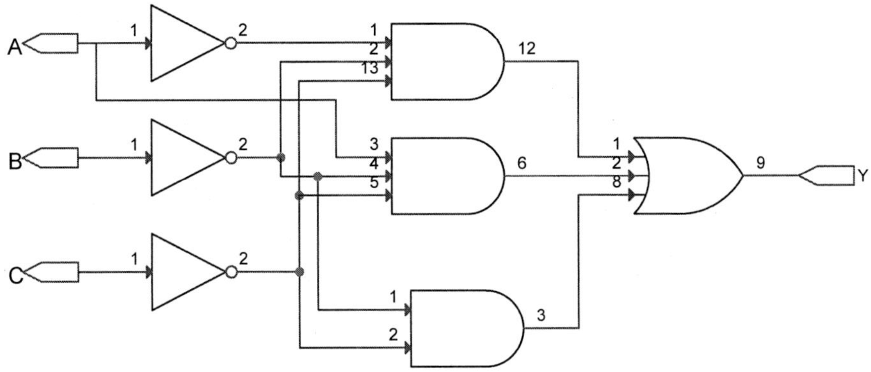

5. $Y = A \cdot B \cdot C + \overline{A} \cdot B \cdot C + A \cdot \overline{B} \cdot C$

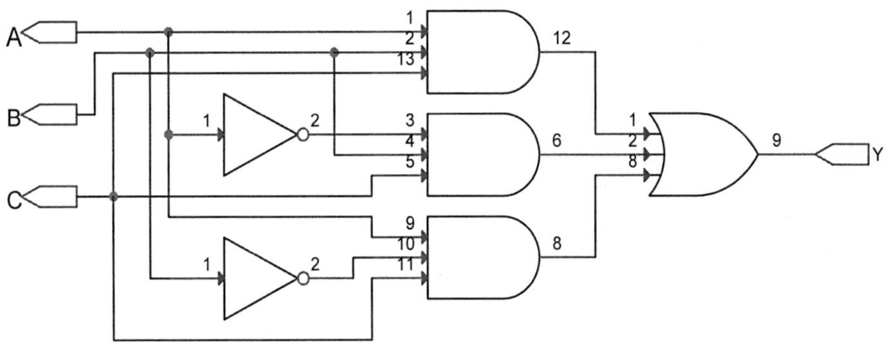

해설

1. $Y = (A + B + C)\cdot(\overline{A} + B) = A\cdot\overline{A} + A\cdot B + \overline{A}\cdot B + B\cdot B + \overline{A}\cdot C + B\cdot C$

$= A\cdot B + \overline{A}\cdot B + B + \overline{A}\cdot C + B\cdot C = B\cdot(A + \overline{A} + 1 + C) + \overline{A}\cdot C = B + \overline{A}\cdot C$

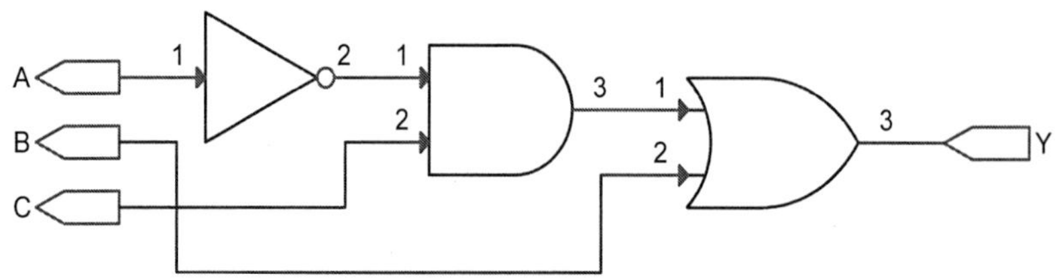

2. $Y = (\overline{A} + B)\cdot(B + C)\cdot(A + \overline{C}) = (\overline{A}\cdot B + \overline{A}\cdot C + B\cdot B + B\cdot C)\cdot(A + \overline{C})$

$= (B\cdot(\overline{A} + 1 + C) + \overline{A}\cdot C)\cdot(A + \overline{C}) = (A\cdot B + B\cdot\overline{C} + A\cdot\overline{A}\cdot C + \overline{A}\cdot C\cdot\overline{C}$

$= B\cdot(A + \overline{C})$

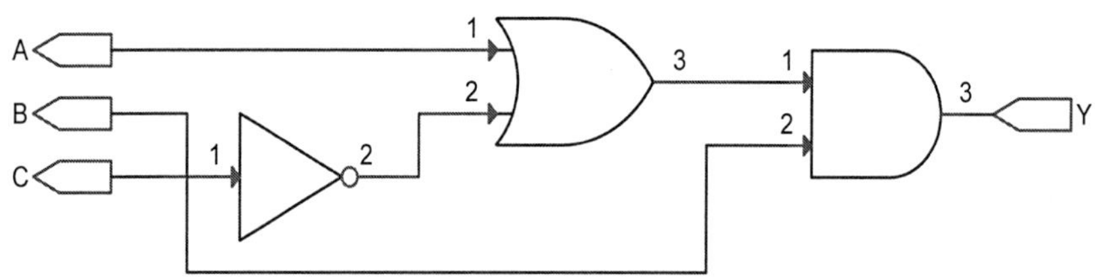

3. $Y = A\cdot B\cdot C + \overline{A}\cdot B\cdot C + A\cdot B\cdot\overline{C} = A\cdot B\cdot(C + \overline{C}) + B\cdot C(A + \overline{A})$

$= A\cdot B + B\cdot C$

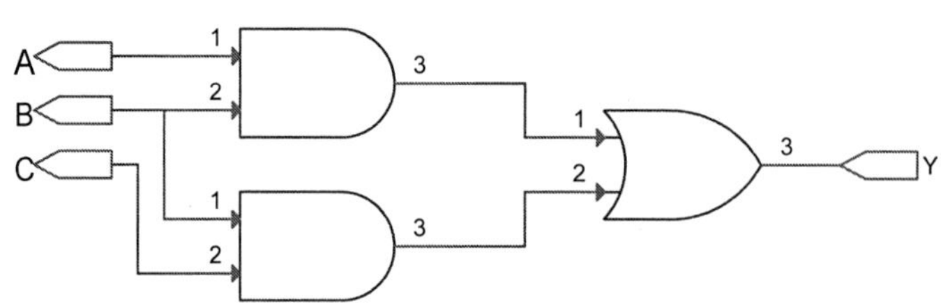

4. $Y = \overline{A}\cdot\overline{B}\cdot\overline{C} + A\cdot\overline{B}\cdot\overline{C} + \overline{B}\cdot\overline{C} = \overline{B}\cdot\overline{C}(\overline{A} + A + 1) = \overline{B}\cdot\overline{C}$

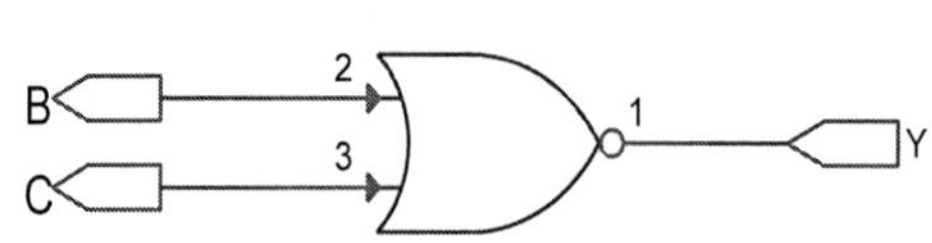

5. $Y = A\cdot B\cdot C + \overline{A}\cdot B\cdot C + A\cdot\overline{B}\cdot C = A\cdot C(B + \overline{B}) + B\cdot C(A + \overline{A})$

$= A\cdot C + B\cdot C = C(A + B)$

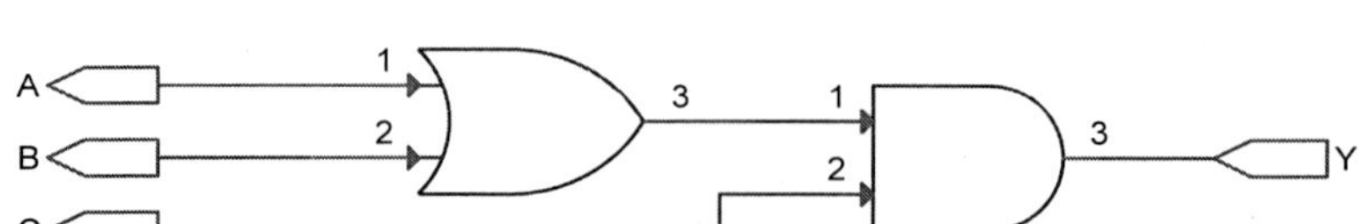

8 카르노 맵에 의한 논리식의 간략화

카르노 맵은 1953년 벨 연구소의 모리스 카르노(Maurice Karnaugh)에 의해 개발되었다. 카르노 맵은 벤 다이어그램(Venn diagram)을 확장한 것으로, 진리표를 사각형으로 나타내고 여러 형태의 사각형으로 된 것을 그림으로 표현하며, 진리표의 각 항(최소 항 또는 최대 항)들은 카르노 맵의 각각의 칸을 사각형에 나타낸다. 카르노 맵의 각 칸에서 수평 또는 수직 방향으로 인접한 칸(adjacent term)은 한 변수의 논리 상태만 서로 다르고 카르노 맵에서 인접 항을 2, 4, 8, 16…의 단위로 묶음으로써 부울 변수를 1, 2, 3, 4, …개씩 감소한다.

◈ 카르노 맵에서의 간소화 과정

1. 2^n(2의 지수 승)으로 묶는다. (2^n은 2, 4, 8, 16, · · · 을 말한다.)
2. 각 항에서 중복된 경우 중복해서 묶을 수 있다.
3. 인접해 있는 항은 서로 묶는다.
4. 될 수 있는 한 최대의 크기로 묶으므로 간소화에 편리하다.
   (큰 항의 묶음에서 남아있는 변수들로 간소화된 부울 식을 구한다.)
5. 모든 최소 항은 한 번 이상은 묶여야 한다.
6. 카르노 맵에 진리표의 각 값을 적합한 칸에 기입하고 진리표로 나타낸다.
7. 정규(A) 및 반전($\overline{B}$)인 변수가 묶음 내에 존재하면 그 변수는 식으로부터 소거한다.
   모든 칸에 나타나는 같은 변수는 최종 식에 남는다.

※ 최소 항(minterm), 최대 항(maxterm)

ABC	최소 항		최대 항	
	항	표현	항	표현
0 0 0	$\overline{A}\cdot\overline{B}\cdot\overline{C}$	m_0	$A+B+C$	M_0
0 0 1	$\overline{A}\cdot\overline{B}\cdot C$	m_1	$A+B+\overline{C}$	M_1
0 1 0	$\overline{A}\cdot B\cdot\overline{C}$	m_2	$A+\overline{B}+C$	M_2
0 1 1	$\overline{A}\cdot B\cdot C$	m_3	$A+\overline{B}+\overline{C}$	M_3
1 0 0	$A\cdot\overline{B}\cdot\overline{C}$	m_4	$\overline{A}+B+C$	M_4
1 0 1	$A\cdot\overline{B}\cdot C$	m_5	$\overline{A}+B+\overline{C}$	M_5
1 1 0	$A\cdot B\cdot\overline{C}$	m_6	$\overline{A}+\overline{B}+C$	M_6
1 1 1	$A\cdot B\cdot C$	m_7	$\overline{A}+\overline{B}+\overline{C}$	M_7

2진 변수는 이 변수의 정상적인 형태 A와 보수 형태 A로 표현될 수 있는데 변수마다 이 두 형태 중 임의의 형을 사용하여 논리곱 AND 조합한 형태, 예를 들어 두 변수 A B에서 가능한 조합은 $A \cdot B$, $A \cdot \overline{B}$, $\overline{A} \cdot B$, $\overline{A} \cdot \overline{B}$이며, 이 각각의 AND형을 최소 항이라 하고 OR형을 최대 항이라 한다.

※ 무관 조건(Don't care)

n개의 논리 변수가 취한 논리값의 조합에 대하여 하나의 논리값이 대응하는 논리 함수에서, 논리 함수의 논리값이 규정되어 있지 않은 논리값의 조합이다. 이 조합을 이용하여 논리 식이나 회로를 간단하게 한다.

[1] 2 변수 맵

그림 1은 2 변수(A와 B)을 나타내는 것으로, A와 B에 대하여 $A \cdot B$, $A \cdot \overline{B}$, $\overline{A} \cdot B$, $\overline{A} \cdot \overline{B}$ 4개의 최소 항이 있다. 4개의 최소 항은 4개의 사각형으로 구성되며, 행과 열에 대하여 그림 2는 행을, 그림 3은 열을 나타낸 것이다. 행과 열의 0과 1은 다음과 같다. 행의 $0 = \overline{A}$, $1 = A$이고 열의 $0 = \overline{B}$, $1 = B$이다.

m_0	m_2
m_1	m_3

그림 1

B \ A	$\overline{A}$	A
$\overline{B}$	$\overline{A} \cdot \overline{B}$	$A \cdot \overline{B}$
B	$\overline{A} \cdot B$	$A \cdot B$

그림 2

B \ A	0	1
0	$\overline{A} \cdot \overline{B}$	$A \cdot \overline{B}$
1	$\overline{A} \cdot B$	$A \cdot B$

그림 3

B \ A	0	1
0	0 0	1 0
1	0 1	1 1

그림 4

예제 9

다음의 논리식을 카르노 맵을 이용하여 간략화하시오.

1. $Y = A \cdot \overline{B} + \overline{A} \cdot \overline{B}$
2. $Y = \overline{A} \cdot B + A \cdot B$
3. $Y = A \cdot B + \overline{A} \cdot B + A \cdot \overline{B}$

해설

1. $Y = A \cdot \overline{B} + \overline{A} \cdot \overline{B} = \overline{B}(A + \overline{A}) = \overline{B}$

B \ A	0	1
0	1	1
1	0	0

2. $Y = \overline{A} \cdot B + A \cdot B = B(\overline{A} + A) = B$

B \ A	0	1
0	0	0
1	1	1

3. $Y = A \cdot B + \overline{A} \cdot B + A \cdot \overline{B} = A(B + \overline{B}) + B(\overline{A} + A) = A + B$

B \ A	0	1
0	0	1
1	1	1

[2] 3 변수 맵

그림 1은 3 변수 (A, B, C)을 나타내는 것으로, A, B, C에 대하여 $A\cdot B\cdot C$, $A\cdot B\cdot \overline{C}$, $A\cdot \overline{B}\cdot C$, $A\cdot \overline{B}\cdot \overline{C}$, $\overline{A}\cdot B\cdot C$, $\overline{A}\cdot B\cdot \overline{C}$, $\overline{A}\cdot \overline{B}\cdot C$, $\overline{A}\cdot \overline{B}\cdot \overline{C}$ 8개의 최소 항이 있다. 8개의 최소 항은 8개의 사각형으로 구성되며, 행과 열에 대하여 그림 2는 행을, 그림 3은 열을 나타낸 것이다. 최소 항을 배열하는 순차는 반드시 한 비트만 0에서 1 또는 1에서 0으로 변한다. 행과 열의 0과 1은 다음과 같다.

행과 열의 $0 = \overline{A}$, $1 = A$ $0 = \overline{B}$, $1 = B$, $0 = \overline{C}$, $1 = C$ 이다.

m_0	m_2	m_6	m_4
m_1	m_3	m_7	m_5

그림 1

C \ AB	$\overline{A}\cdot\overline{B}$	$\overline{A}\cdot B$	$A\cdot B$	$A\cdot\overline{B}$
$\overline{C}$	$\overline{A}\cdot\overline{B}\cdot\overline{C}$	$\overline{A}\cdot B\cdot\overline{C}$	$A\cdot B\cdot\overline{C}$	$A\cdot\overline{B}\cdot\overline{C}$
C	$\overline{A}\cdot\overline{B}\cdot C$	$\overline{A}\cdot B\cdot C$	$A\cdot B\cdot C$	$A\cdot\overline{B}\cdot C$

그림 2

C \ AB	0 0	0 1	1 1	1 0
0	$\overline{A}\cdot\overline{B}\cdot\overline{C}$	$\overline{A}\cdot B\cdot\overline{C}$	$A\cdot B\cdot\overline{C}$	$A\cdot\overline{B}\cdot\overline{C}$
1	$\overline{A}\cdot\overline{B}\cdot C$	$\overline{A}\cdot B\cdot C$	$A\cdot B\cdot C$	$A\cdot\overline{B}\cdot C$

그림 3

C \ AB	0 0	0 1	1 1	1 0
0	0 0 0	0 1 0	1 1 0	1 0 0
1	0 0 1	0 1 0	1 1 1	1 0 1

그림 4

예제 10

다음 부울 함수를 카르노 맵을 이용하여 간략화하시오.

1. $Y = \overline{A}\cdot\overline{B}\cdot\overline{C} + \overline{A}\cdot B\cdot\overline{C} + A\cdot B\cdot C + A\cdot\overline{B}\cdot C$
2. $Y = \overline{A}\cdot\overline{B}\cdot\overline{C} + \overline{A}\cdot B\cdot C + A\cdot B\cdot C + A\cdot\overline{B}\cdot\overline{C}$

해설

1. $Y = \overline{A}\cdot\overline{B}\cdot\overline{C} + \overline{A}\cdot B\cdot\overline{C} + A\cdot B\cdot C + A\cdot\overline{B}\cdot C = \overline{A}\cdot\overline{C}(\overline{B} + B) + A\cdot C(B + \overline{B})$
   $= \overline{A}\cdot\overline{C} + A\cdot C$

C \ AB	0 0	0 1	1 1	1 0
0	1	1	0	0
1	0	0	1	1

2. $Y = \overline{A}\cdot\overline{B}\cdot\overline{C} + \overline{A}\cdot B\cdot C + A\cdot B\cdot C + A\cdot\overline{B}\cdot\overline{C} = B\cdot C(\overline{A} + A) + \overline{B}\cdot\overline{C}(\overline{A} + A)$
   $= B\cdot C + \overline{B}\cdot\overline{C}$

C \ AB	0 0	0 1	1 1	1 0
0	1	0	0	1
1	0	1	1	0

예제 11

다음 함수를 카르노 맵을 이용하여 간략화하시오.

$$Y = \overline{A}\cdot B + A\cdot B + A\cdot\overline{B}\cdot C + B\cdot\overline{C}$$

해설

C \ AB	00	01	11	10
0	0	1	1	0
1	0	1	1	1

1. $\overline{A}\cdot B = \overline{A}\cdot B(\overline{C}+C)$가 되므로 010, 011에 1이 들어간다.
2. $A\cdot B = A\cdot B(\overline{C}+C)$가 되므로 110, 111에 1이 들어간다.
3. $B\cdot\overline{C} = B\cdot\overline{C}(A+\overline{A})$가 되므로 110, 010에 1이 들어간다.
4. 큰 사각형의 결과는 B이고 작은 사각형의 결과는 $A\cdot\overline{C}$이 된다.
5. $Y = \overline{A}\cdot B + A\cdot B + A\cdot\overline{B}\cdot C + B\cdot\overline{C} = B + A\cdot\overline{C}$

[3] 4 변수 맵

m_0	m_4	m_{12}	m_8
m_1	m_5	m_{13}	m_9
m_3	m_7	m_{15}	m_{11}
m_2	m_6	m_{14}	m_{10}

그림 1

C · D \ A · B	$\overline{A}\cdot\overline{B}$	$\overline{A}\cdot B$	$A\cdot B$	$A\cdot\overline{B}$
$\overline{C}\cdot\overline{D}$	$\overline{A}\cdot\overline{B}\cdot\overline{C}\cdot\overline{D}$	$\overline{A}\cdot B\cdot\overline{C}\cdot\overline{D}$	$A\cdot B\cdot\overline{C}\cdot\overline{D}$	$A\cdot\overline{B}\cdot\overline{C}\cdot\overline{D}$
$\overline{C}\cdot D$	$\overline{A}\cdot\overline{B}\cdot\overline{C}\cdot D$	$\overline{A}\cdot B\cdot\overline{C}\cdot D$	$A\cdot B\cdot\overline{C}\cdot D$	$A\cdot\overline{B}\cdot\overline{C}\cdot D$
$C\cdot D$	$\overline{A}\cdot\overline{B}\cdot C\cdot D$	$\overline{A}\cdot B\cdot C\cdot D$	$A\cdot B\cdot C\cdot D$	$A\cdot\overline{B}\cdot C\cdot D$
$C\cdot\overline{D}$	$\overline{A}\cdot\overline{B}\cdot C\cdot\overline{D}$	$\overline{A}\cdot B\cdot C\cdot\overline{D}$	$A\cdot B\cdot C\cdot\overline{D}$	$A\cdot\overline{B}\cdot C\cdot\overline{D}$

그림 2

A · B / C · D	0 0	0 1	1 1	1 0
0 0	$\overline{A}\cdot\overline{B}\cdot\overline{C}\cdot\overline{D}$	$\overline{A}\cdot B\cdot\overline{C}\cdot\overline{D}$	$A\cdot B\cdot\overline{C}\cdot\overline{D}$	$A\cdot\overline{B}\cdot\overline{C}\cdot\overline{D}$
0 1	$\overline{A}\cdot\overline{B}\cdot\overline{C}\cdot D$	$\overline{A}\cdot B\cdot\overline{C}\cdot D$	$A\cdot B\cdot\overline{C}\cdot D$	$A\cdot\overline{B}\cdot\overline{C}\cdot D$
1 1	$\overline{A}\cdot\overline{B}\cdot C\cdot D$	$\overline{A}\cdot B\cdot C\cdot D$	$A\cdot B\cdot C\cdot D$	$A\cdot\overline{B}\cdot C\cdot D$
1 0	$\overline{A}\cdot\overline{B}\cdot C\cdot\overline{D}$	$\overline{A}\cdot B\cdot C\cdot\overline{D}$	$A\cdot B\cdot C\cdot\overline{D}$	$A\cdot\overline{B}\cdot C\cdot\overline{D}$

그림 3

A · B / C · D	0 0	0 1	1 1	1 0
0 0	0 0 0 0	0 1 0 0	1 1 0 0	1 0 0 0
0 1	0 0 0 1	0 1 0 1	1 1 0 1	1 0 0 1
1 1	0 0 1 1	0 1 1 1	1 1 1 1	1 0 1 1
1 0	0 0 1 0	0 1 1 0	1 1 1 0	1 0 1 0

그림 4

그림 1은 4 변수 (A, B, C, D)을 나타내는 것이다.

A, B, C에 대하여 $A\cdot B\cdot C\cdot D$, $A\cdot B\cdot C\cdot\overline{D}$, $A\cdot B\cdot\overline{C}\cdot D$, $A\cdot B\cdot\overline{C}\cdot\overline{D}$, $A\cdot\overline{B}\cdot C\cdot D$, $A\cdot\overline{B}\cdot C\cdot\overline{D}$, $A\cdot\overline{B}\cdot\overline{C}\cdot D$, $A\cdot\overline{B}\cdot\overline{C}\cdot\overline{D}$, $\overline{A}\cdot B\cdot C\cdot D$, $\overline{A}\cdot B\cdot C\cdot\overline{D}$, $\overline{A}\cdot B\cdot\overline{C}\cdot D$, $\overline{A}\cdot B\cdot\overline{C}\cdot\overline{D}$, $\overline{A}\cdot\overline{B}\cdot C\cdot D$, $\overline{A}\cdot\overline{B}\cdot C\cdot\overline{D}$, $\overline{A}\cdot\overline{B}\cdot\overline{C}\cdot D$, $\overline{A}\cdot\overline{B}\cdot\overline{C}\cdot\overline{D}$ 16개의 최소 항이 있으며 16개의 최소 항은 16개의 사각형으로 구성된다. 행과 열에 대하여 그림 2는 행을, 그림 3은 열을 나타낸 것이다. 최소 항을 배열하는 순차는 반드시 한 비트만 0에서 1 또는 1에서 0으로 변한다는 것이다. 행과 열의 0과 1은 다음과 같다.

행과 열의 $0=\overline{A}$, $1=A$ $0=\overline{B}$, $1=B$, $0=\overline{C}$, $1=C$, $0=\overline{D}$, $1=D$이다.

예제 12

다음을 간략화하시오.

1) 다음 맵을 간략화하시오.

C · D \ A · B	0 0	0 1	1 1	1 0
0 0	0	1	1	0
0 1	1	1	1	0
1 1	1	1	1	0
1 0	0	1	1	0

2) 다음 맵을 간략화하시오.

C · D \ A · B	0 0	0 1	1 1	1 0
0 0	1	0	0	1
0 1	1	0	0	1
1 1	1	0	0	1
1 0	1	0	0	1

3) 다음 맵을 간략화하시오.

C · D \ A · B	0 0	0 1	1 1	1 0
0 0	0	1	0	0
0 1	0	1	0	0
1 1	1	1	1	0
1 0	1	1	1	0

해설

1.

C·D \ A·B	0 0	0 1	1 1	1 0
0 0	0	1	1	0
0 1	1	1	1	0
1 1	1	1	1	0
1 0	0	1	1	0

1) 큰 사각형 결과는 B
2) 작은 사각형 결과는 $\overline{A}\cdot D$
3) 결과는 $Y = B + \overline{A}\cdot D$가 된다.

2.

C·D \ A·B	0 0	0 1	1 1	1 0
0 0	1	0	0	1
0 1	1	0	0	1
1 1	1	0	0	1
1 0	1	0	0	1

1) 8개를 한 번에 묶을 수 있다.
2) 결과는 $Y = \overline{B}$이 된다.

3.

①

C·D \ A·B	0 0	0 1	1 1	1 0
0 0	0	1	0	0
0 1	0	1	0	0
1 1	1	1	1	0
1 0	1	1	1	0

② ③

1) ①의 결과는 $\overline{A}\cdot B$
2) ②의 결과는 $\overline{A}\cdot C$
3) ③의 결과는 $B\cdot C$
4) 결과는 $Y=\overline{A}\cdot B+\overline{A}\cdot C+B\cdot C$가 된다.

예제 13

$\mathrm{Y(A,B,C,D)}=\sum(0,1,2,3,8,9,10,11)$을 간략화하시오.

해설

C·D \ A·B	0 0	0 1	1 1	1 0
0 0	1	0	0	1
0 1	1	0	0	1
1 1	1	0	0	1
1 0	1	0	0	1

8개를 한 번에 묶을 수 있으며, $\mathrm{Y}=\overline{\mathrm{B}}\cdot\mathrm{C}$ 가 된다. 따라서 이것을 롤링 맵(Rolling Map)이라고 한다.

예제 14

다음 진리표에 대한 논리식의 최소화된 논리도를 그리시오.

A	B	C	Y
0	0	0	1
0	0	1	0
0	1	0	1
0	1	1	0
1	0	0	1
1	0	1	1
1	1	0	1
1	1	1	0

해설

1. 카르노 맵

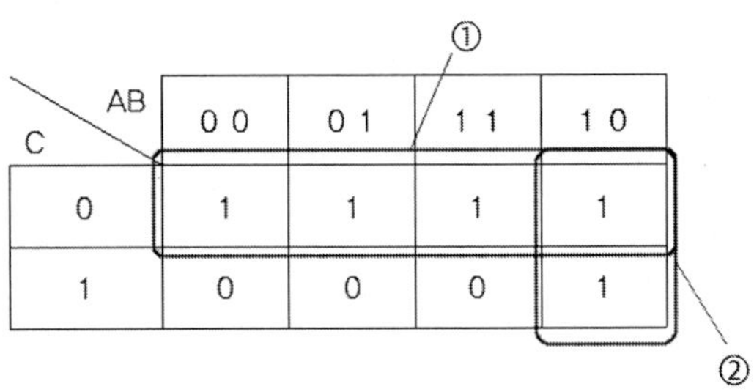

2. 간략화된 논리식

①의 결과는 $\overline{C}$, ②의 결과는 $A\cdot\overline{B}$ 이며 $Y = A\cdot\overline{B}+\overline{C}$ 가 된다.

3. 논리회로

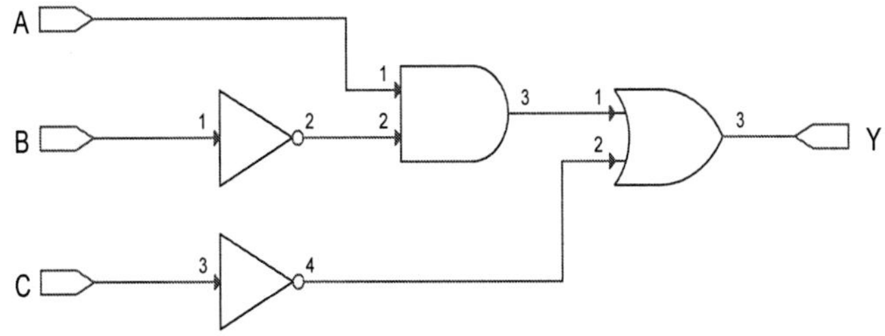

연습문제

1. 10진수 48을 BCD 코드로 나타내시오.

2. 2진수 $0110_{(2)}$을 3 초과 코드로 나타내시오.

3. 2진수 $10110_{(2)}$을 그레이 코드로 변환하시오.

4. 그레이 코드 11110을 2진수로 변환하시오.

5. 10진수 27을 그레이 코드로 변환하시오.

6. 2진수의 1의 보수를 구하기 위해서 사용되는 게이트는 무엇인가?

7. 입력이 모두 1일 때 출력이 1이 되는 게이트를 모두 나타내시오.

8. 입력이 모두 0일 때 출력이 1이 되는 게이트를 모두 나타내시오.

9. OR, AND 게이트의 진리표를 나타내시오.

10. 다음의 논리식을 간략화하시오.

1) $\overline{A}+B+\overline{A}+\overline{B}+\overline{B}$

2) $A+AB+AC+AD$

3) $(A+B)\cdot(\overline{A}+\overline{B})$

4) $A+\overline{B}C+C\overline{D}+\overline{A}+CD$

11. 다음과 같은 회로를 논리식으로 나타내시오.

1)

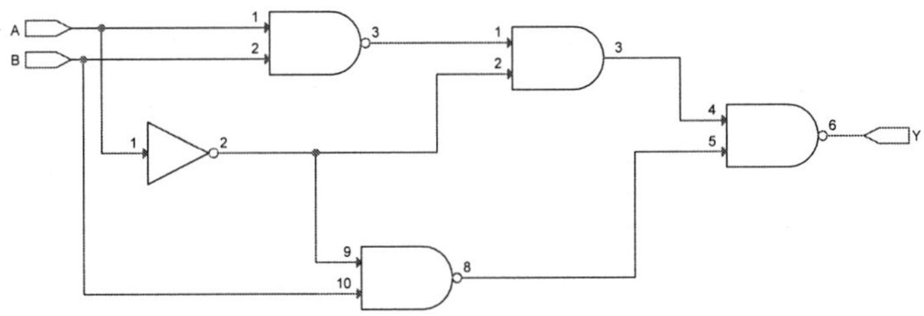

2)

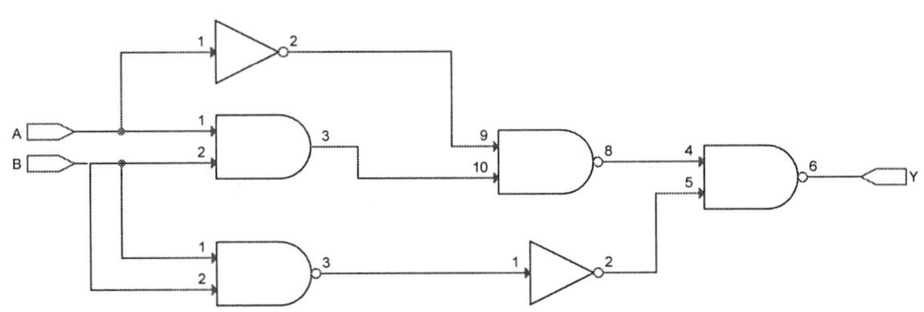

12. 다음 카르노 맵의 논리식을 간단히 하시오.

1)

C \ AB	0 0	0 1	1 1	1 0
0	0	1	1	0
1	1	0	0	1

2)

C \ AB	0 0	0 1	1 1	1 0
0	1	1	0	1
1	1	0	0	1

3)

C · D \ A · B	0 0	0 1	1 1	1 0
0 0	1	1	0	0
0 1	1	0	0	1
1 1	1	0	0	1
1 0	1	1	0	0

4)

C · D \ A · B	0 0	0 1	1 1	1 0
0 0	1	0	0	1
0 1	0	0	0	0
1 1	1	1	1	1
1 0	1	0	0	1

제 4 장

교류회로

1. 교류회로의 기초
2. 교류 발전기의 원리
3. 교류의 표시
4. 사인파 교류의 벡터
5. RLC 회로

1 교류회로의 기초

[1] 사인파의 교류

교류의 크기와 방향이 시간에 따라서 변화하는 것을 파형(wave form)이라고 한다. 시간의 경과함에 따라 전류의 크기와 방향이 주기적으로 변화하는 전류나 전압을 교류(alternating current : AC)라 하며 사인파 교류 또는 정현파 교류(sine wave AC)라 한다. 보통 주기적인 파형을 가지며 평균값은 0이다.

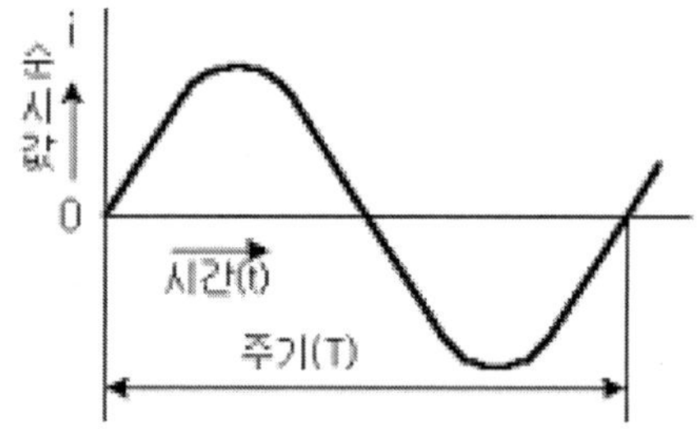

사인파

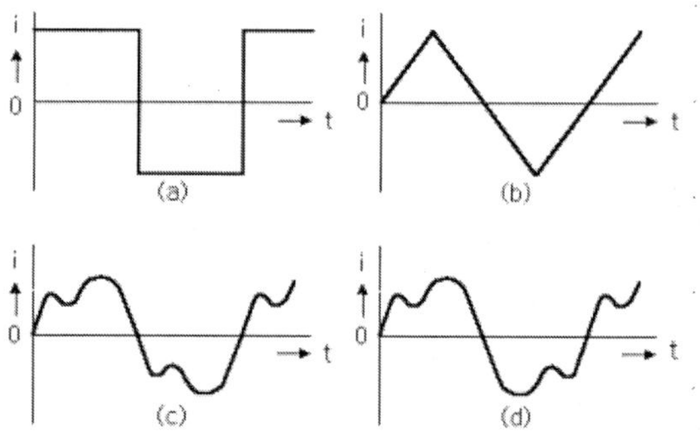

여러 가지 교류 파형

[2] 교류의 특징

(1) 변압기를 사용하여 언제든지 전압을 변경할 수 있다.

(2) 전시 화학적으로 변경이 적어 부식이 잘 일어나지 않는다.

(3) 전류를 파형으로 보면 0으로 되는 점이 1주기에 2번이 있으므로 회로를 차단하는 데 용이하다.

(4) 리액턴스로 인하여 전압강하가 커지고 송전 거리가 한정되고 송전손실이 크다.

(5) 큰 절연내력과 큰 순시 전류용량이 필요하다.

(6) 전기 화학작용을 이용하는 것은 변환 장치가 필요하다.

(7) 직류에 비해서 성질이 복잡하고 취급이 어렵다.

(8) 출력이 큰 발전기의 사용이 가능하다.

2 교류 발전기의 원리

[1] 교류 발전기

플레밍의 오른손 법칙(운동 방향, 자계, 유도 기전력)에 의해 자속의 방향은 N극에서 S극으로, 전류의 방향은 N극이 들어가는 방향이고 S극이 나오는 방향이며, 운동 방향은 N극에서는 위의 방향이고 S극에서는 아래의 방향이다.

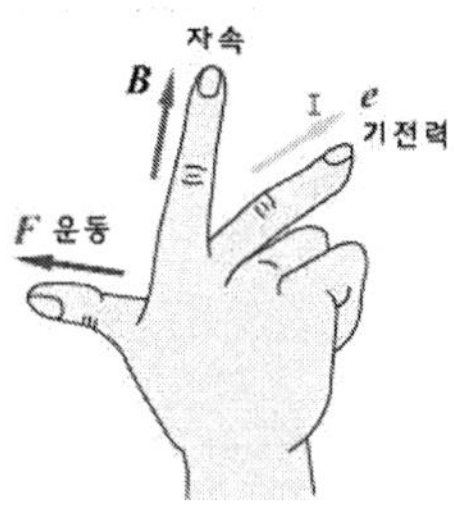

플레밍의 오른손 법칙

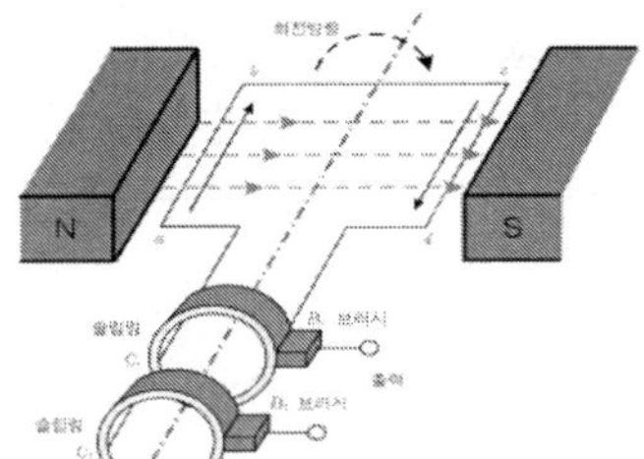

교류 발전기의 원리

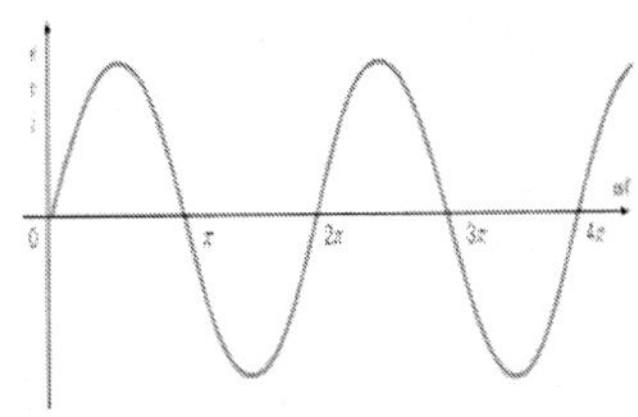

정현파 교류

코어를 회전시키면 코일과 함께 슬립링이 회전한다. 이때 슬립링이 회전하면서 정지 브러시에 닿는 순간 닿은 브러시에서 (+)극의 전류가 흐르게 되고 반대로 회전시키면 반대편 코일과 브러시가 닿는 부분이 (+)가 되어서 코일이 회전한다. 이러한 동작을 교번하여 기전력이 발생한다(교류 발전).

[2] 정현파의 발생

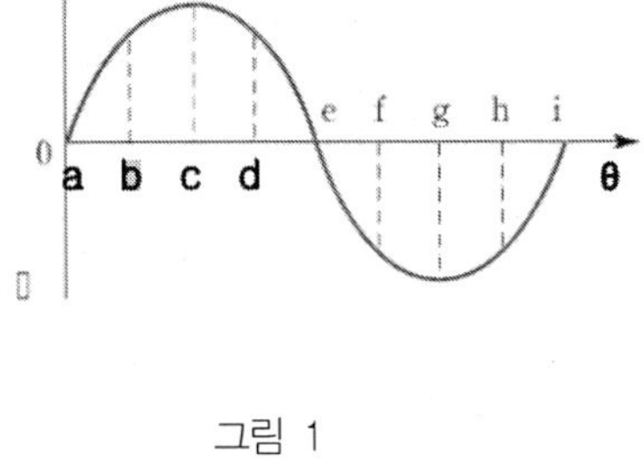

그림 1

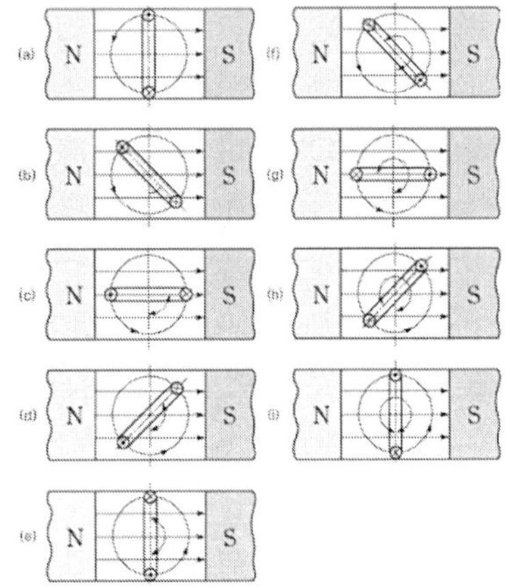

그림 2

(1) a, i ⇒ 도체의 운동 방향과 자속 선의 방향이 평행이다.
자속 선의 차단 비율과 유도 기전력(유도 전압)은 0이다.

(2) b ⇒ 회전할수록 더 많은 자속 선을 차단하며, 시간이 흘러 각도가 커지면 기전력이 증가한다.

(3) c ⇒ 기전력이 최대가 된다.

(4) d ⇒ 회전할수록 더 적은 자속 선이 차단된다.

(5) e ⇒ 기전력은 0이다.

(6) f ~ i ⇒ a ~ e와는 반대 방향의 기전력을 나타낸다.

3 교류의 표시

[1] 교류의 크기 표시

(1) 순시 값(순시치)

시간에 따라 그 값이 항상 변하는 값이다.

$$v = V_m Sin\omega t[\mathrm{V}] \qquad (4\text{-}1)$$

v는 순시 값이며 V_m은 최대값, ω는 각속도(각 주파수)이다.

(2) 최대값(최대치)

순시치(순시 값) 중에서 제일 큰 값을 말한다.

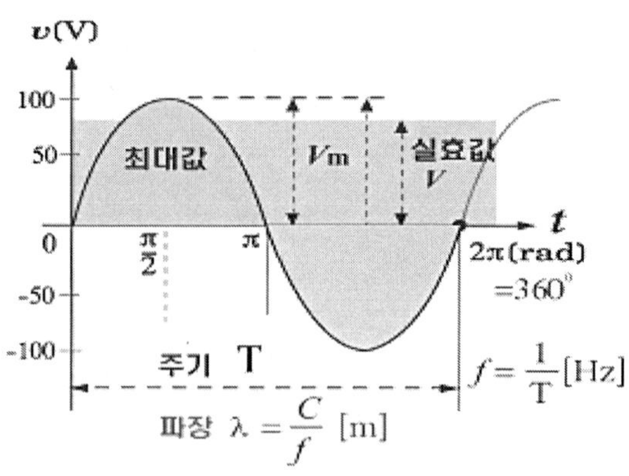

(3) 실효값(제곱 평균 제곱근(Root-Mean-Square, RMS), 실효치)

저항에 동일하게 평균전력을 공급하는 직류전류의 값을 말한다. 정현파의 실효값은 다음과 같으며 정현파에서 실효값은 최대값의 70.7%이다.

$$V_{rms} = \sqrt{\frac{1}{T}\int_0^T (V_m \sin\omega t)^2 dt} = \sqrt{\frac{V_m^2}{T}\int_0^T \sin^2\omega t d\omega t} = \sqrt{\frac{V_m}{T}\int_0^T (\frac{1}{2} - \frac{1}{2}cos2\omega t)dt}$$

$$= \sqrt{\frac{V_m^2}{2T}\int_0^T (1-\cos2\omega t)dt} = \sqrt{\frac{V_m^2}{2T}[t - \frac{1}{2\omega t}]_0^T}$$

$$= \sqrt{\frac{V_m^2}{2T}[T - \frac{1}{2\omega}sin2\omega T - (0 - \frac{1}{2\omega}sin2\omega 0)]} = \sqrt{\frac{V_m^2}{2T}sin2\omega T}$$

$$= \sqrt{\frac{V_m^2}{2T}T} = \sqrt{\frac{V_m^2}{2}} = \frac{V_m}{\sqrt{2}} \qquad (4\text{–}2)$$

(4) 평균값(평균치)

교류의 순시 값에서 한 주기 동안의 평균을 나타낸 것으로 교류의 크기를 말한다. 정현파의 평균값은 다음과 같으며 정현파에서 평균값은 최대값의 63.7%이다.

$$v_{av} = \frac{\int_0^{\frac{T}{2}} V_m Sin\omega t dt}{\frac{T}{2}} = \frac{\int_0^{\pi} V_m Sin\theta d\theta}{\pi} = \frac{V_m}{\pi}\int_0^{\pi} Sin\theta d\theta$$

$$= \frac{V_m}{\pi}[-Cos\theta]_0^{\pi} = \frac{V_m}{\pi}(-Cos\pi - (-Cos0)) = \frac{V_m}{\pi}(-(-1)-(-1))$$

$$= \frac{V_m}{\pi} \times 2 = \frac{2V_m}{\pi}[\mathrm{V}] \qquad (4\text{–}3)$$

예제 1

전압 $v = 14.14 Sin\omega t$[V]의 실효값은 얼마인가?

해설

$v = 14.14 Sin\omega t$ [V]에서 14.14는 최대값을 나타낸다.

실효값은 $v_{rms} = \dfrac{V_m}{\sqrt{2}} = \dfrac{14.14}{\sqrt{2}} = 10$[V]가 된다.

예제 2

전압 $v = 200 Sin\omega t$[V]의 평균값은 얼마인가?

해설

평균값은 $v_{av} = \dfrac{2V_m}{\pi} = \dfrac{2 \times 200}{3.14} = 127.39$[V]가 된다.

예제 3

최대값이 141 [V]일 때 실효값과 평균값을 구하시오.

해설

실효값은 $v_s = \dfrac{V_m}{\sqrt{2}} = \dfrac{141}{\sqrt{2}} = 100$[V]이다.

평균값은 $v_{av} = \dfrac{2V_m}{\pi} = \dfrac{2 \times 141}{3.14} = \dfrac{282}{3.14} = 90$[V]이 된다.

(5) 정현파 상호관계 식

① 실효값과 최대값의 관계

$$v_{rms} = 0.707\,V_m \tag{4-4}$$

② 평균값과 최대값의 관계

$$v_{av} = 0.636\,V_m \tag{4-5}$$

③ 평균값과 실효값의 관계

$$v_{av} = 0.9 v_{rms} \tag{4-6}$$

④ 최대값과 실효값의 관계

$$V_m = 1.414 v_{rms} \tag{4-7}$$

⑤ 최대값과 평균값의 관계

$$V_m = 1.572 v_{av} \tag{4-8}$$

⑥ 첨두값(peak to peak value, p-p)과 최대값의 관계

$$V_{p-p} = 2\,V_m \tag{4-9}$$

(6) 주기(period, T)와 주파수(frequency, f)

주기는 1cycle의 변화에 요하는 시간이다.

$$T = \frac{1}{f}\,[\text{sec.}] \tag{4-10}$$

주파수는 1초 동안에 반복하는 cycle의 수이다.

$$f = \frac{1}{T}\,[\mathrm{Hz}] \tag{4-11}$$

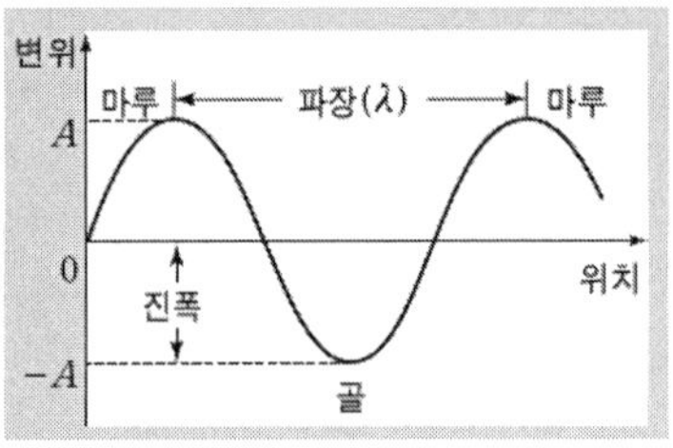

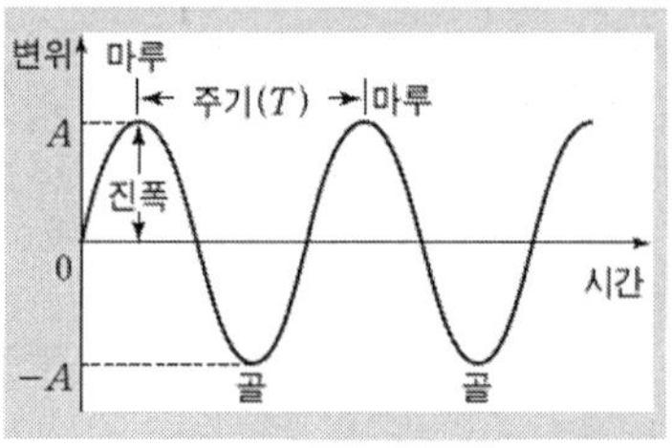

파장이란 같은 위상을 갖는 파의 두 지점 사이의 최소거리를 나타내는 것으로, 마루(골)와 마루(골) 사이의 거리를 말한다.

$$\lambda = \frac{C}{f}\,[\mathrm{m}]\ \ (C(\text{광속도}) = 3\times10^{8}\,[\mathrm{m/sec.}],\ f\text{는 주파수이다}) \tag{4-12}$$

(7) 각속도(각 주파수)

각속도는 1초 동안에 이동한 회전각의 크기를 나타낸 것이다. **ω**로 표시하며 단위는 [rad/sec]이다.

$$\omega = 2\pi f = \frac{2\pi}{T}\,[\mathrm{rad./sec.}] \tag{4-13}$$

(T는 1[Hz] 동안의 시간이고 2π는 1[Hz] 동안의 회전각을 말한다.)

발전기가 각속도로 회전할 때 회전각 θ는 다음과 같다.

$$\omega = \frac{\theta}{t}\,[\mathrm{rad./sec.}]\text{이므로 회전각은 } \theta = \omega t\,[\mathrm{rad.}]\text{가 된다.} \tag{4-14}$$

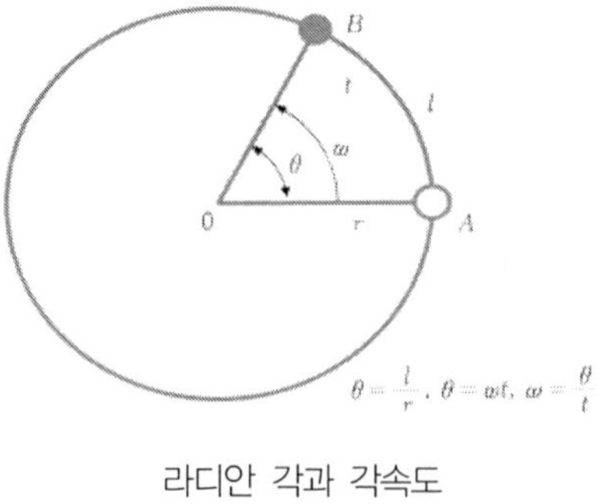

라디안 각과 각속도

예제 4

주파수가 50 [Hz]일 때 1 Cycle 동안에 필요한 시간은 얼마인가?

해설

시간은 $T=\frac{1}{f}=\frac{1}{50}=0.02[\mathrm{sec.}]$가 된다.

예제 5

주기가 0.2초인 교류의 주파수는 얼마인가?

해설

주파수는 $\mathrm{f}=\frac{1}{\mathrm{T}}=\frac{1}{0.2}=5\,[\mathrm{Hz}]$가 된다.

(8) 위상과 위상차

① 호도법

각도를 라디안으로 표현하는 방법으로는 호도법을 사용한다. 호도법은 호의 길이와 반지름의 비율을 각도로 표시하는 방법으로, 다음과 같다.

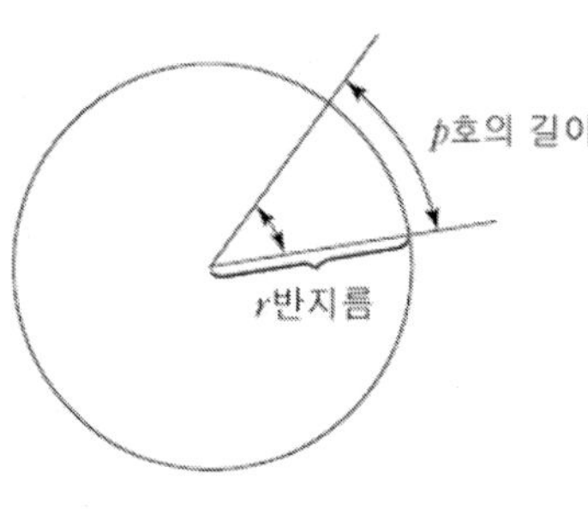

$$rad=\frac{p}{r}=\frac{\frac{\text{각도}}{360^0}\times 2\pi r}{r}=\frac{2\pi}{360^0}\times \text{각도} \tag{4-15}$$

$$\text{각도}=\frac{360^0}{2\pi}\times rad \tag{4-16}$$

각 도	rad.	Sin	Cos	tan
0^0	0	0	1	0
30^0	$\frac{\pi}{6}$	$\frac{1}{2}$	$\frac{\sqrt{3}}{2}$	$\frac{1}{\sqrt{3}}=\frac{\sqrt{3}}{3}$
45^0	$\frac{\pi}{4}$	$\frac{1}{\sqrt{2}}=\frac{\sqrt{2}}{2}$	$\frac{1}{\sqrt{2}}=\frac{\sqrt{2}}{2}$	1
60^0	$\frac{\pi}{3}$	$\frac{\sqrt{3}}{2}$	$\frac{1}{2}$	$\sqrt{3}$
90^0	$\frac{\pi}{2}$	1	0	∞
180^0	π	0	–1	0
270^0	$\frac{3\pi}{2}$	–1	0	∞
360^0	2π	0	1	0

예제 6

120°를 라디안으로 바꾸면 얼마인가?

해설

$$rad=\frac{p}{r}=\frac{\frac{\text{각도}}{360^\circ}\times 2\pi r}{r}=\frac{2\pi}{360^\circ}\times \text{각도}=\frac{2\pi}{360^\circ}\times 120^\circ=\frac{2}{3}\pi$$

예제 7

$\frac{\pi}{6}$을 각도로 바꾸면 얼마인가?

해설

$$\text{각도}=\frac{360^\circ}{2\pi}\times rad=\frac{360^\circ}{2\pi}\times\frac{\pi}{6}=30^\circ$$

② 위상(phase)

주파수 또는 주기가 있는 2개 이상의 교류 파형에서 시작 시점을 기준으로 위치나 시간 차이를 위상이라고 한다. 주파수나 주기가 같은 두 신호의 시작점이 같은 것은 동 위상(in phase)라고 하고, 90도 차이를 갖는 것은 직교 위상(quadrature phase), 180도 차이를 역위상(out of phase)이라고 한다.

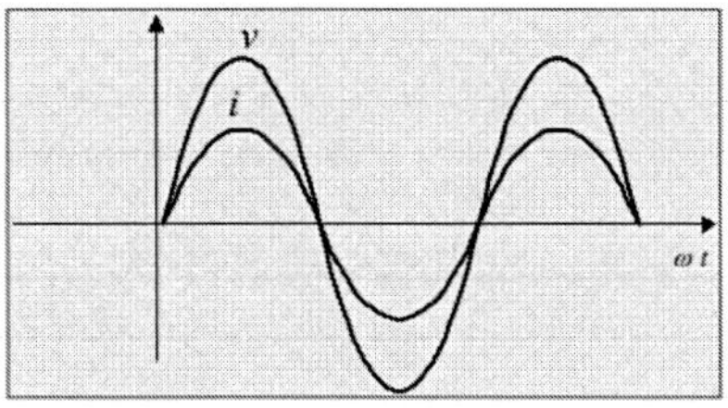

전압과 전류가 동상인 파형

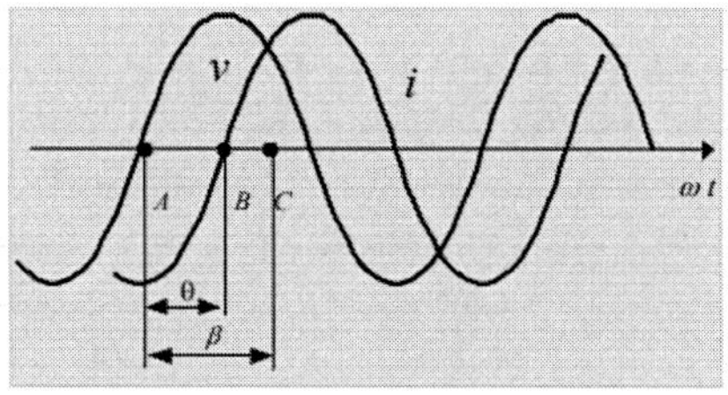

위상차가 있는 전압과 전류 파형

③ 위상차(phase difference)

주파수 또는 주기가 있는 2개 이상의 교류 파형에서 시간적인 차이가 있는 것을 말한다. 보통 각도로 나타낸다.

④ 위상차의 표시

아래 파형은 $v_1 = V_m Sin\omega t[\mathrm{V}]$, $v_2 = V_m Sin(\omega t + \alpha)[\mathrm{V}]$, $v_3 = V_m Sin(\omega t - \beta)[\mathrm{V}]$을 나타낸 것이다.

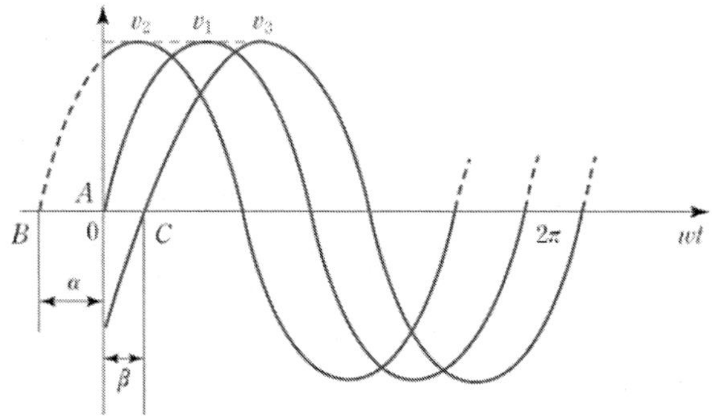

위상차의 표시

여기서 v_1을 기준으로 v_2는 v_1보다 위상이 α만큼 앞서며, 진상이라고 한다. v_3는 v_1보다 위상이 β만큼 뒤지며, 지상이라고 한다.

예제 8

다음과 같은 전압과 전류에서 위상차는 얼마인가?

$$v = 100\sqrt{2}\, Sin(100t + \frac{\pi}{4})[\mathrm{V}]$$

$$i = 50\sqrt{2}\, Sin(100t + \frac{\pi}{2})[\mathrm{A}]$$

해설

위상차 $\theta = \theta_1 - \theta_2 = \frac{\pi}{4} - \frac{\pi}{2} = -\frac{\pi}{4}$ 이다.

따라서 전압이 전류보다 $\frac{\pi}{4} = 45^\circ$ 뒤진다. (전압이 전류보다 지상이다.)

또는 전류가 전압보다 위상이 $\frac{\pi}{4} = 45^\circ$ 앞선다. (전류가 전류보다 진상이다.)

예제 9

$v = 5Sin(\omega t + 30^\circ)[\mathrm{V}]$, $i = 3Sin(\omega t - 15^\circ)[\mathrm{A}]$를 파형으로 나타내시오.

해설

위상차는 $\theta = \theta_1 - \theta_2 = 30^\circ - (-15^\circ) = 45^\circ$ 가 된다.

전압이 전류보다 45° 앞선다. (전압이 전류보다 진상이다.)

전류가 전압보다 45° 뒤진다. (전류가 전압보다 지상이다.)

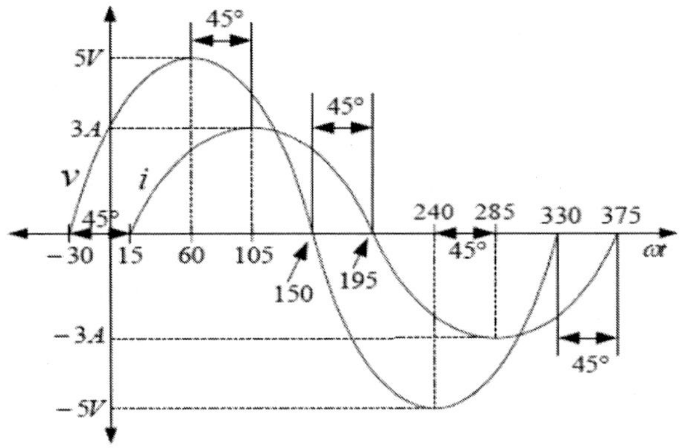

(9) 파고율과 파형률

파고율은 파형의 날카로움 정도를 나타내고 파형률은 파의 기울기 정도를 나타낸다. 정현파에서는 다음과 같이 된다.

$$\text{파고율} = \frac{\text{최대값}}{\text{실효값}} = \frac{\text{실효값} \times \sqrt{2}}{\text{실효값}} = \sqrt{2} \tag{4-17}$$

$$\text{파형률} = \frac{\text{실효값}}{\text{평균값}} = \frac{\text{실효값}}{0.9 \times \text{실효값}} = 1.11 \tag{4-18}$$

파 형	실 효 값	평 균 값	파 형 률	파 고 율
정현파	$\frac{V_m}{\sqrt{2}}$	$\frac{2V_m}{\pi}$	1.11	1.414
정현반파	$\frac{V_m}{2}$	$\frac{V_m}{\pi}$	1.57	2
삼각파	$\frac{V_m}{\sqrt{3}}$	$\frac{V_m}{2}$	1.55	1.732
구형파	V_m	V_m	1	1
구형반파	$\frac{V_m}{\sqrt{2}}$	$\frac{V_m}{2}$	1.414	1.414

4 사인파 교류의 벡터

[1] 스칼라와 벡터

스칼라는 선분의 길이, 도형의 넓이, 입체의 부피나 물체의 질량, 온도와 같이 그 크기만으로 표시하는 것이다. 벡터는 속도, 힘, 변위 등과 같이 크기와 방향에 의하여 정해지며, 하나의 수 값으로 나타낼 수 없고 2개 이상의 양으로 표시되는 물리량이다.

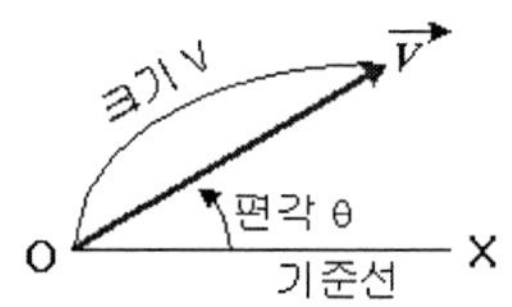

벡터 표시

[2] 벡터 표시

- 사인파 교류에서 벡터

$i = I_m Sin(\omega t + \theta) = \sqrt{2} I_{rms} Sin(\omega t + \theta)[\mathrm{A}]$

여기서 i는 순시값, I_m은 최대값, I_{rms}는 실효값, $\omega = 2\pi f = \frac{2\pi}{T}$ [rad./sec.]는 각속도, θ는 위상각을 나타낸다.

① 회전 벡터

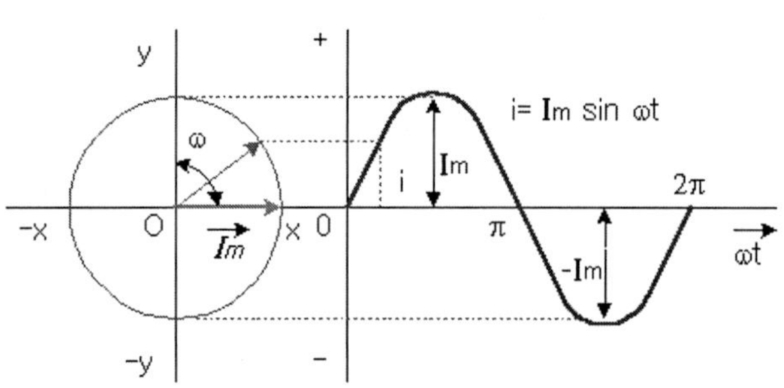

(a) 벡터 표시 (b) 순시값 표시

② 정지 벡터

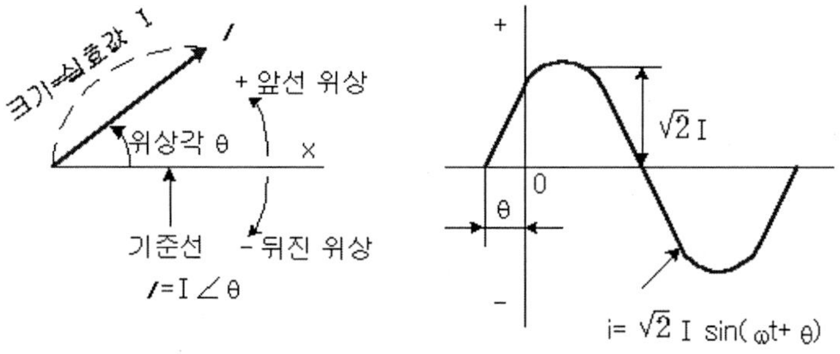

(a) 정지 벡터　　　(b) 사인파 교류

③ 사인파 교류의 순시값 표시와 벡터 표시

사인파 교류에서 순시값 표시는 $i = I_m Sin(\omega t + \theta) = \sqrt{2} I_{rms} Sin(\omega t + \theta)$ [A]이며, 벡터 표시는 $\overrightarrow{A} = I\angle\theta$이다.

[3] 복소수에 의한 벡터 표시

(1) 복소수

① 복소수의 정의

복소수는 실수와 허수로 구성되어 있다. 복소수는 벡터와 같이 크기와 방향 성분을 가지고 있어서 벡터량을 다루는 데 이용하고 있다. 전기회로에서 직류는 실수만으로 다루며, 교류는 크기와 방향을 가지고 있어 복소수를 이용한다.

② 복소수의 성질

(a) 복소수는 허수와 실수로 이루어진다.

(b) 허수는 $j = \sqrt{-1}$로 표시한다.

(c) 허수를 제곱하면 음수가 된다. ($j^2 = (\sqrt{-1})^2 = -1$)

(d) 허수는 허수단위와 실수의 곱으로 표시한다.
(허수 $= ja$, j는 허수이고 a는 실수이다.)

(e) 복소수는 $\dot{A}$, $\overline{A}$, $\overrightarrow{A}$로 사용하고, 다음과 같은 식으로 표현한다.
($\dot{A} = a + jb$= 실수부+허수부, a와 b는 실수이고 a는 실수부, jb는 허수부이다)

(f) 공액 복소수는 실수부는 같고 허수부의 부호만 다른 것을 말한다.
($\dot{A} = a + jb$의 공액 복소수는 $\dot{B} = a - jb$가 된다.)

③ 복소수의 벡터 표시

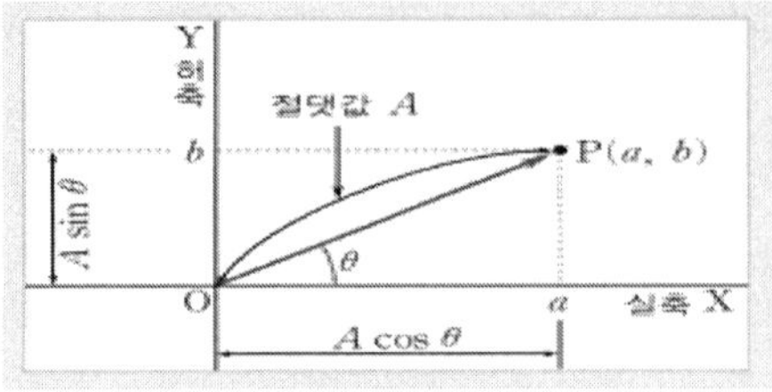

복소수와 벡터

위의 그림에서 OX 축은 실수 축이고 OY 축은 허수 축이다. 벡터의 끝점을 P점 했을 때 OY 축으로부터 P 점까지의 거리를 복소수의 실수부이고 OX 축으로부터 P까지의 거리를 복소수의 허수부라 한다. 따라서 벡터 $\dot{A}$는 다음과 같이 나타낸다.

$$\dot{A} = a + jb \tag{4-19}$$

여기서 벡터 $\dot{A}$의 절댓값과 편각은 다음과 같다.

$$\text{절댓값}\ A = \sqrt{a^2 + b^2} \tag{4-20}$$

$$\text{편각}\ \theta = Arc\tan\frac{b}{a} = \tan^{-1}\frac{b}{a} \tag{4-21}$$

④ 복소수의 사칙연산

(a) 복소수의 덧셈

$\dot{A} = a + jb,\ \dot{B} = c + jd$

$\dot{Y} = \dot{A} + \dot{B} = (a + jb) + (c + jd) = (a + c) + j(b + d)$가 된다.

절댓값 $Y = \sqrt{(a+c)^2 + (b+d)^2}$, 편각 $\theta = \tan^{-1}\dfrac{b+d}{a+c}$

(b) 복소수의 뺄셈

$\dot{A} = a + jb,\ \dot{B} = c + jd$

$\dot{Y} = \dot{A} - \dot{B} = (a + jb) - (c + jd) = (a - c) + j(b - d)$가 된다.

절댓값 $Y = \sqrt{(a-c)^2 + (b-d)^2}$, 편각 $\theta = \tan^{-1}\dfrac{b-d}{a-c}$

예제 10

$\dot{X}=10+j8$, $\dot{Y}=5+j3$일 때 두 벡터의 합과 차를 구하시오.

해설

1. 두 벡터의 합

$$\dot{X}+\dot{Y}=(10+j8)+(5+j3)=15+j11$$

2. 두 벡터의 차

$$\dot{X}-\dot{Y}=(10+j8)-(5+j3)=5+j5$$

(c) 복소수의 곱셈

$\dot{A}=a+jb$, $\dot{B}=c+jd$

$\dot{Y}=\dot{A}\times\dot{B}=(a+jb)(c+jd)=ac+jad+jbc-bd=(ac-bd)+j(ad+bc)$가 된다.

절댓값 $Y=\sqrt{(ac-bd)^2+(ad+bc)^2}$, 편각 $\theta=\tan^{-1}\dfrac{ad+bc}{ac-bd}$

(d) 복소수의 나눗셈

$\dot{A}=a+jb$, $\dot{B}=c+jd$

$$\dot{X}=\frac{\dot{A}}{\dot{B}}=\frac{a+jb}{c+jd}=\frac{(a+jb)(c-jd)}{(c+jd)(c-jd)}=\frac{(ac+bd)+j(bc-ad)}{c^2+d^2}$$

$$=\frac{ac+bd}{c^2+d^2}+j\frac{bc-ad}{c^2+d^2}$$

(분모 유리화 : 공액 복소수를 분모와 분자에 곱하여 분모의 값을 실수화하는 것)

절댓값 $X=\sqrt{(\dfrac{ac+bd}{c^2+d^2})^2+(\dfrac{bc-ad}{c^2+d^2})^2}$, 편각 $\theta=\tan^{-1}\dfrac{\dfrac{ac+bd}{c^2+d^2}}{\dfrac{bc-ad}{c^2+d^2}}=\tan^{-1}\dfrac{ac+bd}{bc-ad}$

예제 11

$\dot{X}=8+j4$, $\dot{Y}=6+j3$일 때 두 벡터의 곱($(\dot{X}\times\dot{Y})$과 나눈 값($\frac{\dot{Y}}{\dot{X}}$)을 구하시오.

해설

1. 두 벡터의 곱

$$\dot{X}\times\dot{Y}=(8+j4)(6+j3)=48+j24+j24-12=36+j48$$

2. 두 벡터의 나눈 값

$$\frac{\dot{Y}}{\dot{X}}=\frac{6+j3}{8+j4}=\frac{(6+j3)(8-j4)}{(8+j4)(8-j4)}=\frac{(48-12)+j(24-24)}{64+16}=\frac{36}{80}+j0=0.45+j0$$

예제 12

$\dot{V}=100\sqrt{2}\,sin(120\pi t+\frac{\pi}{4})[\mathrm{V}]$인 파형의 실효값과 주파수를 구하시오.

해설

1. 실효값 $V_{rms}=\frac{V_m}{\sqrt{2}}=\frac{100\sqrt{2}}{\sqrt{2}}=100[\mathrm{V}]$
2. 주파수 $\dot{V}=100\sqrt{2}\,sin(120\pi t+\frac{\pi}{4})=V_m\sin(\omega t+\theta)[\mathrm{V}]$이다.

   여기서 $\omega=2\pi f$에서 주파수는 $f=\frac{\omega}{2\pi}=\frac{120\pi}{2\pi}=60[\mathrm{Hz}]$이다.

예제 13

다음의 전압과 전류의 위상차는 얼마인가?

$$v=10\sqrt{2}\,cos(\omega t+60^\circ)[\mathrm{V}]$$
$$i=5\sqrt{2}\,sin(\omega t+30^\circ)[\mathrm{A}]$$

해설

전압과 전류의 위상차는 $\theta = \theta_1 - \theta_2$이다.

$v = 10\sqrt{2}\,cos(\omega t + 60°) = 10\sqrt{2}\,sin(\omega t + 60° + 90°) = 10\sqrt{2}\,sin(\omega t + 150°)[\mathrm{V}]$
$i = 5\sqrt{2}\,sin(\omega t + 30°)[\mathrm{A}]$
$\theta = \theta_1 - \theta_2 = 150° - 30° = 120°$ 가 된다.

(2) 복소수의 극좌표 형식(polar form)

복소수를 크기와 편각으로 나타내는 방법이다. 식 (4-19), 식 (4-20), 식 (4-21)에 나타낸 것과 같다.

$$\dot{A} = a + jb \text{는 } \dot{A} = \sqrt{a^2 + b^2} \angle \tan^{-1}\frac{b}{a} = \sqrt{a^2 + b^2} \angle \theta \quad (4\text{–}22)$$

(3) 복소수의 삼각함수 형식과 지수함수 형식

극좌표 형식을 직각좌표 형식으로 변환하면 다음과 같다.

$$\dot{A} = a + jb \text{는 } \dot{A} = \sqrt{a^2 + b^2} \angle \tan^{-1}\frac{b}{a} = \sqrt{a^2 + b^2} \angle \theta \quad (4\text{–}23)$$

$Sin\theta = \dfrac{b}{A} \Rightarrow b = A\,Sin\theta$ 이고 $Cos\theta = \dfrac{a}{A} \Rightarrow a = A\,Cos\theta$가 된다.

$$A = \dot{A} \angle \theta = a + jb = A\,Cos\theta + jA\,Sin\theta = A(Cos\theta + jSin\theta) \quad (4\text{–}24)$$

식 (4-24)는 복소수의 삼각함수 형식을 나타낸 것이다. 복소수의 지수함수 형식은 오일러(Euler) 정리에서 복소수를 계산하는 방법은 지수함수의 지수부에 허수가 대입하면 삼각함수 형식과 같다.

$$e^{j\theta} = Cos\theta + jSin\theta \quad (4\text{–}25)$$

따라서

$$A = \dot{A} \angle \theta = a + jb = A\,Cos\theta + jA\,Sin\theta = A(Cos\theta + jSin\theta) = Ae^{j\theta} \quad (4\text{–}26)$$

식 (4-26)은 복소수의 지수함수 형식을 나타낸 것이다.

예제 14

다음 복소수를 직각좌표 형식으로 나타내시오.

1. $\dot{A} = 10e^{j\frac{\pi}{6}}$
2. $\dot{B} = -10e^{-j\frac{\pi}{6}}$
3. $\dot{C} = 10e^{j\frac{\pi}{3}}$
4. $\dot{D} = -10e^{-j\frac{\pi}{3}}$

해설

1. $\dot{A} = 10e^{j\frac{\pi}{6}} = 10(Cos\frac{\pi}{6} + jSin\frac{\pi}{6}) = 10(Cos30^0 + jSin30^0) = 10(\frac{\sqrt{3}}{2} + j\frac{1}{2})$
$= 5\sqrt{3} + j5$

2. $\dot{B} = -10e^{-j\frac{\pi}{6}} = -10(Cos\frac{\pi}{6} - jSin\frac{\pi}{6}) = -10(Cos30^0 - jSin30^0)$
$= -10(\frac{\sqrt{3}}{2} - j\frac{1}{2}) = -5\sqrt{3} + j5$

3. $\dot{C} = 10e^{j\frac{\pi}{3}} = 10(Cos\frac{\pi}{3} + jSin\frac{\pi}{3}) = 10(Cos60^0 + jSin60^0)$
$= 10(\frac{1}{2} + j\frac{\sqrt{3}}{2}) = 5 + j5\sqrt{3}$

4. $\dot{D} = -10e^{-j\frac{\pi}{3}} = -10(Cos\frac{\pi}{3} - jSin\frac{\pi}{3}) = -10(Cos60^0 - jSin60^0)$
$= -10(\frac{1}{2} - j\frac{\sqrt{3}}{2}) = -5 + j5\sqrt{3}$

예제 15

다음 복소수를 직각좌표 형식으로 나타내시오.

1. $\dot{A} = 10\angle 30^0$
2. $\dot{B} = 10\angle 45^0$
3. $\dot{C} = 10\angle 60^0$
4. $\dot{D} = 10\angle 90^0$

해설

1. $\dot{A} = 10\angle 30^0 = 10(Cos30^0 + jSin30^0) = 10(\frac{\sqrt{3}}{2} + j\frac{1}{2})$
$= 5\sqrt{3} + j5$

2. $\dot{B} = 10\angle 45^0 = 10(Cos45^0 + jSin45^0) = 10(\frac{\sqrt{2}}{2} + j\frac{\sqrt{2}}{2})$
$= 5\sqrt{2} + j5\sqrt{2}$

3. $\dot{C} = 10\angle 60^0 = 10(Cos60^0 + jSin60^0) = 10(\frac{1}{2} + j\frac{\sqrt{3}}{2})$
$= 5 + j5\sqrt{3}$

4. $\dot{D} = 10\angle 90^0 = 10(Cos90^0 + jSin90^0) = 10(0 + j1)$
$= 0 + j10$

5 RLC 회로

[1] R 만인 회로

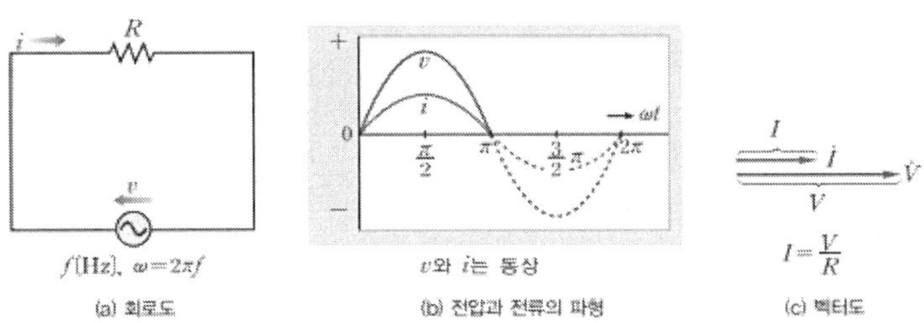

R 만인 회로와 전압과 전류 파형, 벡터도

위의 그림에서 사인파 교류 전압 $v = V_{rms}\sqrt{2}\,Sin\omega t[\mathrm{V}]$를 가할 때 회로에 흐르는 전류는 다음과 같다.

$$i = \frac{v}{R} = \frac{V_{rms}\sqrt{2}\,Sin\omega t}{R} = I_{rms}\sqrt{2}\,Sin\omega t = I_m Sin\omega t[\mathrm{A}] \quad (4-27)$$

위의 전압과 전류는 주파수와 파형이 같으며 동상이다. 따라서 저항만인 회로에서 전압과 전류는 동상(0°)이다.

[2] L 만인 회로

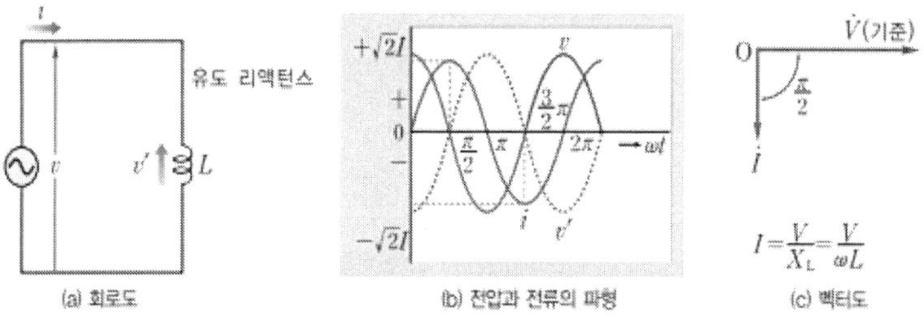

L 만인 회로와 전압과 전류 파형, 벡터도

위의 그림에서 다음과 같이

$$v = V_{rms}\sqrt{2}\,Sin\omega t[\mathrm{V}] \quad (4-28)$$

사인파 교류 전압을 가할 때 코일에 흐르는 전류는 다음과 같다.

$$v = L\frac{di}{dt} \text{에서 전류 } i = \frac{1}{L}\int vdt = \frac{1}{L}\int V_m Sin\omega t dt = \frac{V_m}{L}\int Sin\omega dt$$
$$= \frac{V_m}{L}[-\frac{1}{\omega}Cos\omega t] = \frac{V_m}{\omega L}(-Cos\omega t) = \frac{V_m}{\omega L}Sin(\omega t - \frac{\pi}{2}) \quad (4-29)$$

여기서 L[H]은 자체 인덕턴스라 하고

$$X_L = \omega L[ohm] \quad (4-30)$$

을 유도성 리액턴스라고 한다.

$$i = \frac{V_m}{\omega L}Sin(\omega t - \frac{\pi}{2}) = \frac{V_m}{X_L}Sin(\omega t - \frac{\pi}{2})[\mathrm{A}] \quad (4-31)$$

(4-23) 식과 (4-27) 식으로부터 파형과 주파수는 변하지 않으며 전압과 전류의 위상은 전압이 전류보다 $\frac{\pi}{2}$[rad](90°) 만큼 앞선다. 또는 전류가 전압보다 $\frac{\pi}{2}$[rad](90°) 뒤진다.

예제 16

자체 인덕턴스 L이 10 [H]인 코일에 10 [V], 50 [Hz] 사인파 전압을 가할 때 유도 리액턴스 X_L을 구하시오.

해설

유도 리액턴스 $X_L = \omega L = 2\pi f L = 2\pi \times 50 \times 10 = 3140[\Omega]$이 된다.

예제 17

10 [mH]의 자체인덕턴스에 60 [Hz], 200 [V] 교류전압을 가했을 때 유도 리액턴스, 전류와 위상을 각각 구하시오.

해설

1. 유도 리액턴스

$$X_L = \omega L = 2\pi f L = 2\pi \times 10 \times 10^{-3} \times 60 = 3.77[\Omega]$$

2. 전류

$$I = \frac{V}{X_L} = \frac{200}{3.77} = 53.05[\mathrm{A}]$$

3. 위상

전압이 전류보다 $\frac{\pi}{2}$[rad](90°) 만큼 앞선다. 또는 전류가 전압보다 $\frac{\pi}{2}$[rad](90°) 뒤진다.

[3] C 만인 회로

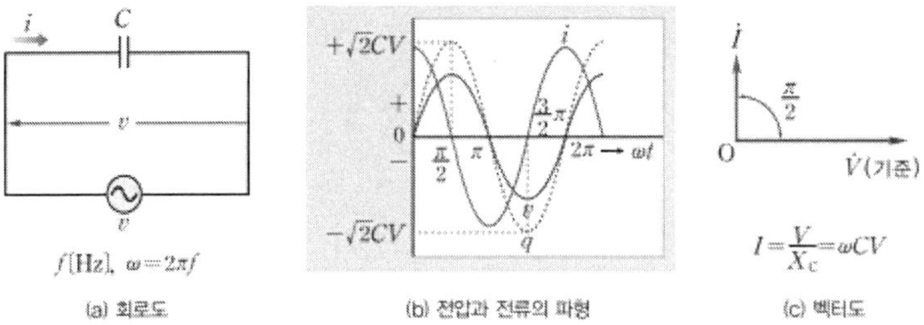

C 만인 회로와 전압과 전류 파형, 벡터도

위의 그림에서 사인파 교류 전압

$$v = V_{rms}\sqrt{2}\,Sin\omega t[\mathrm{V}] \tag{4-32}$$

를 가할 때 콘덴서에 축적되는 전하 q[C]는 다음과 같다.

$$q = Cv = V_{rms}\sqrt{2}\,CSin\omega t[\mathrm{C}] \tag{4-33}$$

여기서 커패시터에 흐르는 전류는 다음과 같다.

$$i = \frac{dq}{dt} = C\frac{dv}{dt} = C\frac{d(V_m Sin\omega t)}{dt} = CV_m\frac{d(Sin\omega t)}{dt} = CV_m(\omega Cos\omega t)$$

$$= \omega CV_m Cos\omega t = \omega CV_m Sin(\omega t + \frac{\pi}{2}) = \frac{V_m}{\frac{1}{\omega C}}Sin(\omega t + \frac{\pi}{2})$$

$$= \frac{V_m}{X_C}Sin(\omega t + \frac{\pi}{2})[\mathrm{A}] \tag{4-34}$$

여기서 C[F]는 정전용량, 용량성 리액턴스는 다음과 같이 된다.

$$X_C = \frac{1}{\omega C}[ohm] \tag{4-35}$$

(4-28) 식과 (4-30) 식으로부터 파형과 주파수는 변하지 않으며 전압과 전류의 위상은 전류가 전압보다 $\frac{\pi}{2}$[rad](90°) 만큼 앞선다. 또는 전압이 전류보다 $\frac{\pi}{2}$[rad](90°) 뒤진다.

예제 18

정전용량이 10 [μF]의 콘덴서에 100 [V], 60 [Hz]의 사인파 전압을 가하는 경우 용량성 리액턴스 $X_C[\Omega]$와 여기에 흐르는 전류 i [A]와 위상을 각각 구하시오.

해설

1. 용량성 리액턴스

$$X_C = \frac{1}{\omega C} = \frac{1}{2\pi f C} = \frac{1}{2\pi \times 60 \times 10 \times 10^{-6}} = 265.4[\Omega]$$

2. 전류

$$i = \frac{v}{X_C} = \frac{100}{265.4} = 0.377[\mathrm{A}]$$

3. 위상

C 만인 회로이기 때문에 전류가 전압보다 $\frac{\pi}{2}$[rad](90°) 만큼 앞선다. 또는 전압이 전류보다 $\frac{\pi}{2}$[rad](90°) 뒤진다.

연습문제

1. 최대값이 100 [A]인 사인파 교류전류의 실효값은 얼마인가?

2. 실효값이 10 [A]인 사인파 교류전류의 평균값은 얼마인가?

3. $v = 100\sin 377t[\mathrm{A}]$에서 주파수와 주기를 구하시오.

4. $e = 100Sin314t[\mathrm{V}]$의 교류전압에서 실효값과 주파수를 구하시오.

5. $v = 141Sin(100\pi t + \frac{\pi}{3})[\mathrm{V}]$, $i = 14.14Sin(100\pi t + \frac{\pi}{4})[\mathrm{A}]$인 경우 전압과 전류의 위상차를 구하시오.

6. $v = 100Cos(100\pi t + \frac{\pi}{3})[\mathrm{V}]$, $i = 10Sin(100\pi t + \frac{\pi}{3})[\mathrm{A}]$인 경우 전압과 전류의 위상차를 구하시오.

7. 자체인덕턴스가 5 [H]인 코일에 200 [V], 50 [Hz]의 사인파 전압을 가했을 때 회로에 흐르는 전류와 위상차를 구하시오.

8. 정전용량이 $1[\mu\mathrm{F}]$인 콘덴서에 100 [V], $50[\mathrm{Hz}]$의 사인파 전압을 가했을 때 회로에 흐르는 전류와 위상차를 구하시오.

9. 주파수가 1 [kHz]에 대하여 32 [Ω]의 용량성 리액턴스로 작용할 때 이 콘덴서의 정전용량을 구하시오.

10. $f = 50[Hz]$, $V_m = 141[V]$일 때 각속도와 실효값, 평균값을 구하시오.

11. $V_m = 141[V]$일 때 파형률과 파고율을 구하시오.

12. 실효값이 141 [V]일 때 평균값과 최대값을 구하시오.

13. 실효값이 141 [V]일 때 파형률과 파고율을 구하시오.

14. $v = V_m \mathrm{Sin}\omega t[V]$의 정현파에서 실효값과 순시값이 같을 때 ωt는 얼마인가?

15. 다음 복소수를 직각좌표 형식으로 나타내시오.

1) $\dot{A} = 30\angle 0°$

2) $\dot{B} = 20\angle -30°$

3) $\dot{C} = 50\angle 60°$

4) $\dot{D} = 50\angle -45°$

제 5 장

반도체

1. 전자의 구성
2. 전자각(전자껍질)과 궤도
3. 반도체
4. 진성 반도체와 불순물 반도체(외인성 반도체)
5. PN 접합
6. Diode의 종류
7. 전원회로

1 전자의 구성

[1] 물질의 구조

물질 ⇒ 분자 ⇒ 원자 ─┬─ 원자핵 ─┬─ 양성자(+)
　　　　　　　　　　　　│　　　　　　└─ 중성자
　　　　　　　　　　　　└─ 전자(−)

원소는 물질을 구성하는 가장 단순한 형태이다. 물리적 · 화학적 성질을 가지고 있으며 더 이상 다른 물질로 분해되지 않고 또 한 종류의 원자로만 이루어진다. 지금까지 발견된 원소의 종류는 110여종 정도이다.

홑원소 물질은 한 종류 원소만으로 이루어진 순수한 물질로서 수소, 산소, 탄소, 철, 구리 등이 있다. 분자는 몇 개의 원자가 결합하여 이루어진 입자로, 둘 이상의 원자들이 화학적으로 서로 결합하여 만들어진 독립적인 구조이다. 물질의 고유한 성질을 가지고 있으며 분자가 분해될 때 원자의 종류와 수는 변하지 않고 물질의 성질을 잃어버린 것으로 그 종류로는 수소(H_2), 산소(O_2), 오존(O_3), 이산화탄소(CO_2), 암모니아(NH_3), 포도당($C_6H_{12}O_6$) 등이 있다.

원자는 물질을 구성하는 가장 작은 입자이며 일정한 질량과 크기를 가지고 있다. 화합물은 두 종류 이상의 다른 원소들이 일정한 비율로 결합하여 이루어진 물질을 나타내는 것으로, 염화나트륨($NaCl$) 등이 있다.

[2] 원자의 구조

모든 물질의 기본적인 구성은 원자이다. 원자의 구성은 원자핵을 중심으로 그 주위를 돌고 있는 전자들로 되어있다. 원자핵은 (+)전기의 입자인 양성자와 전기적으로 중성인 중성자가 핵력으로 결합되어 있으며, (-) 전기를 가지고 있는 전자의 수는 양성자의 수와 같아 원자는 전기적으로 중성이다. 원자는 원자핵과 원자핵 주위를 둘러싼 1개 또는 여러 개의 전자로 이루어져 있다. 원자의 질량은 대부분 양성자와 중성자의 질량을 나타내는데, 전자는 가볍고 양성자와 중성자의 질량은 비슷하다.

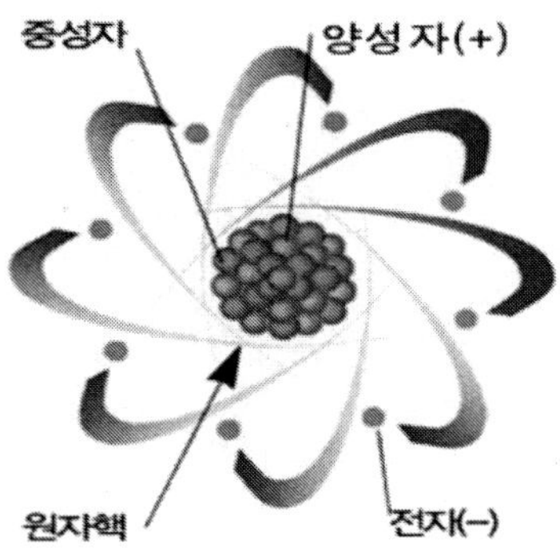

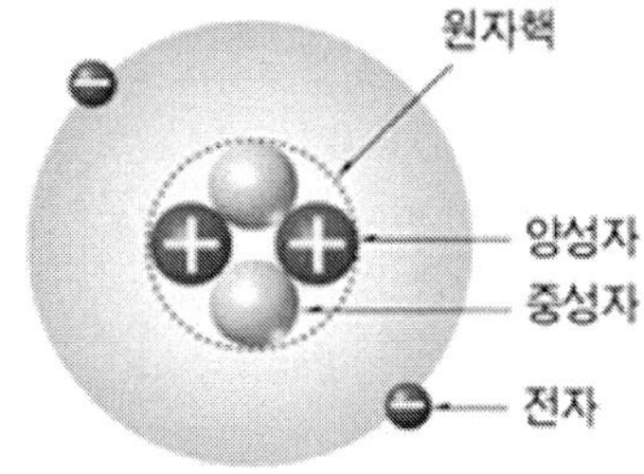

원자의 구조

(1) 원자핵(Atomic Nucleus)

원자의 중심 부분으로, (+)전기의 입자이며 양성자(+)와 중성자로 구성되어 있다.

① 양성자(Proton)

원자핵을 구성하는 입자로 양(+)의 전기를 띠며 전자의 약 1,836배의 크기를 가진다(중성자와 원자핵 이 둘을 핵자라고 한다).

② 중성자(Neutron)

원자핵을 구성하는 입자로 전기의 성질을 띠고 있지 않다.

(2) 전자(Electron)

음(-) 전하를 띠고 있으며 원자핵을 중심으로 회전운동을 한다.

① 전자의 전기량(e)

양성자와 전자의 전하는 같으며 부호가 다르며 양성자의 전하를 양전하라고 한다.

$$e = 1.602 \times 10^{-19}[\mathrm{C}]$$

② 전자의 질량

(a) 정지질량(m_0) : 9.107×10^{-31}[Kg]

(b) 상대성 이론에 의한 운동 시 질량{v : 전자의 운동 속도[m/sec], c : 광속도 3×10^8[m/sec]}

$$m = \frac{m_0}{\sqrt{1-(\frac{v}{c})^2}}[\mathrm{Kg}]$$

(c) 전자의 질량 양성자의 $\frac{1}{1,836}$배이다.

(3) 비전하

비전하 $(\frac{e}{m_0})$: 1.759×10^{11}[C/Kg]

(4) 양자의 질량

1.67×10^{-27}[Kg]이며 전자의 질량 1,836배이다.

(5) 중성자의 질량

1.67×10^{-24}[g]으로 양성자보다 약간 무겁다. 전자의 질량에 대해 1,839배 무거우며 중성자와 양성자는 전자의 질량에 비해 1,800배 이상 무겁다.

(6) 전자볼트[eV]

전자볼트는 전자에 1 [V]의 전위차를 가했을 때 전자에 주어지는 운동에너지로서 1 [eV] = 1.602×10^{-19}[C]의 에너지를 갖는다. 소립자, 원자핵, 원자, 분자 등의 에너지 표시에 이용된다.

[3] 원자번호와 질량수

(1) 원자번호(Atomic Number)

각 원자가 가지는 양자의 수를 말하며 양자의 수는 전자의 수와 같다.

원자번호 = 양자수 = 전자수

아래 그림은 수소, 탄소, 산소의 원자모형으로 각 원자를 구성하는 양성자의 수와 중성자의 수, 전자의 수는 각각 다르다.

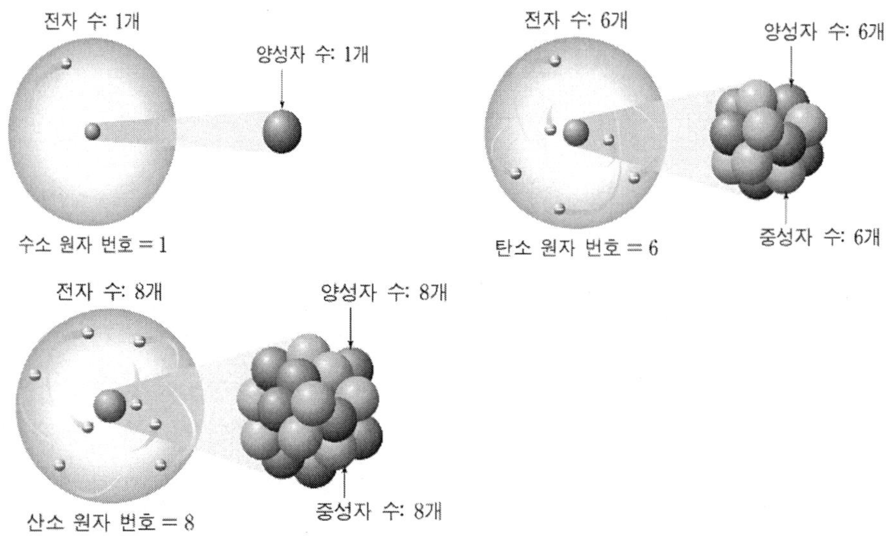

(2) 질량수(Mass Number)

각 원자가 가지는 원자핵의 양자와 중성자의 총수이다.

$$질량수 = 양자수 + 중성자수$$

(3) 중성자수(Neutron Number)

질량수와 양자수의 차이다.

$$중성자수 = 질량수 - 원자번호$$

(4) 원자의 표시 방법

원자번호는 원소기호의 왼쪽 아래에 나타내고 질량수는 왼쪽 위에 표시한다. 예를 들어 탄소 원자의 원자번호와 질량수를 표시하는 방법은 아래와 같다.

$^{12}_{6}C$	C는 원소기호, 12는 질량수 = 양성자수 + 중성자수, 6은 원자번호 = 양성자수 = 중성 원자의 전자수

2 전자각(전자껍질)과 궤도

모든 원소의 핵은 일정하게 양자 수를 가지고 있으며, 그 양성자 수만큼 전자를 가지고 있다. 원자번호가 낮으면 전자의 수가 작고 원자번호가 높으면 전자의 수가 많아진다.

전자들은 원자핵을 중심으로 원자핵 주위를 돌고 있다. 이것을 궤도(orbital)라고 한다. 또한 보어(Bohr)의 가정에 의해 전자는 원자핵으로부터 불연속적인 거리의 궤도를 회전한다. 이와 같은 궤도를 전자궤도 전자각(electron shell) 또는 전자껍질이라고 한다.

개개의 각은 허용된 에너지 준위(궤도)에서 한정된 수($2n^2$)의 최대 전자를 갖는다. 원자핵으로부터 K, L, M, N……각 또는 1, 2, 3, 4, 5, 6, 7 껍질이라고 하며, 파울리(Pauli)의 배타원리에 따라 순서대로 전자가 채워진다.

[1] 양자수에 의한 표현

(1) 주양자수(n)

보어의 원 궤도, 타원궤도의 크기를 결정하는 에너지를 지배하는 것은 양자수이며, 전자의 에너지는 n의 값에 의하여 결정된다. 주양자수(n)가 같으면 궤도 내에서 어떠한 형태를 가지고 있어도 전자의 에너지는 같다. 원자의 에너지는 주양자수에 의해 정해진다. (n = 1, 2, 3, ……) n = 1은 에너지가 최소이며 가장 안전한 상태로 기저상태라 한다. n≥2의 상태를 여기 상태(excited state)라고 한다.

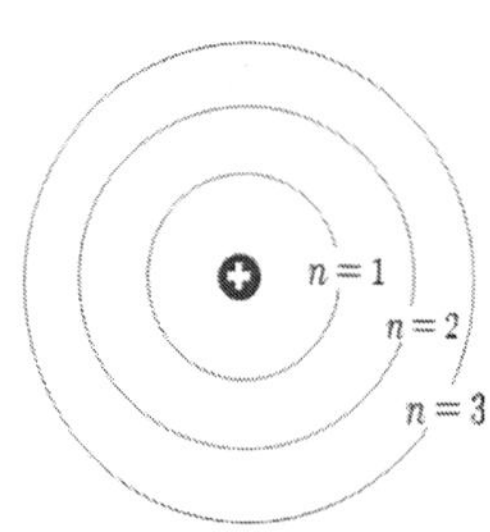

(2) 부 양자수 = 방위 양자수 = 각 운동량 양자수(l)

보어의 조건을 만족시키는 타원궤도이다. 주어진 궤도에서 전자의 각 운동량이 기본량($\frac{h}{2\pi}$)의 몇 배가 되는가를 나타내며 타원의 이심률이 클수록 원에 가깝다. 주양자수 n이 원 궤도의 크기이며 부 양자수는 정해진 n 안에서 존재하는 다양한 오비탈의 모양, 즉 타원의 종류를 나타낸 것이다.

(3) 자기 양자수(Magnetic quantum number, m)

외부 자계와 전자파 사이에 만드는 자계 사이의 각도로 궤도 기울기를 결정한다. 자기 양자수는 방위 양자수의 하부구조로서 타원궤도의 배향을 나타내는 양자수이다. 자기 양자수는 부 양자수에 대해서 다음과 같은 범위를 갖는다.

$m = 0, \pm 1, \pm 2, \cdots, \pm l$로서 $m = (2l + 1)$개의 값을 갖는다. (5–1)

(4) 스핀 양자수(s)

전자파 자신의 각도로 시계방향 또는 반 시계 방향의 전자 자전을 결정한다. 스핀에 의한 자기 moment는 크기가 같고 부호가 반대인 2개의 스펙트럼을 만들어내는 것으로 자기 양자수 하나에 대해서 2개의 스핀 양자수가 만들어지는 것을 말한다. 원자 내 전자는 4개의 양자수에 의해 정해진다.

이들 관계의 식은 다음과 같이 나타낸다.

주 양자수 $n = 1, 2, 3, \cdots$ (5–2)

부 양자수 $l = 0, 1, 2, 3, \cdots\cdots, n-1$ (5–3)

자기 양자수 $m = 0, \pm 1, \pm 2, \pm 3, \cdots\cdots, \pm l$ (5–4)

스핀 양자수 $s = +\frac{1}{2}, -\frac{1}{2}$ (5–5)

주양자수		방위양자수(l)	자기양자수(m)	스핀양자수(s)	총 양자수
K	1	0(s)	0	1/2, −1/2	2
L	2	0(s)	0	1/2, −1/2	8
		1(p)	−1	1/2, −1/2	
			0	1/2, −1/2	
			1	1/2, −1/2	
M	3	0(s)	0	1/2, −1/2	18
		1(p)	−1	1/2, −1/2	
			0	1/2, −1/2	
			1	1/2, −1/2	
		2(d)	−2	1/2, −1/2	
			−1	1/2, −1/2	
			0	1/2, −1/2	
			1	1/2, −1/2	
			2	1/2, −1/2	

주양자수에 따른 총 양자수

예제 1

$l=2$일 때 자기 양자수 m 궤도면의 모양을 나타내시오.

해설

식 (5-1)을 이용하면 다음과 같다.

$$m=(2l+1)=(2\times 2+1)=5\text{이고 } m=0,\pm 1,\pm 2$$

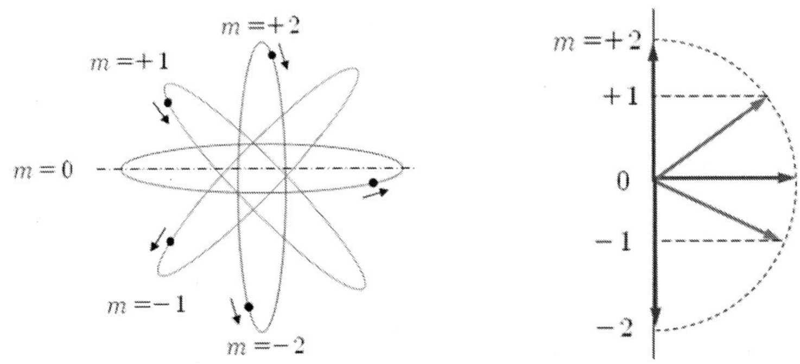

[2] 파울리(Pauli)의 배타율

(1) 한 전자계에서 동일한 양자 상태를 갖는 전자는 1개밖에 없다. 즉 한 전자계 내의 어느 두 전자도 동일한 양자 상태에 존재할 수 없다.

(2) 주양자수가 n인 궤도에 들어갈 수 있는 전자의 총수는

$2n^2$(n:궤도 수) 개 (5-6)

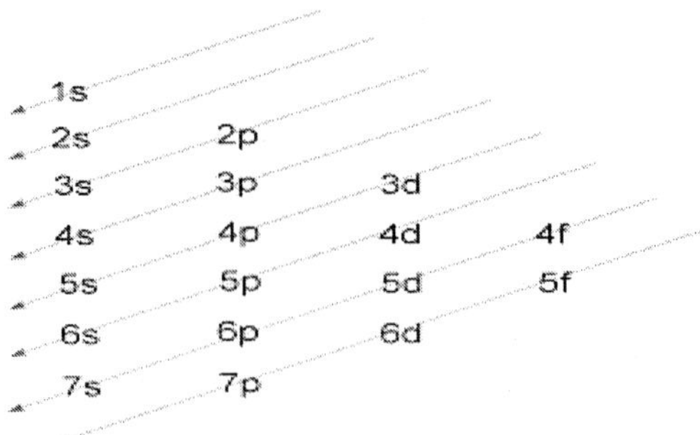

파울리의 배타원리

(3) 전자각

- 전자각
  - 주각
    - n = 1 = K각
    - n = 2 = L각
    - n = 3 = M각
  - 부각
    - τ = 0 = S각
    - τ = 1 = P각
    - τ = 2 = d각
    - τ = 3 = f각

각	K	L		M			N			
n	1	2		3			4			
τ	0	0	1	0	1	2	0	1	2	3
부각	S	S	p	S	p	d	S	p	d	f
전자수	2	2	6	2	6	10	2	6	10	14
	2	8		18			32			

(4) IV족 원자의 전자 구성표

원소	원자번호	전자 구성
Si	14	$1s^2\ 2s^2\ 2p^6\ 3s^2\ 3p^2$
Ge	32	$1s^2\ 2s^2\ 2p^6\ 3s^2\ 3p^6\ 3d^{10}\ 4s^2\ 4p^6$

(5) 자유전자(Free Electron)

전자가 원자핵의 구속에서 벗어나 자유로이 움직일 수 있는 전자를 자유전자라 한다.

(6) 가전자(Valence Electron, 최외각 전자)

원자구조의 전자배치에서 최외부의 전자각을 점유하는 전자를 가전자라고 한다.

예제 2

빛의 속도로 운동하고 있는 전자의 질량은 얼마가 되는가?

해설

전자의 운동 시 질량 $m = \frac{m_0}{\sqrt{1-(v/c)^2}}$에서 전자가 빛의 속도로 운동을 하기 때문에 $c = v = 3 \times 10^8 [\mathrm{m/sec}]$가 된다. 그러므로 $m = \frac{m_0}{\sqrt{1-1}} = \infty$가 된다.

예제 3

전자의 수가 18개라면 원자의 몇 번째 궤도에 해당하는가? (단, Pauli의 원리이다.)

해설

전자의 수가 18인 것은 원자번호가 18번이다.

1. 1번째 궤도 → $2n^2$ = 2개
2. 2번째 궤도 → $2n^2$ = 8개
3. 3번째 궤도 → $2n^2$ = 18개
4. 전자의 수가 18개이므로 3번째 궤도이다.

예제 4

원자번호가 14번인 Si의 최외각 전자는 몇 개인가?

해설

원자번호가 14번인 Si은 전자의 수가 14개이다. (원자번호 = 전자수)

1. 1번째 궤도 → $2n^2$ = 2개
2. 2번째 궤도 → $2n^2$ = 8개
3. 1번째 궤도+2번째 궤도 = 2+8 = 10개이다. 3번째 궤도에는 나머지 4개의 전자가 들어간다. 따라서 3번째 궤도에 있는 전자가 최외각 전자(가전자)가 된다.

∴ 최외각 전자는 4개가 된다.

3 반도체

반도체는 전기를 전하는 성질이 도체와 부도체의 중간 정도인 물질로서 절대온도 0[°K]에서는 절연체이며 상온에서 저항률은 $10^7 \sim 10^{-8}[\Omega \cdot \mathrm{m}]$ 정도의 저항을 가지고 있으며 도전율은 도체와 절연체의 중간 성질을 갖는다.

금속과 같은 전기가 잘 통하는 물질을 도체라고 하고, 나무 · 비금속과 같이 전기가 잘 흐르지 않는 물질을 부도체라고 한다. 저온에서는 부도체에 가까우나 온도를 높이면 전도성이 높아지면서 전기가 흐르는 도체가 된다.

[1] 반도체의 특징

(1) 불순물의 농도가 증가하면 도전율(σ)은 증가하고 고유저항(ρ)은 감소한다.

(2) 정류작용을 한다.

(3) 부(-)의 온도계수를 갖는다.

(부(-)의 온도계수는 온도가 증가하면 저항이 감소하고 온도가 감소하면 저항이 증가하는 것으로 주로 반도체가 부(-)의 온도계수를 갖는다. 정(+)의 온도계수는 온도가 증가하면 저항이 증가하고 온도가 감소하면 저항이 감소하는 것으로 주로 금속 종류가 정(+)의 온도계수를 갖는다.)

(4) 광전효과[1)]가 있다.

(5) 자장에 의한 고유저항의 변화가 크며 홀(hall) 효과[2)]가 있다.

---

1) 반도체가 빛을 받으면 저항이 작아지거나 전기를 일으키는 것

2) 1879년 에드윈 홀(Edwin Hall)에 의해 발견된 현상. 금속이나 반도체 등의 고체를 자기장 속에 놓고 자기장에 직각 방향으로 전류를 흘렸을 때 자기장과 전류 모두에 직각 방향으로 전기장이 나타나면서 홀 전압(Hall Voltage)이 발생하는 현상이다.

홀 전압 $V_H = R_H \cdot \dfrac{BI}{d}[\mathrm{V}]$($d$는 결정의 두께, B는 자속밀도, I는 전류) (5-7)

홀 저항 $R_H = \dfrac{1}{ne}[\Omega]$($n$은 전류밀도, e는 전하밀도) (5-8)

(6) 열전 효과[3]를 갖고 있다.
(7) 쇠붙이는 가열하면 저항이 증가하며 반도체는 반대로 감소한다.

[2] 반도체의 공유결합

두 원자가 최외각에 있는 가전자(Valence Electron, 최외각 전자)와 가전자가 서로 공유하는 것을 말한다. 비금속 원소들 간의 결합이 대부분 공유결합을 하고 있다. 공유결합의 형성은 비금속 원소가 서로 전자를 내놓아 쌍을 이루고, 이 전자쌍을 공유하여 결합하는 형태이다.

공유결합의 특징은 매우 단단하고 융점이 높으며, 낮은 온도에서는 전기전도가 작다는 점이다. 상온에서 공유결합을 파괴하는 에너지로는 Ge(게르마늄)는 0.72[eV]이고 Si(실리콘)는 1.12[eV], Diode는 6 ~ 7[eV]이다. 공유결합을 파괴하는 에너지의 값은 적을수록 전도도가 크다. 공유결합은 단일결합, 이중결합, 삼중결합을 나눈다.

단일결합(Single Bond)	이중결합(Double Bond)	삼중결합(Triple Bond)
두 원자가 1개의 전자쌍 또는 전자 2개를 공유	두 원자가 2개의 전자쌍 또는 전자 4개를 공유	두 원자가 3개의 전자쌍 또는 전자 6개를 공유
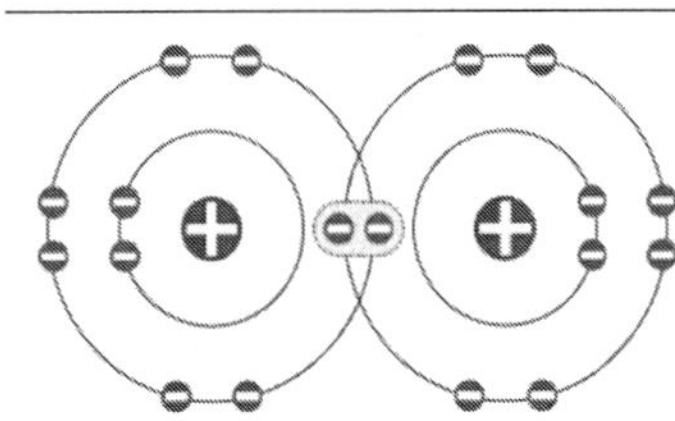 F-F (플루오르 분자)	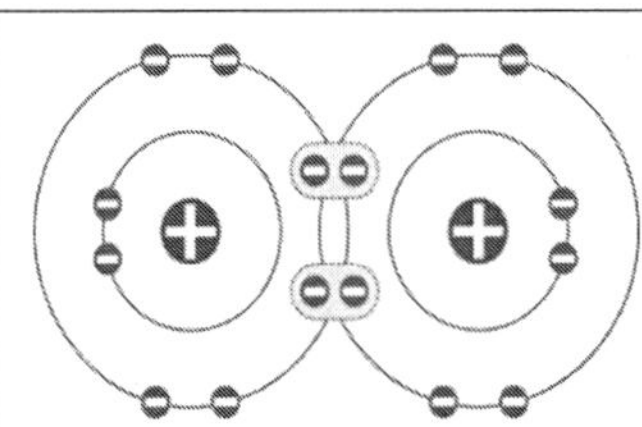 O=O (산소 분자)	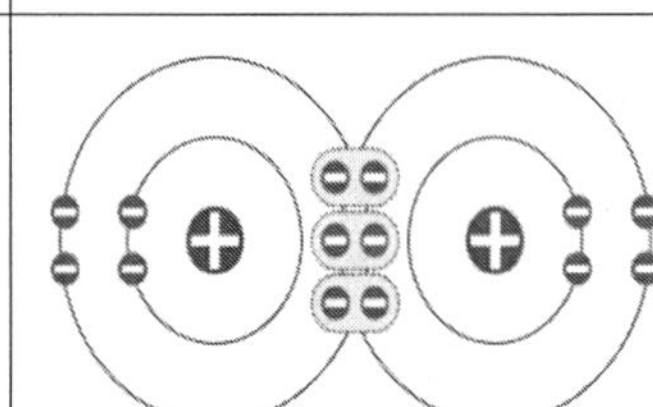 N≡N (질소 분자)

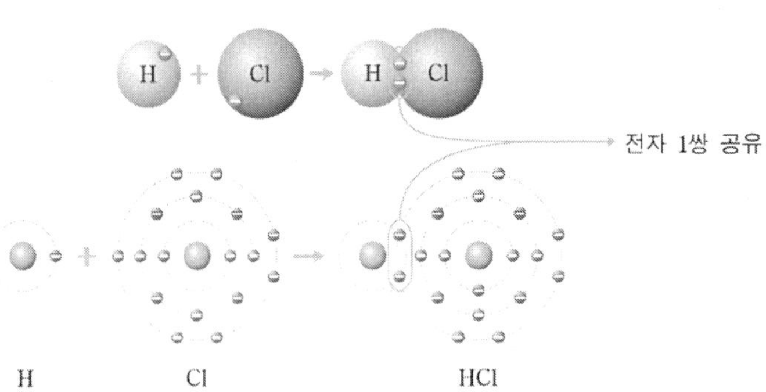

---

3) 열과 전기 사이의 효과를 말하며, 제백 효과, 펠티어 효과, 톰슨 효과 등이 있다.

[3] 반도체의 에너지 밴드(Band)

원자가 결합하면 원자 상호 간의 영향으로 전자의 에너지는 어떤 폭을 갖게 되는데 이 폭을 에너지 대(Band)라 한다.

(1) 전도대(Conduction Band)

가전자대(Valance Band) 바로 위에 있는 대로서 전자가 존재할 수 있는 허용대이다. 여기에 있는 전자는 원자의 속박으로부터 벗어난다. 충만대와는 달리 전자가 자유롭게 이동할 수 있는 밴드이며, 전도대에 존재하는 전자를 자유전자라 한다.

(2) 금지대(Forbidden Band)

전자들에게 허용되지 않는 에너지 범위이며 이 폭을 energy gap이라고 한다. 금지대의 폭은 반도체마다 다르며 각 반도체의 성질을 결정하는 데 중요한 역할을 한다.

(3) 가전자대(Valance Band)

전자가 가득 찬 허용대로서 외부 에너지에 의하여 전자가 전도대로 올라갈 수 있는 에너지대이다.

(4) 허용대(Allowed Band)

전자가 존재할 수 있는 에너지 밴드이다. 허용대는 energy level이 상승하면 할수록 두꺼워진다.

(5) 충만대(Filled Band)

전자가 가득한 허용대를 말한다.

(6) 에너지 갭(Energy Band Gap)

가전자가 가전자대에서 전도대로 이동하기 위하여 필요한 에너지양을 말한다.

(7) 전압에 의해 전압이 걸린 쪽이 에너지대가 높아지며 0°K에서는 반도체, 절연체 모두 캐리어의 이동이 없으므로 전류는 흐르지 않는다.

(8) 반도체에서는 일부의 전자가 전도대로 이동하기 때문에 전류가 약간 흐르며 절연체는 캐리어의 이동이 없으므로 전류가 흐르지 않는다.

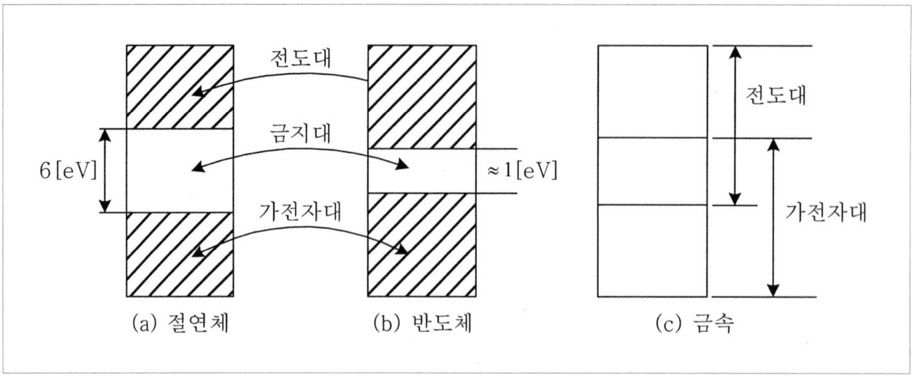

에너지대, Energy Band

4 진성 반도체와 불순물 반도체(외인성 반도체)

반도체는 불순물의 존재 여부에 따라 진성 반도체와 불순물 반도체로 구분되며 또 불순물의 종류에 따라 P형(Positive Type) 또는 N형(Negative Type) 반도체로 구분된다.

[1] 진성 반도체(Intrinsic Semiconductor)

불순물이 첨가되지 않은 순수한 반도체를 진성 반도체라고 한다. 진성 반도체에서는 전자의 수와 정공의 수는 같으며 반도체 결정의 원자에서 공급되는 자유전자와 정공에 의해서 전기전도가 이루어지는 반도체를 말한다. 진성 반도체의 페르미 준위는 온도에 관계없이 금지 대의 중앙에 있으며 에너지 갭은 온도가 상승하면 약간 커진다.

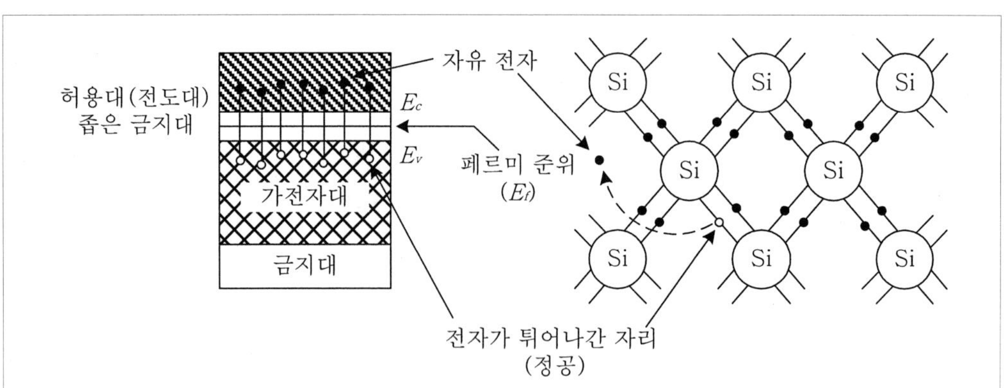

진성 반도체

(1) 진성 캐리어 농도(n_i)

열에너지 하에서 전도전자(n_0)와 정공 농도(p_0)는 서로 같다.

$$n_o = N_c \epsilon^{-(Ec-E_f)/kT} m^{-3} \tag{5-9}$$

$$p_0 = N_v e^{-(E_f-E_v)/kT} m^{-3} \tag{5-10}$$

열에너지가 증가하게 되면 진성 캐리어 농도(n_i)도 증가한다.

$$n_i = 2\left(\frac{2\pi\sqrt{m_n m_p}\,kT}{h^2}\right)^{\frac{3}{2}} \exp\left(-\frac{E_g}{2kT}\right)[m^{-3}] \tag{5-11}$$

(단, $N_c N_v$: 비례상수, k : 볼츠만 상수 (1.38×10^{-23} [J / °K]), T : 절대온도, m_n, m_p : 전자, 정공의 유효 질량[Kg], h : 프랭크 상수 [J·s]이다.)

(2) 진성 반도체의 페르미 준위(E_f)

전도대의 전자는 모두 가전자대로부터 올라온 것이므로, 전자와 정공의 수가 같아($n_o = p_0$) 페르미 준위는 금지대의 중앙에 있게 된다.

$$E_f = \frac{E_c + E_v}{2} \tag{5-12}$$

[2] 불순물 반도체(Impurity Semiconductor)

Ge, Si의 결정체에 불순물 원소 3가나 5가 원소가 도핑(doping)된 경우 이 반도체를 불순물 반도체라 한다.

(1) N형 반도체(Negative Type Semiconductor)

① 진성 반도체에 도너(donor)에 해당하는 5가 원소인 비소(As), 인(P), 안티몬(Sb), 비스무트(Bi) 불순물을 소량 첨가하여 전자가 과잉된 반도체이다.

② 전하를 옮기는 캐리어로 자유전자가 사용되는 반도체로서 음의 전하를 가지는 자유전자가 캐리어로 이동하기 때문에 전류가 생기게 된다.

③ 자유전자를 다수 반송자(carrier), 정공을 소수 반송자라 한다.

④ 도너 준위 : 도너의 과잉전자에 의해서 전도대 아래, 즉 전도대와 페르미 준위 사이에 이루어지는 에너지 준위이다.

⑤ 실온 또는 절대온도 300K에서는 약 0.026eV로써 도너 준위의 전자들은 대부분 전도대로 올라갈 수 있다.

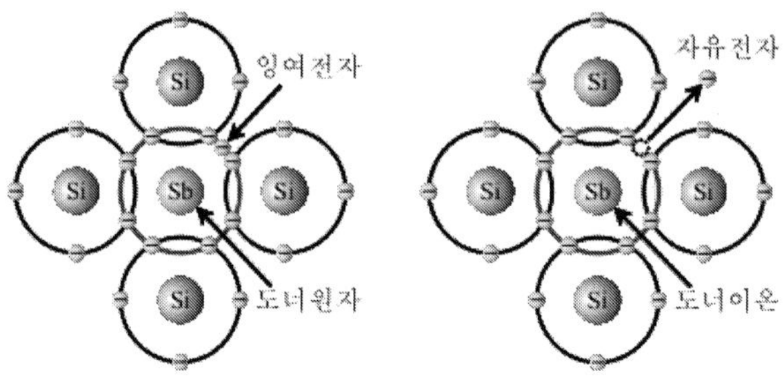

실리콘 결정 구조에서 5가 불순물 원자

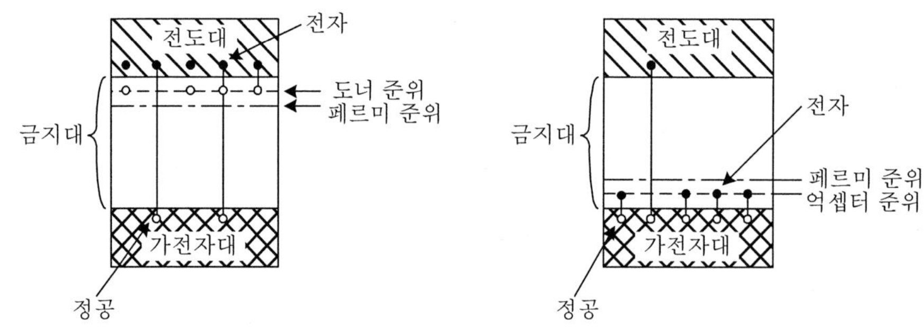

도너 준위 억셉터 준위

(2) P형 반도체

① 진성 반도체에 억셉터(acceptor)에 해당하는 3가 원소인 붕소(B), 인듐(In), 알루미늄(Al), 갈륨(Ga) 불순물을 소량 첨가하여 정공(hole)이 과잉된 반도체이다.

② 전하를 옮기는 캐리어로 정공이 사용되는 반도체로서 양의 전하를 가지는 정공이 캐리어로 이동하기 때문에 전류가 생기게 된다.

③ 정공을 다수 반송자, 자유전자를 소수 반송자라 한다.

④ 억셉터 준위 : 정공에 의해 가전자대 바로 위쪽, 즉 페르미 준위 아래쪽에 존재하는 에너지 준위이다.

⑤ 3가 원자가 함유되면 함유된 원자와 같은 수의 정공이 발생하여 전자를 끌어들이게 된다.

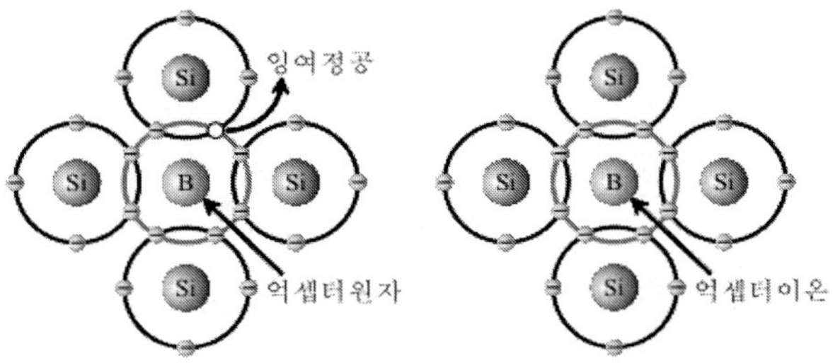

실리콘 결정 구조에서 3가 불순물 원자

5 PN 접합

PN 접합은 3가 불순물이 도핑된 P형과 5가의 불순물이 도핑된 N형 반도체가 서로 접합된 형태로서 P형 반도체 영역에는 정공의 농도가 전자보다 크며 N형 반도체의 영역에는 전자의 농도가 매우 크며, PN 접합은 확산 접합에 의해 만들어지며, 공핍 영역에서 이온화된 원자들에 의해 공핍 영역에서 발생되는 전위차를 고유 전위장벽(고유 전위)이라 하며, 정류, 검파, 복조, 변조 회로 등에 사용된다.

P형과 N형 반도체를 접합하게 되면 두 반도체 사이의 자유전자와 정공 캐리어의 농도 차이에 의하여 각각의 반도체 영역에서 다른 영역으로의 확산(Diffusion)이 일어난다.

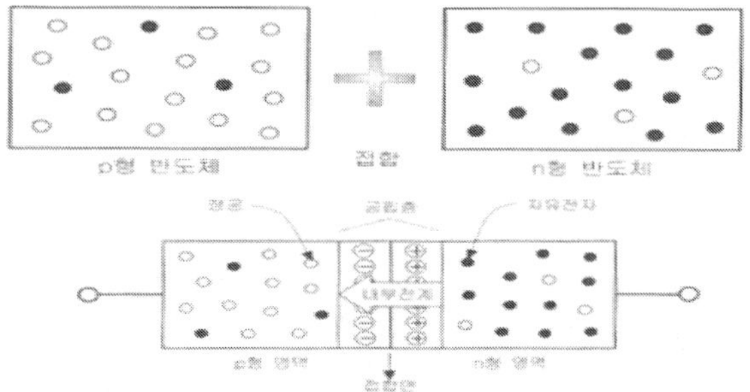

pn 접합에서 확산

pn 접합의 고유 전위는 공핍 영역의 이온화된 원자들에 의해 발생되는 전위차는 다음과 같다.

$$V = V_T \ln\left(\frac{N_a N_d}{n_i^2}\right)[\mathrm{V}] \qquad (5\text{–}13)$$

(N_a : P형 영역에서 도핑된 억셉터 불순물 농도, N_d : N형 영역에서 도핑된 도너 불순물 농도, n_i : 진성 반도체의 캐리어 농도, $V_T = \dfrac{kT}{q}$: 열 전압(상온에서 $V_T = 26[\mathrm{mV}]$)

다이오드 외형

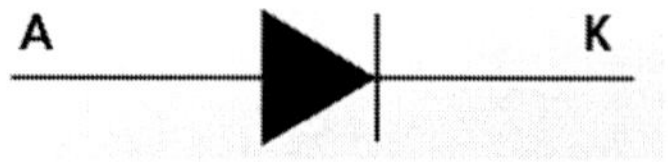

다이오드 기호

[1] 무 바이어스(No Bias)

P형 반도체와 N형 반도체를 접합하면 접합에 가까이 있던 전자는 P 영역으로 확산되어 접합 근처의 정공과 결합한다. 5가 원자는 접합 부근의 N 영역에서 +전하로 대전되어 양이온이 되고, 3가의 원자는 −전하로 대전되어 음이온이 된다. 이온층이 형성되어 N 영역의 전자가 P 영역으로 이동하기 위해서는 양이온의 인력과 음이온의 반발력(장벽 전위 : si는 0.7V이고, Ge는 0.3V)을 극복해야 한다. 전도전자나 정공이 존재하지 않는 이온 영역을 공핍층(Depletion layer) 또는 공간 전하층이라 한다.

공핍층(공간 전하 영역) 내에는 캐리어는 없으며 도너 이온과 억셉터 이온이 존재한다. 공핍 영역이 더 넓어지지 못하는 이유는 전위장벽이 있기 때문이다. 전위장벽은 공핍 영역의 전계 강도를 나타내는 것으로, 자유전자의 확산으로 인해 공핍층 내부 반발력이 평형이 이루어졌을 때의 전위차를 말한다(si는 0.7V이고, Ge는 0.3V).

바이어스란 반도체 소자에 대한 동작 조건을 맞추기 위하여 인가된 전압을 말한다. 아래 그림은 열평형 시 pn 접합을 나타낸 것으로, 접합 면에서는 p형에 있는 정공과 n형에 있는 전자의 재결합으로 전위차가 생기고, 밀도차에 의한 확산과 경계 부근의 전계가 평형일 때는 캐리어의 이동은 정지된다.

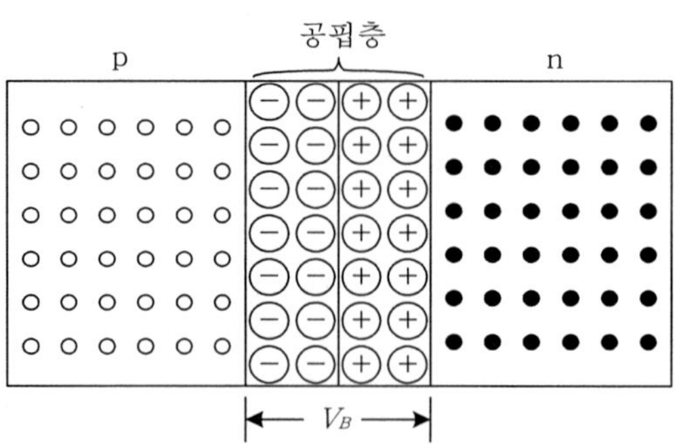

pn평형 상태

열평형 상태에서 캐리어 농도는

$$V_b = V_t \ln(\frac{N_a}{N_d}) = \frac{kT}{e} ln(\frac{N_a}{N_d}) \quad (5-14)$$

가 된다.

[2] 순방향 바이어스(Forward bias)

전지의 -단자를 N 영역에 +단자를 P 영역에 연결하면 전지의 -단자는 N 영역의 전도 전자를 접합 쪽으로 이동시키고 +단자는 P 영역의 정공을 접합 쪽으로 이동시킨다. 전류는 전자의 동 방향과 반대 방향이고 이때 가해주는 최소 전압(장벽 전위)은 실리콘인 경우는 0.7[V], 게르마늄인 경우는 0.3[V]이다. 장벽 전위를 극복하는 외부 전압 원이 공급되면 N 영역 전자는 공핍층을 통과하여 P 영역의 정공과 결합이 이루어진다. N 영역을 떠난 전자만큼 전지의 -단자로부터 많은 전자가 공급된다. 따라서 공핍 영역이 줄어들며, 에너지 장벽이 낮아지고 확산이 되는 다수 캐리어의 수가 증가한다.

순방향으로 바이어스를 가하면 바이어스에 의한 전기장이 전위장벽에 의한 전기장보다 크기 때문에 확산이 더욱더 잘 일어나게 된다. 이러한 확산작용으로부터 적은 전압으로 큰 전류를 얻을 수 있다. 따라서 전류의 흐름을 발생시키는 주요 원인은 확산전류에 의한 전류이다.

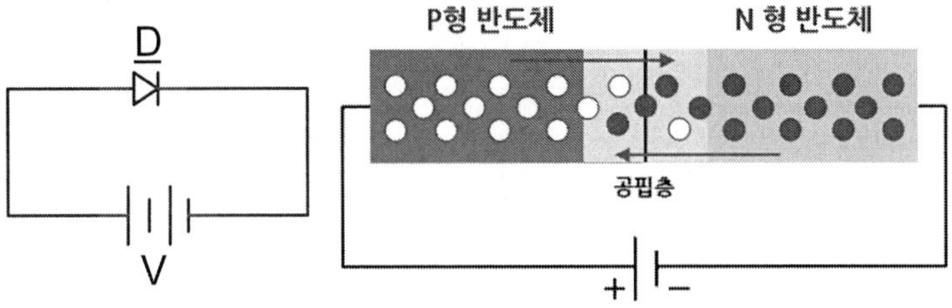

순방향 바이어스

[3] 역방향 바이어스(Reverse bias)

P형 쪽에 (-), N형 쪽에 (+) 전압을 걸어주므로 캐리어의 이동을 방해하게 된다. 전지의 -단자는 PN 접합에서 P 영역의 정공을 바깥으로 끌어당기고 +단자는 전자를 바깥으로 끌어당긴다. 이에 전자와 정공이 접합에서 바깥으로 이동하고 전위장벽이 높아져 전자와 정공의 흐름이 더욱 어려워지고, 따라서 공핍층도 넓어지게 된다. 즉 문턱 전압을 인가한 전압만큼 높아지며 접합 면을 통과하는 캐리어의 흐름이 형성되지 않는다.

다이오드는 역방향 바이어스에서는 거의 전류가 흐르지 않으므로 다이오드는 한쪽 방향으로만 전류가 흐르게 된다.

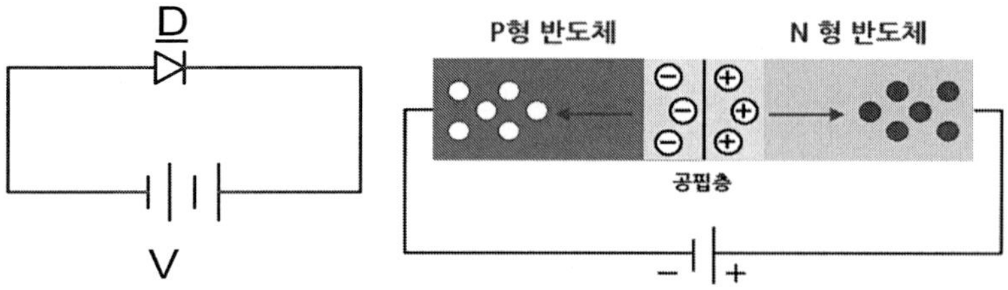

역방향 바이어스

역방향 누설전류란 역 바이어스를 인가하면 다수 캐리어에 의한 과도전류는 순식간에 0으로 되지만, 역 바이어스를 인가하는 동안 소수 캐리어에 의하여 생성된 매우 적은 누설전류가 존재한다. 이것은 열로 인하여 공핍층 내에 생성된 전자-정공 쌍이 외부 전압의 영향을 받아 몇 개의 전자가 재결합되기 전에 PN 접합을 통해 확산되어 나타나는 소수 캐리어 전류이다(게르마늄이 실리콘보다 더 큰 누설전류를 갖고, 누설전류는 역 바이어스 전압의 크기와는 무관하며 온도 증가가 누설전류의 증가를 유발한다).

[4] PN 접합 다이오드의 전류 전압 특성

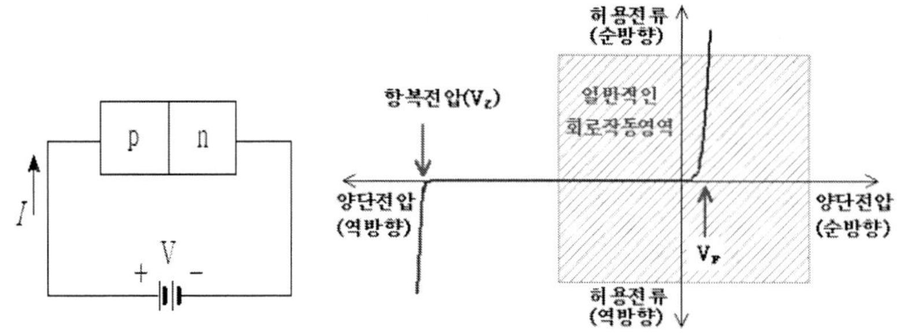

다이오드의 특성

위의 회로에서 이상적 PN 접합 다이오드에서 바이어스 전압 V를 걸 때 흐르는 다이오드 전류 I는 다음과 같다.

$$I = eA\left(\frac{D_p}{L_p}p_{n0} + \frac{L_n}{P_n}n_{po}\right)\left(e^{\frac{eV}{kT}} - 1\right) = I_o \ \left(e^{eV/kT} - 1\right)[\mathrm{A}] \qquad (5\text{–}15)$$

(I_o : 역 바이어스 포화전류, A : 다이오드 단면적[cm^2], D : 확산계수[$\mathrm{cm}^2/\mathrm{sec}$.]
L : 확산 거리[cm], p_{n0} : n측 소수 캐리어(정공) 농도, n_{p0} : p측 소수 캐리어(전자) 농도,
V : 인가전압)

(1) 순 바이어스 전류

$V > 0$일 때 전류 I는 바이어스 전압에 따라 지수 함수적으로 증가한다.

$$I \approx I_o e^{eV/kT}[\mathrm{A}] \text{ (단, } V \gg kT/e) \tag{5-16}$$

(2) 역 바이어스 전류

$V < 0$이며 $e^{-eV/kT} \simeq 0$인 경우 바이어스 전압에 관계없이 전류는 일정한 포화 상태를 나타낸다.

$$I \approx -I_o \tag{5-17}$$

[5] 다이오드의 cutin 전압(문턱 전압, 천이 전압)

문턱 전압은 미지의 회로나 소자가 동작을 시작하는 전압을 나타낸 것이다. 순 방향 전압이 걸렸을 때 Si(실리콘) 다이오드는 약 0.7V , Ge(게르마늄) 다이오드는 약 0.3V 이상에서 전류가 급속히 증가하는데 이 전압을 다이오드의 cutin 전압 또는 문턱 전압(threshold voltage)이라고 한다.

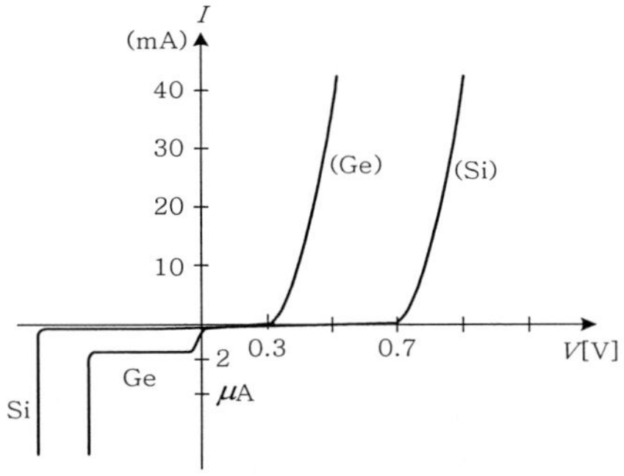

(a) Ge과 Si의 특성

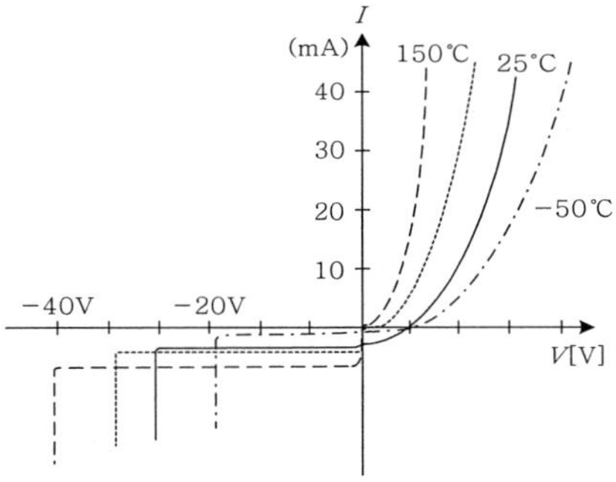

(b) 온도에 따른 변화

6 Diode의 종류

[1] 제너 다이오드(Zener Diode, 정전압 다이오드)

pn 접합 다이오드는 순방향으로 전압을 인가하면 전류가 흐르고 역방향으로 전압을 인가하게 되면 전류가 흐르지 않는다. 제너 다이오드는 역방향으로 전압을 인가했을 때 전류가 흐르지 않고 있다가 어느 이상의 높은 전압을 가하게 되면 제너 항복이 일어나게 된다. 이때 전류가 흐르기 시작하게 되며 다이오드에 걸리는 전압은 일정하게 유지하고 전류만 증가하게 된다. 일반 다이오드는 항복영역(Break Down Region)에서는 파괴가 일어난다. 그러나 제너 다이오드는 이 영역에서 사용할 수 있다. 제너 다이오드의 역방향 전압을 감소시키기 위하여 불순물의 도핑 레벨을 높게 하면 매우 좁은 공핍층이 형성되어 강한 전계가 공핍층 내부에 존재하게 된다. 항복 전압에 가깝게 되면 전계는 가전자대로부터 전자를 끌어낼 수 있을 만큼 강하게 되어 전류를 생성하게 된다.

제너 다이오드의 선간 전압과 부하저항이 크게 변화를 하더라도 부하전압을 일정하게 유지시켜주는 전압조정기나 정전압 회로에 많이 사용한다.

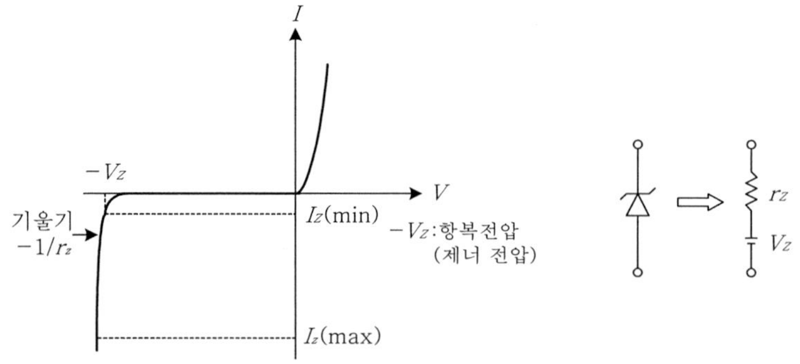

제너 다이오드의 특성과 모델

※ 제너 다이오드의 특징

① 역방향 항복에서 전류가 급속히 변화되더라도 다이오드 양단의 전압은 거의 일정하여 전압제어 소자로 사용된다.

② 제너 다이오드의 항복 전압은 제작 과정 중의 불순물 도핑 레벨에 의하여 적절히 조절할 수 있다(불순물의 농도가 높으면 항복 전압이 낮아진다).

③ 항복 전압(V_z)이 5 [V] 이상에서 항복을 일으키는 전압제어용 다이오드는 애벌런치 효과를 이용한 것이고 5 [V] 이하에서는 제너 효과로서 동작한다.

예제 5

그림과 같은 회로에서 D가 8 [V]일 때 D에 흐르는 전류를 구하시오.
(단, D는 제너 다이오드이다.)

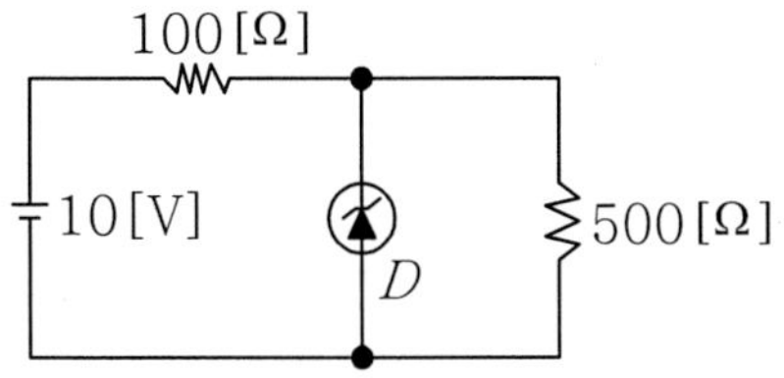

해설

1. 100 [Ω]에 흐르는 전류 I_R는 $I_R = \frac{V_i - V_z}{R}\frac{10-8}{100} = 0.02 = 20[\text{mA}]$이다.

2. 500 [Ω]에 흐르는 전류 I_L은 $I_L = \frac{V_z}{R_L} = \frac{8}{500} = 0.016 = 16[\text{mA}]$이다.

3. 제너 다이오드 D에 흐르는 전류

$$\therefore I_z = I_R - I_L = 20 - 16 = 0.016 = 4[\text{mA}]$$

[2] 터널 다이오드(Tunnel Diode, 에사키 다이오드(Esaki Diode))

터널 다이오드는 1957년 일본의 물리학자 에사키 레오나(Esaki Reona)에 의해서 발명되었으며, 터널 효과[4]를 이용한 다이오드로서 불순물 반도체에서 부성저항 특성이 나타나는 현상을 응용한 pn 접합 다이오드이다. 불순물 농도를 증가시켜서 반도체로서 pn 접합을 만들면 공핍층의 장벽이 아주 얇게 되어 터널 효과가 발생하고, 갑자기 전류가 많이 흐르게 되면 순방향 바이어스에서 부성저항 특성이 나타난다.

터널 다이오드의 특징과 용도는 다음과 같다.

① 동작 속도가 빨라서 마이크로파대에 사용된다.
② 발진, 증폭, 스위칭(개폐) 회로에 응용된다.
③ 역 바이어스 상태에서 훌륭한 도체이다.
④ 작은 순 바이어스 상태에서 저항은 대단히 작다.

4) 양자역학적 효과로 장벽의 에너지 레벨보다 낮은 에너지 상태에서도 확률적으로 원자 밖으로 튀어 나가는 것

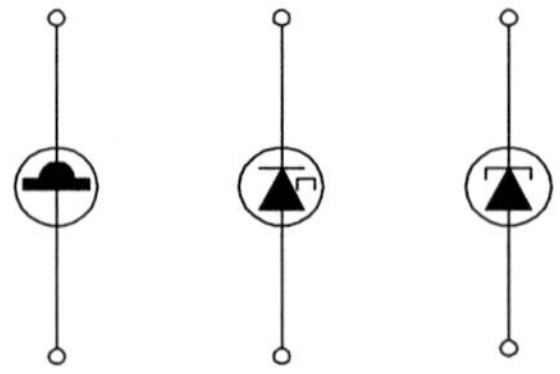

터널 다이오드 기호

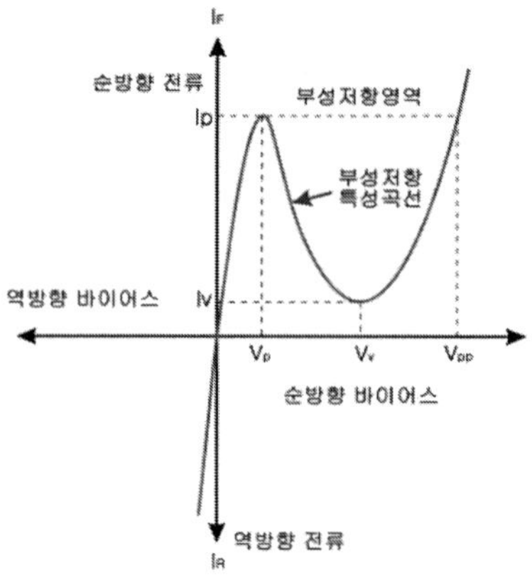

터널 다이오드 특성 곡선

[3] 가변용량 다이오드(Variable Capacitance Diode, 바렉터 다이오드)

pn 접합 다이오드 양단에 역전압을 가하면 다이오드 내의 캐패시터가 변화하는 것을 이용한 것이다. 가변용량 다이오드 역전압을 증가하면 접합용량이 적어지며 전압의 변화에 따라서 발진 주파를 변화시키므로 초고주파의 발진, 증폭, 공진회로의 전압동조, 주파수 변환소자, 주파수 변조 회로, 주파수 체배기 등에 사용한다. 가변용량 다이오드의 접합용량은 다음과 같다.

$$C_T \propto \frac{K}{\sqrt{V}} \text{ (단, V : 가해준 역전압)} \quad (5\text{–}18)$$

(가변용량 다이오드 기호)

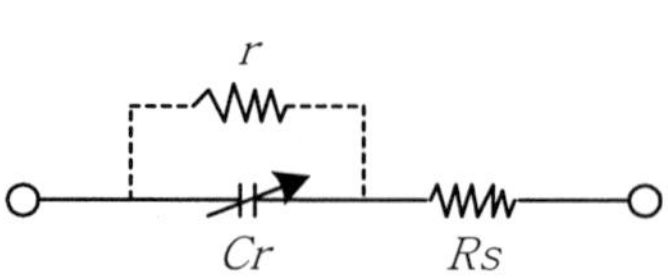

(소신호 모델)

[4] 정류 다이오드(Silicon diode)

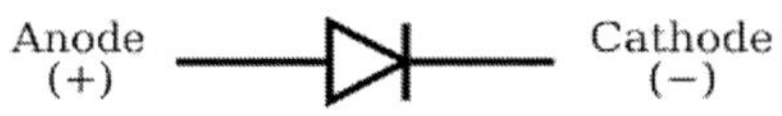

기호

정류 다이오드 외형, 1N4001

정류 다이오드는 정류작용을 이용한 것이며 역방향으로는 전류가 흐르지 못한다. 직류전원 공급 장치나 파형 정형 회로에 많이 사용한다.

[5] 발광 다이오드(LED, Light Emitting Diode)

반도체의 양단에 순방향으로 전압을 가하면 발광현상이 생기는 것으로, 전기 루미네선스 또는 전기장발광이라고도 한다. 발광 다이오드는 낮은 전압에서도 동작하며, 발광소자로서 소비전력이 적고 수명이 길며 내충격성이 우수하다. 또한 응답속도가 빠르고 발광 효율이 높으며, 적은 전류에도 높은 출력을 얻을 수 있는 특징을 가지고 있다.

발광 다이오드는 p형과 n형 반도체를 접합한 다이오드에 순방향 전압을 인가하면 전자와 정공이 결합하면서 빛이 발광되는 원리를 이용한 다이오드이다.

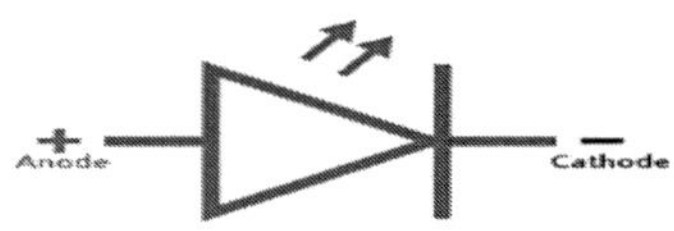

발광 다이오드 기호

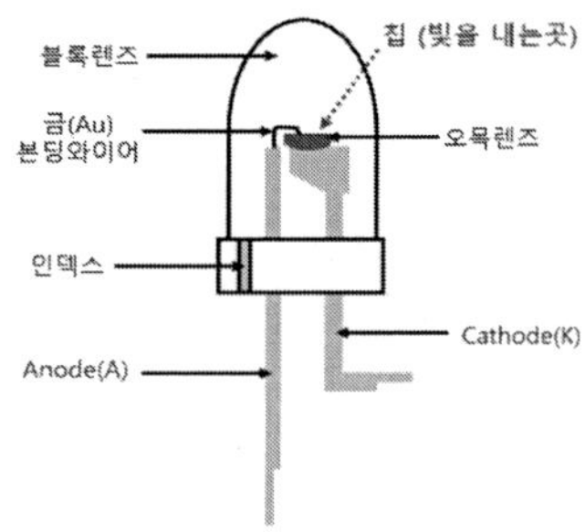

발광 다이오드 구조

7 전원회로

[1] 전원회로의 구성

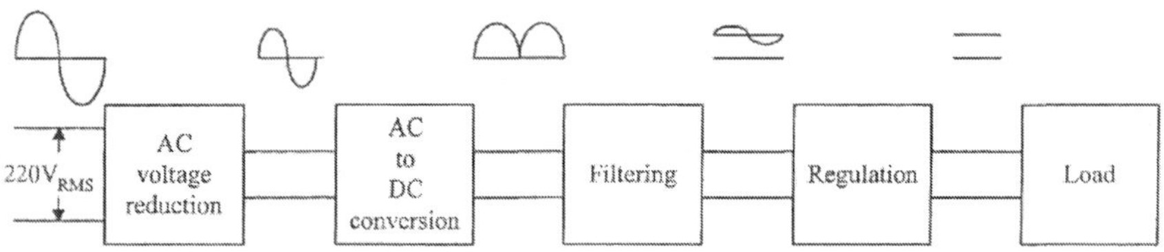

(트랜스) (정류회로) (평활회로) (정전압회로) (부하)

[2] 정류회로

교류를 직류로 변환하는 회로를 정류회로라고 한다. 정류회로는 전자기기와 통신기기 등에 많이 사용된다.

[3] 정류회로의 특성

(1) 맥동률(ripple factor)

맥동률이란 정류된 전압의 교류 성분을 말하며, 정류된 직류성분이 좋고 나쁨을 나타낸다.

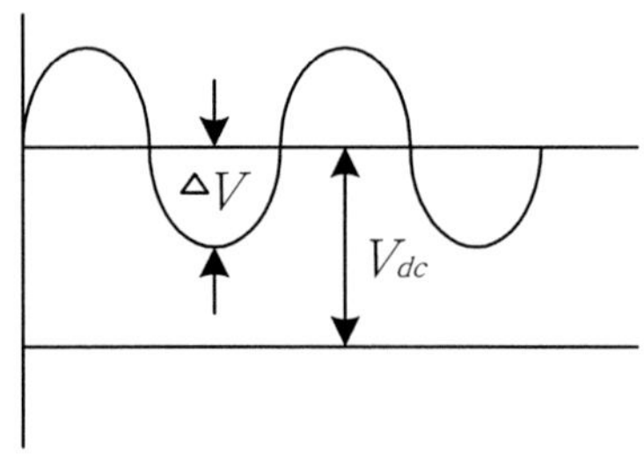

$$r = \frac{\text{출력 교류전압(전류)의 교류성분의실효값}}{\text{출력 직류전압(전류)의 직류평균값}} \times 100[\%] \quad (5-19)$$

$$r = \frac{\Delta V}{V_{dc}} \times 100[\%] = \sqrt{F^2 - 1} \times 100[\%] = \sqrt{(\frac{I_{rms}}{I_{dc}})^2 - 1} \times 100[\%]$$

$$= \sqrt{(\frac{V_s}{V_{dc}})^2 - 1} \times 100\% \quad \left(F : \text{파형률} = \frac{\text{실효값}}{\text{평균값}}\right) \quad (5-20)$$

(2) 전압변동률(Voltage regulation)

출력 전압이 부하의 변동에 대하여 어느 정도 변화하는지 나타내는 비율을 전압변동률이라고 한다. 이상적인 정류기는 출력 전압 평균치가 부하에 상관없이 일정하므로 전압변동률은 적은 것이 좋다.

$$\Delta V = \frac{V_0 - V_L}{V_L} \times 100[\%] \quad (V_L : \text{부하 시의 직류 출력 전압},\ V_0 : \text{무부하 시의 직류 출력 전압}) \quad (5-21)$$

(3) 정류 효율(efficiency of rectification, η)

입력의 교류 전력이 출력의 직류 전력으로 바뀔 수 있는 비율을 정류 효율이라 한다.

$$\eta = \frac{P_{dc}}{P_{ac}} \times 100[\%] \quad (P_{ac}\text{는 교류 입력전력(실효값)},\ P_{dc}\text{는 직류 출력전력(평균값)}) \quad (5-22)$$

(4) 최대 역전압(PIV : Peak Inverse Voltage)

다이오드에 걸리는 최대 역전압은 다이오드가 파손되지 않고 견딜 수 있는 역전압의 최대값을 말한다.

(5) 맥동 주파수

① 단상 반파 정류회로 : $f = 60[\text{Hz}]$

② 단상 전파 정류회로 : $2f = 120[\text{Hz}]$

③ 3상 반파 정류회로 : $3f = 180[\text{Hz}]$

④ 3상 전파 정류회로 : $6f = 360[\text{Hz}]$

예제 6

무부하시 전압이 200 [V], 전부하시 전압이 150 [V]였다. 전압변동률을 구하시오.

해설

전압변동률

$$8 = \frac{\text{무부하시 전압} - \text{부하시 전압}}{\text{부하시 전압}} \times 100\% = \frac{200 - 150}{150} \times 100\%$$

$$= \frac{50}{150} \times 100\% \fallingdotseq 33\%$$

예제 7

정류회로의 부하 평균 전압이 200 [V]이고 맥동률이 4 [%]일 때, 교류 성분은 얼마가 되는가?

해설

맥동률이란 정류된 전압의 교류 성분을 나타내는 것으로 다음과 같다.

$$r = \frac{\Delta V}{Vd} \times 100\%$$

$$4 = \frac{\Delta V}{200} \times 100\% \quad \therefore \Delta V = 8\ [\text{V}]$$

예제 8

다이오드를 사용하여 그림과 같은 회로를 구성하고 입력 전압(V_{in})을 -6 [V]에서 +6 [V]까지 변화시킬 때 출력 전압(Volt)의 변화는? (단, 이 다이오드의 커트-인 전압(cut-in voltage)은 0.6 [V]이다.)

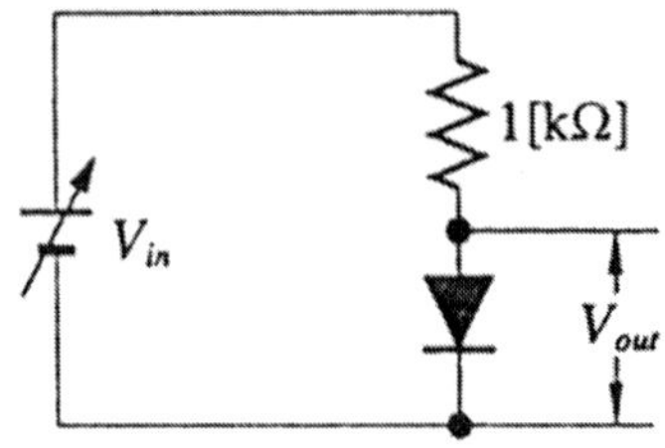

해설

1. V_{in}이 -6 [V]일 때 다이오드는 역방향이 되어 $V_{out} = -6[\mathrm{V}]$이다.
2. V_{in}이 +6 [V]일 때 다이오드 순방향이 되어 $V_{out} = +6[\mathrm{V}]$이다.

∴ 출력 전압의 범위는 +0.6 [V]에서 -6 [V]가 된다.

[4] 정류회로

(1) 단상 반파 정류회로

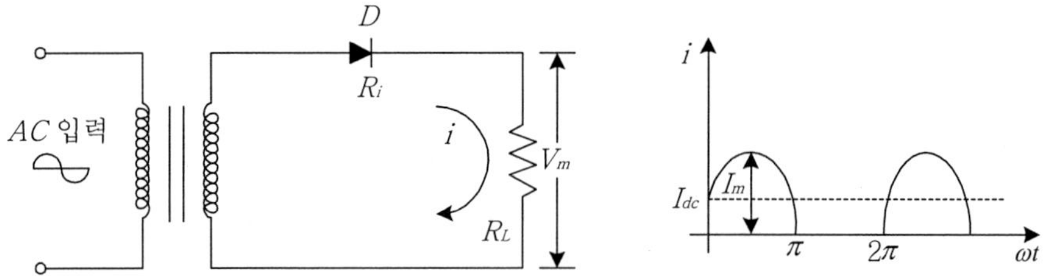

(a) 반파 정류 회로 (b) 출력 파형

① 전원 전압

$$v_i = V_m \sin\omega t \tag{5-23}$$

② 다이오드와 부하 R_L에 흐르는 전류(i)

$$i = I_m \sin\omega t \cdots\cdots 0 < \omega t < \pi \text{ (다이오드가 on 상태)} \tag{5-24}$$

$$i = 0 \cdots\cdots \pi \leqq \omega t \leqq 2\pi \text{ (다이오드가 off 상태)} \tag{5-25}$$

(단, $I_m = V_m / (R_f + R_L)$, $R_f =$ 다이오드의 순방향 저항)

③ 출력전류의 직류분(평균값)

$$I_{dc} = \frac{1}{2\pi}\int_0^{2\pi} i\,d\omega t = \frac{1}{2\pi}\int_0^{\pi} i_m \sin\omega t\,d\omega t = \frac{I_m}{2\pi}[-\cos\omega t]_0^{\pi} = \frac{I_m}{\pi} \tag{5-26}$$

④ 실효치 전류(I_{rms} : root mean square value)

$$I_{rms} = \sqrt{\frac{1}{2\pi}\int_0^{2\pi} i^2\,d\omega t} = \sqrt{\frac{1}{2\pi}\int_0^{\pi} I_m{}^2 \sin^2\omega t\ d\omega t}$$

$$= \sqrt{\frac{I_m{}^2}{2\pi}\int_0^{\pi}\frac{1-\cos 2\omega t}{2}d\omega t} = \sqrt{\frac{I_m{}^2}{2\pi}[\frac{\omega t - 1/2\ \sin\omega t}{2}]_0^{\pi}} = \frac{I_m}{2} \tag{5-27}$$

⑤ 맥동률(ripple factor)

$$r = \frac{I_{rms}}{I_{dc}} = \frac{\sqrt{I_{rms}{}^2 - I_{dc}^2}}{I_{dc}} = \sqrt{(\frac{I_{rms}}{I_{dc}})^2 - 1} = \sqrt{(\frac{I_m/2}{I_m/\pi})^2 - 1} = 1.21 \tag{5-28}$$

⑥ 정류 효율(rectification of efficiency)

$$\eta = \frac{P_{dc}}{P_i} = \frac{4}{\pi^2}\cdot\frac{R_L}{R_f + R_L} = \frac{0.406}{1 + \frac{R_f}{R_L}} \times 100[\%] \tag{5-29}$$

여기서 교류 입력전력은

$$P_i = I^2{}_{rms}\cdot(R_f + R_L) = (\frac{I_m}{2})^2\cdot(R_f + R_L) \tag{5-30}$$

직류 출력전력은

$$P_{dc} = I_{dc}^{\ 2} \cdot R_L = \frac{I_m^2}{\pi^2} \cdot R_L \qquad (5\text{–}31)$$

부하저항 $R_L \rightarrow \infty$일 때 이론적 최대효율은 40.6[%]이다. 직류 출력전력이 최대가 되기 위한 조건은 $R_L = R_f$이며, 정류 효율은 $\eta = 20.3$[%]이다. 효율의 범위는 $20.3 \sim 40.6\%$이다.

⑦ 최대역전압

$$PIV = V_m \qquad (5\text{–}32)$$

(2) 단상 전파 정류회로

① 탭이 있는 전파 정류회로

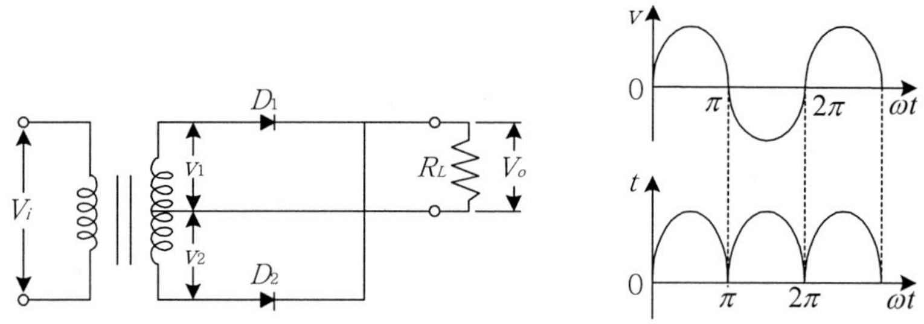

(a) 반파 정류 회로 (b) 출력 파형

(a) 출력 직류분(평균값)

$$I_{dc} = \frac{1}{2\pi}\int_0^{2\pi} i d\omega t = \frac{1}{\pi}[\int_0^{\pi} I_m \sin\omega t\, d\omega t] = \frac{2I_m}{\pi} \qquad (5\text{–}33)$$

(b) 실효치 전류

$$I_{rms} = \sqrt{\frac{1}{2\pi}\int_0^{2\pi} i^2 d\omega t} = \sqrt{\frac{1}{\pi}\int_0^{\pi} i^2 \sin^2\omega t\ d\omega t} = \frac{I_m}{\sqrt{2}} \qquad (5\text{–}34)$$

(c) 맥동률

$$r = \frac{I'_{rms}}{I_{dc}} = \sqrt{(\frac{I_{rms}}{I_{dc}})^2 - 1} = \sqrt{\left(\frac{\frac{2I_m}{\pi}}{\frac{I_m}{\sqrt{2}}}\right)^2 - 1} = 0.482 \qquad (5\text{–}35)$$

(d) **정류 효율**

$$\eta = \frac{P_{dc}}{P_i} = \frac{8}{\pi^2}\cdot\frac{R_L}{R_f + R_L} = \frac{0.812}{1 + \frac{R_f}{R_L}} \times 100[\%] \quad (5\text{-}36)$$

여기서 교류 입력전력은

$$P_i = I^2{}_{rms}\cdot(R_f + R_L) = (\frac{I_m}{2})^2\cdot(R_f + R_L) \quad (5\text{-}37)$$

직류 출력전력

$$P_{dc} = I_{dc}{}^2\cdot R_L = (\frac{2I_m}{\pi})^2\cdot R_L \quad (5\text{-}38)$$

부하저항 $R_L \rightarrow \infty$일 때 이론적 최대효율은 81.2[%]이며, 직류 출력전력이 최대가 되기 위한 조건은 $R_L = R_f$이며, 최대 정류 효율은 40.6[%]이다. 효율의 범위는 40.6 ~ 81.2%이다.

(e) **최대역전압**

$$PIV = 2V_m \quad (5\text{-}39)$$

② 탭이 없는 전파 정류회로(Bridge Rectifier)

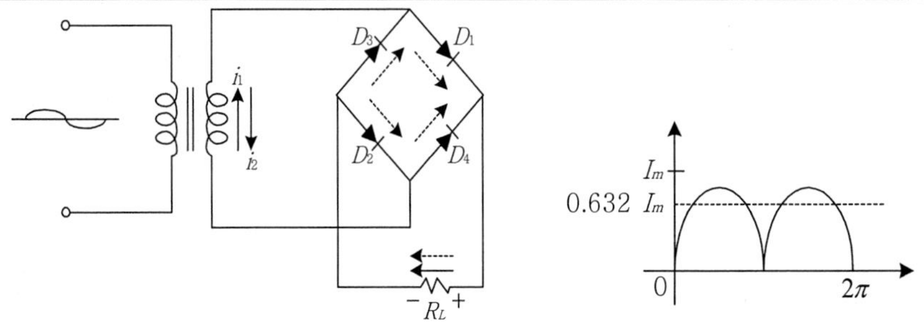

(a) 브리지 정류 회로 (b) 출력 파형

(a) $0 \leq \omega t \leq \pi$일 때 D_1이 동작하여 $R_L \rightarrow D_2$로 전류가 흐른다.
$\pi \leq \omega t \leq 2\pi$일 때 D_4가 동작하여 $R_L \rightarrow D_3$로 전류가 흐른다.

출력 파형은 중간 탭이 없으므로 최대값 그대로 출력되며 부하 쪽의 전류 방향이 같으므로 전파 신호가 출력된다.

(b) **장점**

① 작은 트랜스에 사용된다.

② 큰 전압의 정류가 가능하고 리플 계수는 17[%]이다.

③ PIV가 2차 전압의 값 V_m밖에 안 되므로 고압 정류회로에 적합하다.

④ 전원 변압기의 2차 코일에 중간 탭(tap)이 필요 없다.

(c) **단점**

① 정류 효율이 낮다.

② 많은 다이오드가 필요하므로 값이 비싸다.

③ 낮은 전압은 사용할 수 없다.

예제 9

단상 반파 정류회로에서 정류 효율을 구하시오.

해설

$$\text{정류효율 } \eta = \frac{40.6\,\%}{1 + \dfrac{r_f}{R_L}}$$

1. $R_L = r_f$일 때 $\eta = 20.3\%$이다.
2. $R_L \gg r_f$일 때 $\eta \fallingdotseq 40.6\,\%$이다.

예제 10

단상 반파 정류회로에서 100 [V]의 교류를 가하여 정류하였을 때 다이오드에 인가된 역내 전압은 얼마인가? (단, 평활회로는 π형을 사용한다.)

해설

$$PIV = V_m = \sqrt{2}\,V_s = \sqrt{2} \times 100 = 141\,[\mathrm{V}]$$

예제 11

단상 전파 정류회로에서 정류 효율은 얼마인가? (단, 다이오드 저항(r_f)와 부하저항(R_L)은 서로 같다.)

해설

전파 정류회로의 정류 효율은 $\eta = \dfrac{81.2\%}{1+\dfrac{r_f}{R_L}} = \dfrac{81.2\%}{1+1} = 40.6\%$가 된다.

[5] 평활회로

정류회로의 출력에는 약간의 교류 성분인 맥류(ripple)가 포함되어 있다. 맥류를 줄이기 위해 사용되는 회로가 평활회로이며, 교류 성분을 저지하는 작용을 하므로 필터회로(filter circuit)라고 한다. 여기서 평활회로를 LPF(Low Pass Filter) 또는 저역 통과 여파기(저역 필터)라고 한다.

[6] 정전압 회로

입력의 전원 전압의 변동과 부하의 변동에 따라 출력의 부하에 공급되는 전압이 변화하게 되면 전원과 부하의 변동에 관계없이 항상 일정한 출력 전압을 유지하기 위하여 전원 안정화 회로가 필요하다. 이 회로를 정전압 회로라고 하고, 직렬 제어형과 병렬 제어형 두 종류가 있다.

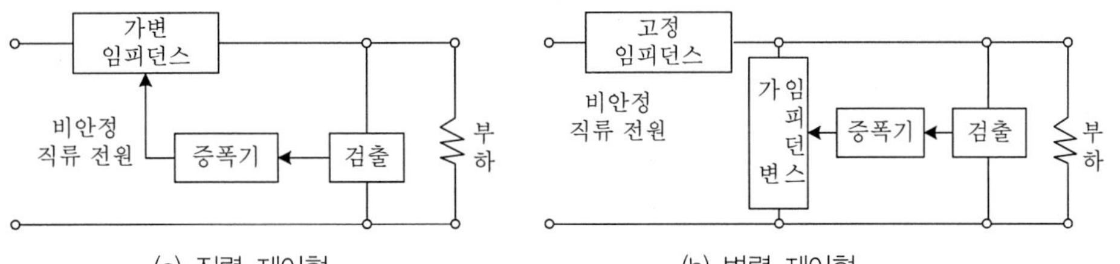

(a) 직렬 제어형 (b) 병렬 제어형

(1) 정전압 회로의 파라미터

① 출력 전압의 변화(ΔV_L)

(a) 출력 직류전압 V_L은 입력 전원 전압과 출력전류 및 온도의 함수이다.

$$\therefore \ V_L = f(V_S, I_L, T) \tag{5-40}$$

(b) 출력 전압의 변화

$$\Delta V_L = \frac{\partial V_L}{\partial V_S}\Delta V_S + \frac{\partial V_L}{\partial I_L}\Delta I_L + \frac{\partial V_L}{\partial T}\Delta T \tag{5-41}$$

(2) 정전압 전원의 안정도를 나타내는 파라미터

① 전압 안정 계수

$$S_V \equiv \frac{\partial V_L}{\partial V_S} = \frac{\Delta V_L}{\Delta V_S} \Big|_{\Delta I_L = \Delta T = 0} \tag{5-42}$$

② 온도 안정 계수

$$S_T \equiv \frac{\partial V_L}{\partial T} = \frac{\Delta V_L}{\Delta T} \Big|_{\Delta V_L = \Delta I_L = 0} \tag{5-43}$$

③ 출력 저항

$$R_0 \equiv -\frac{\partial V_L}{\partial I_L} = -\frac{\Delta V_L}{\Delta I_L} \Big|_{\Delta V_S = \Delta T = 0} \tag{5-44}$$

이 식들로부터 출력 전압의 변화 ΔV_L을 구하면

$$\therefore \ \Delta V_L = S_V \Delta V_S + S_T \Delta T - R_0 \Delta I_L \tag{5-45}$$

연습문제

1. 다음 그림과 같은 회로에서 Zenner 다이오드의 파괴 전압은 40 [V]이며, 그 전류 범위는 5~40 [mA]이다. 부하저항 R_L에 흐르는 전류 I_L의 최대값은 얼마인가?

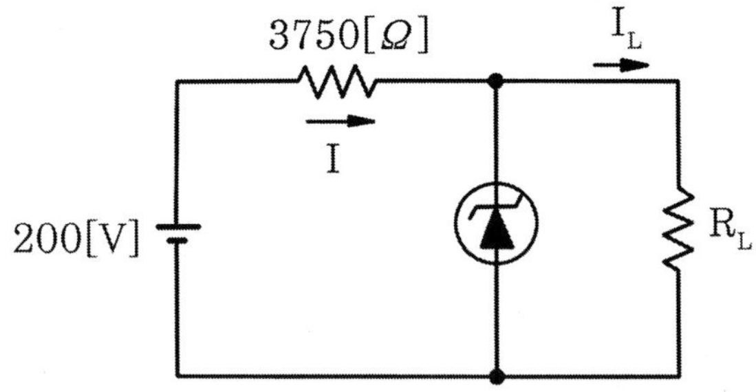

2. 다음 그림에서 제너 다이오드 전압 $V_Z = 10[\mathrm{V}]$일 때 다이오드 근사 방법에 의한 제너 전압 V_Z의 변화(ΔV_Z)를 계산하면?

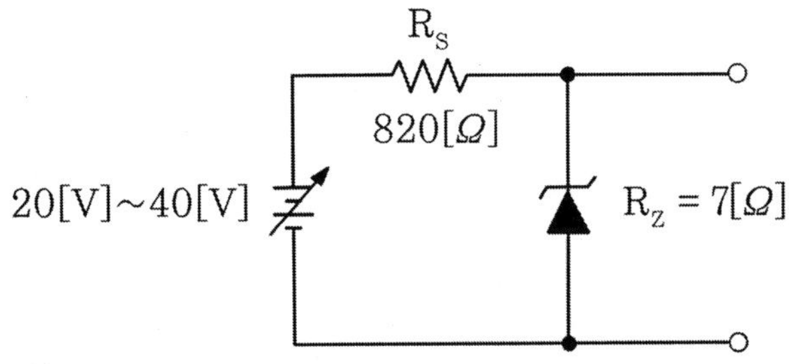

3. 그림 (a)와 같은 회로를 써서 그림 (b)에 보인 전류-전압 관계를 얻고자 한다. 이때 다이오드는 이상적인 것으로 가정하면 R의 값을 구하시오.

부 록

기출문제 모음

1. 전자 산업기사 기출문제
2. 무선설비산업기사 기출문제
3. 정보통신산업기사 기출문제

전자 산업기사 기출문제

[2020년 8월 22일 시행]

1과목 : 전자회로

1. 트랜지스터를 스위치 회로로 사용할 때 OFF 스위치에 적합한 영역은? (　)

① 포화영역　② 순방향 활성 영역
③ 역방향 활성 영역　④ 차단영역

2. 다음 PCM 블록도에서 A에 들어가는 회로는? (　)

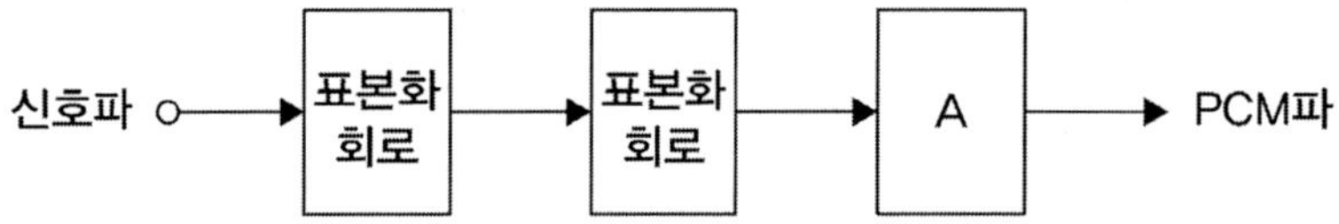

① 부호화 회로　② 비교기 회로
③ 증폭 회로　④ 필터 회로

3. 다음 회로에서 V_i = 1V일 때 전류 I_L은 몇 mA인가? (　)

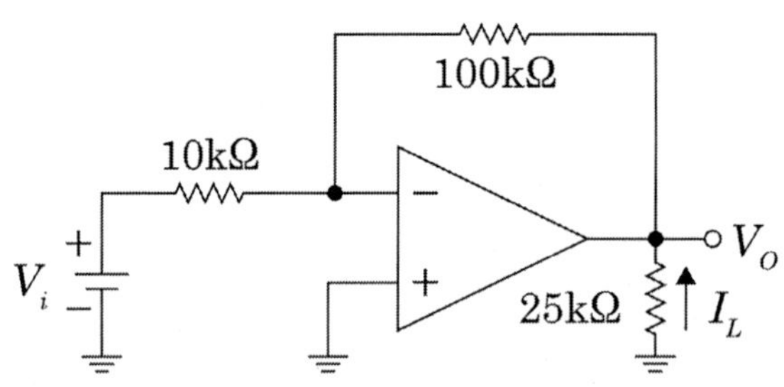

① −0.4　② −0.1　③ 0.1　④ 0.4

4. 다음 회로의 입력 V_1 = 1V와 V_2 = 2V에 대한 출력 V_{out}는 몇 V인가? (　)
(단, $R_1 = R_2 = 1k\Omega$, $R_3 = R_4 = 5k\Omega$이다.)

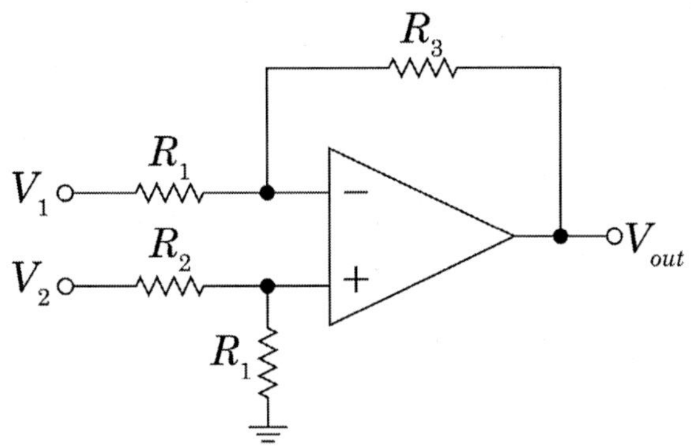

① 15　② −15　③ 5　④ −5

5. 다음 중 공진회로에서 공진주파수(f0)와 대역폭(BW) 및 선택도(Q)의 관계식으로 옳은 것은? (　)

① BW = Q/f0
② BW = f0+Q
③ BW = f0/Q
④ BW = f0−Q

6. 다음 회로에서 V_B가 2V이고, V_1이 진폭 4V의 정현파일 때, 출력 V_2 파형에 대한 설명으로 가장 적절한 것은? (　)

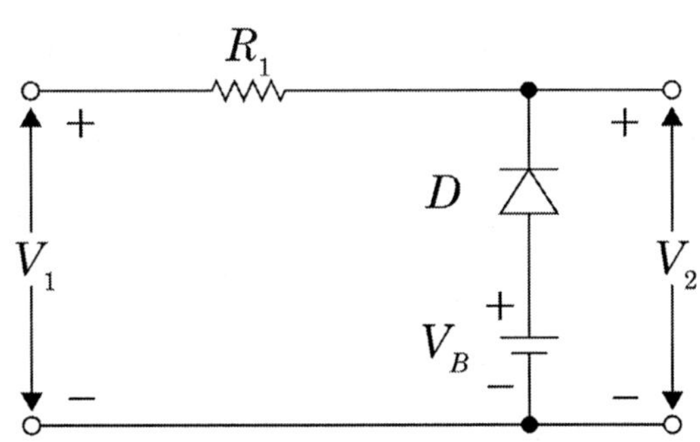

① V_1의 파형에서 2V 이하 부분이 잘린다.
② V_1의 파형에서 2V 이상 부분이 잘린다.
③ V_1과 같은 파형이다.
④ V_1보다 진폭이 커진다.

7. 다음 중 이미터 폴로어 회로를 2단 구성하여 만든 달링턴 회로의 특징으로 <u>틀린</u> 것은? ( )

① 전류이득이 더욱 크게 증가한다.
② 입력저항이 더욱 크게 증가한다.
③ 출력저항이 더욱 크게 증가한다.
④ 전압이득이 1보다 낮아진다.

8. 다음 중 FET의 특징에 대한 설명으로 <u>틀린</u> 것은? ( )

① BJT보다 잡음 특성이 좋다.
② 전류 제어 방식이다.
③ BJT보다 입력 임피던스가 높다.
④ BJT보다 이득-대역폭의 곱이 작다.

9. 다음 중 전압 제어 전압 전원(Voltage controlled voltage source) 귀한 구성의 특징으로 <u>틀린</u> 것은? ( )

① 입력 임피던스 증가
② 출력 임피던스 증가
③ 주파수 대역폭 증가
④ 비직선 일그러짐 감소

10. Si 다이오드에 순방향전류를 흐르게 하려면 약 몇 V 이상 전압을 인가해야 하는가? ( )

① 0.3 ② 0.7 ③ 1 ④ 1.4

11. 회로(a)와 입·출력 전압 특성(b)이 다음과 같을 때, 포화영역에서 콜렉터 전류 I_C는 몇 mA인가? (단, R_C = 1kΩ이다.) ( )

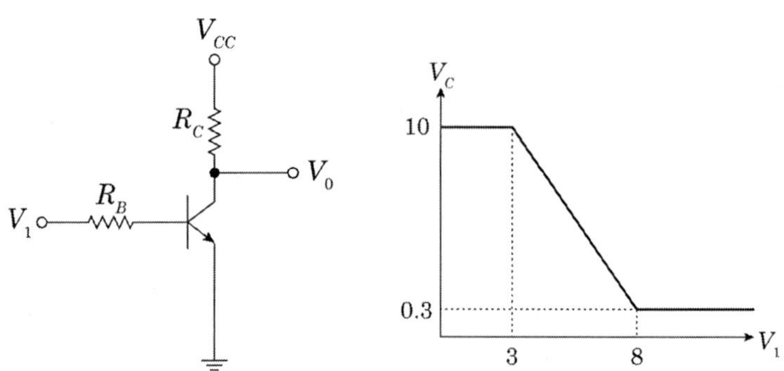

① 2.7 ② 5.7 ③ 7.7 ④ 9.7

12. 다음 중 초크 입력형과 비교한 콘덴서 입력형 회로의 특징이 아닌 것은? (   )

① 첨두 역전압(PIV)이 높다.
② 전압변동률이 크다.
③ 저전류 부하에 적합하다.
④ 부하저항이 적을수록 맥동율이 작다.

13. 다음 중 정류회로의 파형에 대한 설명으로 옳은 것은? (   )

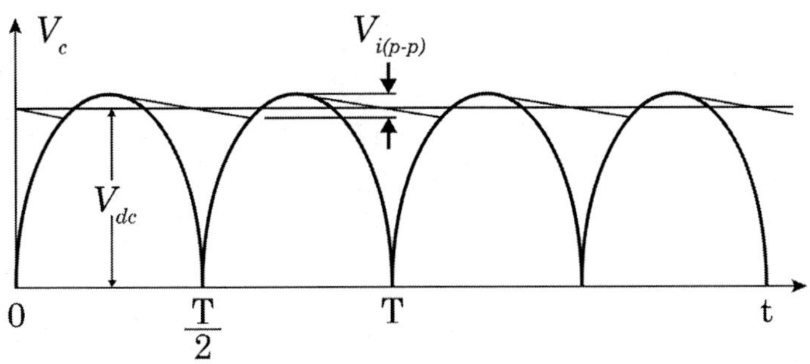

① 다이오드에 흐르는 전류 파형
② 부하를 개방하였을 때 다이오드 양단의 전압 파형
③ 커패시터 필터의 입 · 출력 전압 파형
④ 커패시터 필터를 개방하였을 때 부하 양단의 전압 파형

14. 다음 회로에서 R_s = 1KΩ, R_f = 10KΩ일 때 출력 전압 V_o는 몇 V인가? (   )

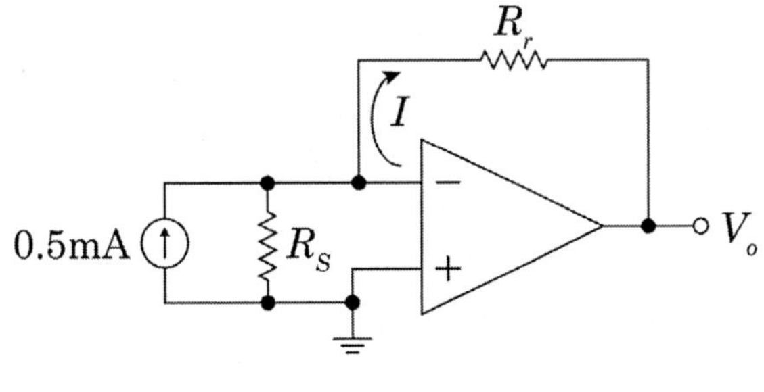

① −10   ② −5   ③ 5   ④ 10

15. 다음 중 변압기를 사용하지 않는 전력 증폭 회로에서 push-pull 회로의 조건으로 거리가 먼 것은? ( )

① 두 입력의 크기는 같을 것
② 위상차는 180° 일 것
③ B급에서 동작할 것
④ 전원 효율이 50% 이하일 것

16. 다음 중 펄스 변조 방식에 관한 설명으로 틀린 것은? ( )

① PPM : 신호 레벨에 따라 펄스의 위상을 변화시키는 것
② PNM : 신호 레벨에 따라 펄스 수를 변화시키는 것
③ PAM : 신호 레벨에 따라 펄스의 진폭을 변화시키는 것
④ PWM : 신호 레벨에 따라 펄스열의 유무로 2진 부호화하는 것

17. 부귀환 증폭기의 전압이득이 $A_{Vf} = \frac{V_0}{V_i} = 5$이고, 귀환을 걸지 않을 때 0.2V의 입력으로 출력 10V를 얻었다. 부귀환 증폭기의 귀환율 β의 값은? ( )

① −0.18 ② −0.22 ③ −0.32 ④ −0.43

18. 다음 중 π형 필터에서 리플 함유율을 작게 하는 방법으로 틀린 것은? ( )

① L을 크게 한다. ② C를 크게 한다.
③ 주파수를 낮게 한다. ④ RL을 크게 한다.

19. 원자핵 주위의 궤도에 있는 전자 중 에너지에 의해 최외각에 있는 가전자를 잃는 과정은? ( )

① 이온화 ② 자유전자
③ 공유결합 ④ 에너지 준위

20. 다음 중 컬렉터 특성 곡선상에 그려지는 이상적인 직류 부하 선의 설명으로 옳은 것은? ( )

① $V_{CE(cutoff} = V_{CC}$점과 $I_{C(SAT)}$점을 연결한다.
② 직류 동작점 Q와 포화점을 연결한다.
③ 직류 동작점 Q와 차단점을 연결한다.
④ β = 0이 되는 점들을 연결한다.

2과목 : 전기자기학 및 회로이론

21. 아래 그림과 같이 유전율이 ε(F/m)인 유전체를 넣은 무한장 동축 원통 도체에서 내부 원통 도체(A)에 +λ(C/m), 외부 원통 도체(B)에 -λ(C/m)의 전하를 주었을 때 중심축에서 r(m) (a≤r≤b) 떨어진 P 점에서의 전속밀도(C/m^2)는? (　)

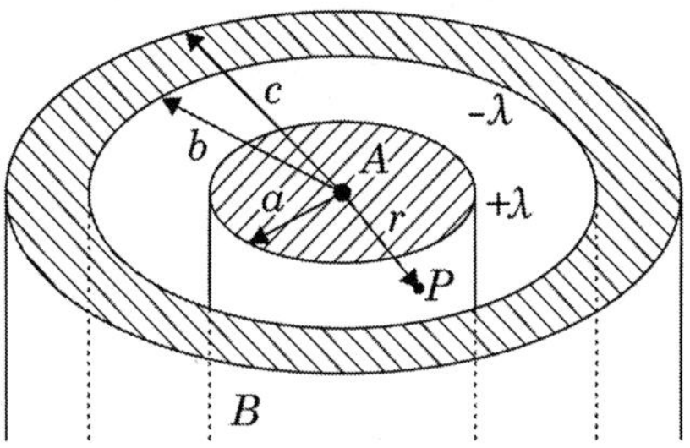

① $\frac{\lambda}{4\pi\epsilon r^2}$　② $\frac{\lambda}{4\pi r^2}$　③ $\frac{\lambda}{2\pi\epsilon r}$　④ $\frac{\lambda}{2\pi r}$

22. 공기 중에 무한 평면 도체로부터 거리 d(m)인 곳에 점전하 Q(C)가 있을 때, Q와 무한 평면 도체 간에 작용하는 힘은 몇 N인가? (　)

① $\frac{Q}{4\pi\epsilon_0 d^2}$　② $\frac{Q^2}{4\pi\epsilon_0 d^2}$　③ $\frac{Q^2}{8\pi\epsilon_0 d^2}$　④ $\frac{Q^2}{16\pi\epsilon_0 d^2}$

23. 맥스웰(Maxwell)의 전자방정식 중 일반적인 전자계에서 성립하지 않는 식은? (　)
(단, D는 전속밀도, B는 자속밀도, E는 전계의 세기, H는 자계의 세기, ρ는 전하밀도, J_c는 전도전류 밀도이다.)

① $divD=\rho$　② $divB=0$　③ $\mathrm{rot}\,\mathrm{E} = \frac{\delta \mathrm{B}}{\delta \mathrm{t}}$　④ $\mathrm{rot}\,\mathrm{H} = \mathrm{J}_c + \frac{\delta \mathrm{D}}{\delta \mathrm{t}}$

24. 내구의 반지름이 3cm이고, 외구의 반지름이 5cm인 동심 구 도체 콘덴서의 외구를 접지하고 내구에 V = 1500V의 전위를 가했을 때 내구에 충전되는 전하량은 약 몇 C인가? (단, 콘덴서 내부는 공기로 채워져 있다.) (　)

① 1.25×10^{-8}　② 1.5×10^{-8}　③ 2.5×10^{-8}　④ 3.6×10^{-8}

25. 길이가 l, 단면적이 S, 저항률이 ρ인 도체 내의 정상 전류 I가 흐르고 있을 때 옴의 법칙에 의한 도체 양끝 간의 전위차 V는? (   )

① 전류와 길이에 비례하고, 단면적에 반비례한다.
② 전류와 길이에 반비례하고, 단면적에 비례한다.
③ 전류, 길이, 단면적에 비례한다.
④ 전류, 길이, 단면적에 반비례한다.

26. 진공 중에서 $20nC/m^2$의 전하밀도를 가진 무한 평면 도체 판이 z = 10m에서 x-y 평면과 나란하게 위치해 있을 때 원점에서의 전계의 세기 E(V/m)는? (단, az는 단위벡터이다.) (   )

① -18π az ② -72π az ③ -360π az ④ -720π az

27. 다음 중 전자유도에 의해서 회로에 발생하는 기전력에 관한 법칙은? (   )

① 옴의 법칙 ② 가우스 법칙 ③ 암페어 법칙 ④ 패러데이 법칙

28. 코일 속을 쇄교하는 자속의 변화에 의해 유도기전력의 크기가 E_1만큼 유기되고 있다. 코일의 면적을 2배, 자속밀도의 주파수를 2배로 각각 증가시켰을 때 유도기전력의 크기가 E_2만큼 유기되었다. 유도기전력의 크기 E_1과 E_2의 관계는? (   )

① $E_2 = \frac{1}{4}E_1$ ② $E_2 = \frac{1}{2}E_1$ ③ E2 = 2E1 ④ E2 = 4E1

29. 다음 중 도체 표면으로 갈수록 전류밀도가 커지고 중심으로 갈수록 전류밀도가 작아지는 현상은? (   )

① 톰슨 효과 ② 표피 효과 ③ 핀치 효과 ④ 홀 효과

30. 진공 중에 10^{-10}C의 점전하가 있을 때 점전하로부터 2m 떨어진 점에서의 전계의 세기는 몇 V/m인가? (   )

① 2.25×10^{-1} ② 4.50×10^{-1} ③ 2.25×10^{-2} ④ 4.50×10^{-2}

31. 다음 회로에서 스위치(S)를 닫았을 때, t초 후에 대한 설명으로 틀린 것은? ( )
(단, Q_o는 C에 충전되어 있던 전하량이다.)

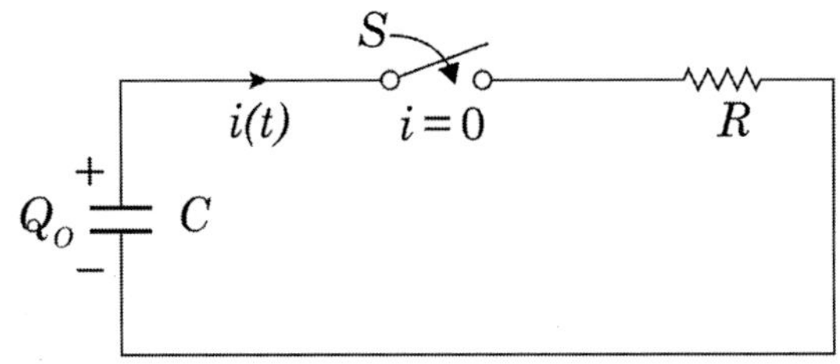

① t = 0 때 R에 걸리는 전압은 Q_o/C (V)이다.
② t = 0 때 전류 i(0) = Q_o/CR (A)이다.
③ t = ∞ 때 전류는 0(A)이다.
④ t = ∞ 때 커패시터의 전압은 Qo/C (V)이다.

32. 4 단자 회로망의 4 단자 정수 중 출력 단락 시 역방향 임피던스를 나타내는 것은? ( )

① A ② B ③ C ④ D

33. 회로의 전압 및 전류가 V = 10∠60° (V), I = 5∠30° (A)일 때, 이 회로의 임피던스 Z(Ω)는? ( )

① $\sqrt{3}+j$ ② $\sqrt{3}-j$ ③ $1+j\sqrt{3}$ ④ $1-j\sqrt{3}$

34. 어떤 회로에 가한 전압이 E(V)일 때 흐르는 전류가 I(A)이고 전압, 전류 간의 위상차가 π/6일 때, 다음 중 틀리게 표시된 것은? (단, 전압과 전류는 실효값이다.) ( )

① 무효전력 : $EIcos\frac{\pi}{6}$[var]
② 유효전력 : $\frac{\sqrt{3}EI}{2}$[W]
③ 피상전력 : EI[VA]
④ 역률 : $\frac{\sqrt{3}}{2}$

35. 다음 중 구동점 임피던스 함수에 있어서 극점에 대한 설명으로 틀린 것은? ( )

① 단락 회로 상태를 의미한다.
② Z(s) = ∞가 되는 s 값을 극점이라 한다.
③ 극점은 s 평면에서 음의 실수 범위에 존재할 수 있다.
④ 일반적으로 극점은 s 평면에서 x의 기호를 사용하여 표시한다.

36. 다음의 이상 변압기에서 V_1 = 100V, N_1 = 200일 때, V_2 = 12V가 되도록 하는 2차 코일의 수 N_2는? ( )

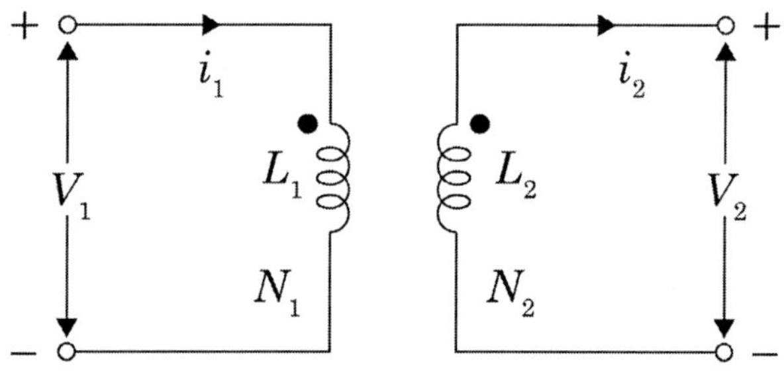

① 10 ② 12 ③ 20 ④ 24

37. 다음 중 테브난의 정리와 쌍대의 관계에 있는 정리는? ( )

① 보상의 정리 ② 노턴의 정리 ③ 중첩의 정리 ④ 밀만의 정리

38. 다음 회로를 노턴의 동기 회로로 변환할 때, 전류원의 크기와 1Ω에 걸리는 전압은? ( )

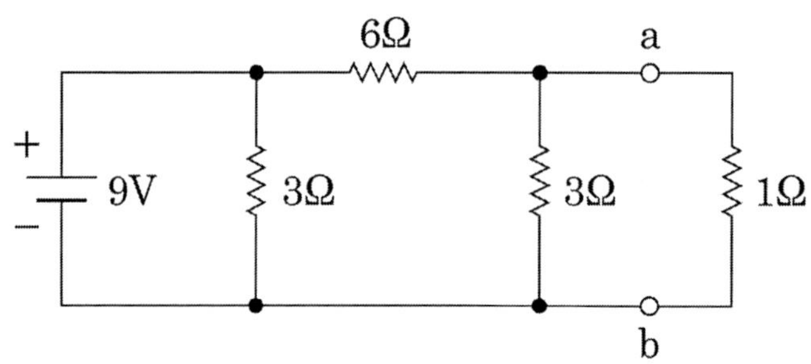

① 1A, 1V ② 1.5A, 1V ③ 1A, 2V ④ 1.5A, 2V

39. RLC 직렬회로에서 반 전력 주파수 f_1, f_2가 각각 770kHz, 810kHz일 때, 이 공진회로의 선택도 Q는? (　)

① 15.95　　② 19.75　　③ 20.5　　④ 25.75

40. Ae^{-at}의 라플라스 변환은? (　)

① $\frac{A}{s-\alpha}$　　② $A(s+\alpha)$　　③ $\frac{A}{s+\alpha}$　　④ $\frac{s-\alpha}{A}$

3과목 : 전자계산기 일반

41. 다음 그림의 연산 결과는? (　)

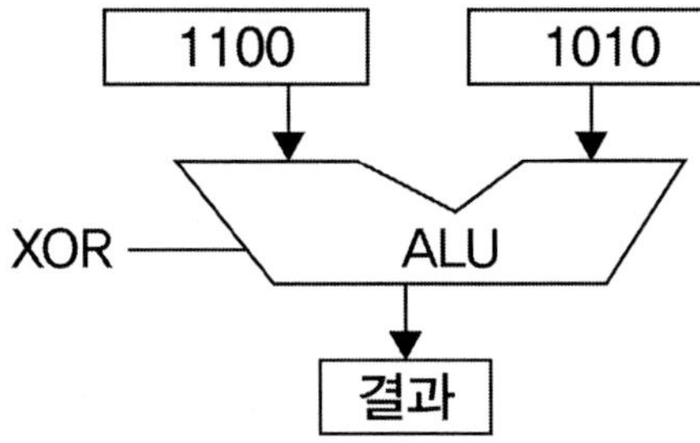

① 0111　　② 0110　　③ 1001　　④ 1010

42. 전가산기에서 입력 A = 1, B = 1, C_{in} = 0일 때, 출력 S(sum)와 C_{out}(carry out)의 값으로 옳은 것은? (　)

① S = 0, C_{out} = 0　　② S = 0, C_{out} = 1
③ S = 1, C_{out} = 0　　④ S = 1, C_{out} = 1

43. 다음 중 인터럽트를 거는 장치가 자신의 인터럽트 벡터를 데이터 버스에 실어 보냄으로써 CPU가 장치를 알아낼 수 있도록 하는 방식을 무엇이라고 하는가? (　)

① polling　　② daisy chain
③ polled interrupt　　④ vectored interrupt

44. 인출 사이클(Fetch Cycle)에서 가장 먼저 이루어지는 마이크로 오퍼레이션은?
( )

① MBR ← PC ② PC ← PC+1 ③ IR ← MBR ④ MAR ← PC

45. 10의 보수를 이용하여 72532(M)-3250(N)을 계산하려고 한다. N에 대한 10의 보수는?
( )

① 6750 ② 6749 ③ 96750 ④ 96749

46. address line이 16개인 CPU의 직접 액세스가 가능한 메모리 공간은 몇 KByte인가?
( )

① 8 ② 16 ③ 32 ④ 64

47. 다음 중 SRAM에 비해 DRAM의 특징이 아닌 것은? ( )

① 전력 소모가 적다. ② 재충전이 필요하다.
③ 동작 속도가 빠르다. ④ 단위 면적당 기억용량이 크다.

48. 다음 중 개인용 컴퓨터(PC)를 구성 및 운용하는 데 반드시 필요한 장치가 아닌 것은?
( )

① CPU ② RAM ③ HDD ④ Plotter

49. 다음 덧셈 명령 가운데 2 주소(address) 명령 형식에 해당하는 것은? ( )

① ADD R1, R2, R3 ② ADD R1, R2
③ ADD R1 ④ ADD

50. 입출력 동작이 시작되어 끝날 때까지 하나의 입출력 장치가 전용으로 쓸 수 있는 채널로서, 고속장치에 주로 쓰이는 채널은? ( )

① Selector Channel ② Multiplexer Channel
③ Block Multiplexer Channel ④ DMA

51. 다음 중 C언어에서 사용되는 예약어가 아닌 것은? ( )

① union ② const ③ virtual ④ switch

52. 다음 중 마이크로컴퓨터와 마이크로프로세서에 관한 설명으로 틀린 것은? ( )

① 마이크로프로세서는 3개 이상의 VLSI칩으로 구성되어 마이크로컴퓨터에 사용된다.
② 마이크로프로세서는 주기억장치에 저장되어 있는 명령을 해석하고 실행하는 기능을 한다.
③ 최초의 마이크로프로세서는 1971년 미국 Intel사가 개발한 4004이다.
④ 마이크로컴퓨터의 중앙처리장치는 마이크로프로세서로 되어 있다.

53. D 플립플롭 3개를 이용한 frequency divider의 출력 주파수(f_{out})와 입력주파수(f_{in})의 관계는? ( )

① $f_{out} = f_{in}/3$ ② $f_{out} = f_{in}/8$ ③ $f_{out} = f_{in} \times 8$ ④ $f_{out} = f_{in} \times 3$

54. 어느 컴퓨터의 기억용량이 1Mbyte이다. 8 bit 단위로 데이터를 저장할 때 필요한 주소선의 수는? ( )

① 8개 ② 10개 ③ 20개 ④ 28개

55. 다음 중 폰 노이만(Von Neumann)형 컴퓨터의 특성이 아닌 것은? ( )

① 주 기억장치의 구조가 1차원으로 구성되어 있다.
② 기본적으로 명령어를 수행하는 것이 순차적이다.
③ 연산의 의미가 데이터에 있다.
④ 프로그램 내장 방식이다.

56. 반가산기에서 X = 0, Y = 1을 입력할 때, 출력 올림수(C)와 합(S)은? ( )

① C = 0, S = 0 ② C = 1, S = 0
③ C = 0, S = 1 ④ C = 1, S = 1

57. 다음 중 출력 장치는? ( )

① 조이스틱 ② X-Y 플로터 ③ 스캐너 ④ 마우스

58. 다음 중 프로그램의 서브루틴 호출과 복귀를 처리할 때 이용되는 것은? ( )

① 스택 ② 큐 ③ ROM ④ 누산기

59. 시프트 레지스터(shift register)에 있는 임의의 2진수를 4번 왼쪽으로 자리 이동(shift-left)하였다. 이때 결과로 옳은 것은? (단, 새로운 비트는 0이다.) ( )

① (원래의 수) × 4　　② (원래의 수) × 16

③ (원래의 수) ÷ 4　　④ (원래의 수) ÷ 16

60. 10 진수 4를 2421 코드로 표현하면? ( )

① 0100　　② 1001　　③ 1011　　④ 1010

4과목 : 전자계측

61. 증폭기에서 전력 이득을 dB로 표현할 때, 식으로 옳은 것은? ( )
(단, P_1은 입력 전력, P_2는 출력 전력이다.)

① $10\log\frac{P_2}{P_1}$　　② $10\log\frac{P_1}{P_2}$　　③ $20\log\frac{P_2}{P_1}$　　④ $20\log\frac{P_1}{P_2}$

62. 다음 중 플레밍의 왼손 법칙을 이용하여 만든 계기는? ( )

① 영구 자석 가동코일형 계기　　② 영구 자석 정전형 계기

③ 주파수계　　④ 디지털 멀티미터

63. 모니터 상에 나타난 변조 파형의 최소치 B가 2mm일 때, 변조도는 90%이다. 이때 최대치 A는 몇 [mm]인가? ( )

① 35　　② 38　　③ 40　　④ 42

64. 다음 중 회로의 전류 측정방법으로 <u>틀린</u> 것은? ( )

① 도선 외착형(導線 外着型) 측정 프로브(probe) 사용

② 직렬로 저저항 삽입, 전압 강하 도출법

③ 전류계를 직렬로 연결한다.

④ 전류계를 병렬로 연결한다.

65. 다음 회로를 3 전압계법으로 부하(R_L)의 전력을 측정한 식은? (　)

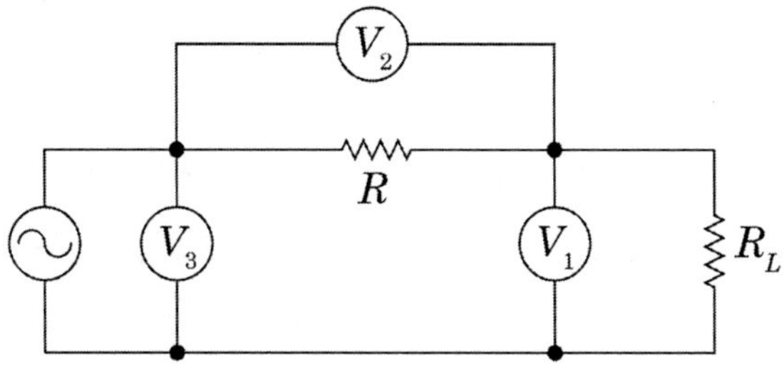

① $P = \dfrac{(V_3^2 - V_2^2 - V_1^2)}{2R}$　　② $P = \dfrac{(V_1^2 - V_2^2 - V_3^2)}{2R}$

③ $P = \dfrac{(V_3^2 + V_2^2 - V_1^2)}{2R}$　　④ $P = \dfrac{(V_1^2 + V_2^2 - V_3^2)}{2R}$

66. 최대 눈금 50mV, 내부저항 10Ω의 직류전압계에 590Ω의 배율기를 사용하여 측정할 때 최대 눈금은 몇 V가 되는가? (　)

① 2.95　② 3　③ 3.05　④ 3.1

67. 내부 저항이 무한대인 전압계로 단자 A-B 간의 전압을 측정하면 몇 V인가? (　)

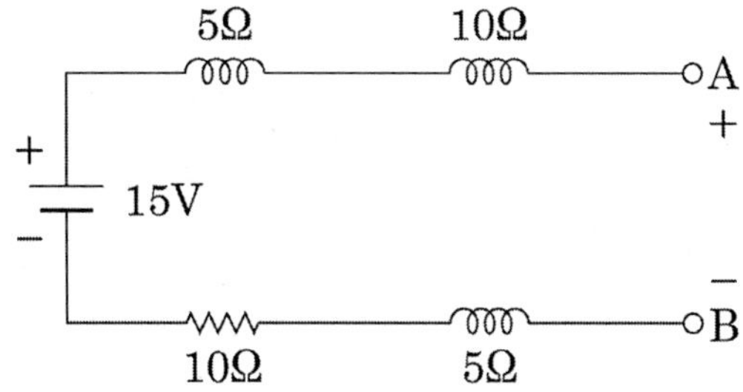

① 2　② 8　③ 12　④ 15

68. 다음 중 고주파 측정에 가장 적절한 것은? (　)

① 진동편형 주파수계　② 헤테로다인 주파수계

③ 기동 철편형 주파수계　④ 캠벌 브리지

69. 폭이 10㎲, 주파수가 500Hz인 Pulse의 전력을 열량계로 측정하여 5W를 얻었다. 이때 이 Pulse의 최대 전력은? (　)

① 1 KW　② 2.5 KW　③ 4 KW　④ 10 KW

70. 다음 중 상호 인덕턴스를 비교하는 방법으로 가장 적절한 측정법은? (　)

① 하트숀(Hartshorn) 브리지법　② 맥스웰(Maxwell) 브리지법
③ 헤이(Hay) 브리지법　④ 헤비사이드(Heaviside) 브리지법

71. 어떤 전파를 레헤르선으로 측정하니 인접한 전압이 최대로 되는 점 사이의 거리가 1.5m 이었다. 이때 주파수는 몇 MHz인가? (　)

① 100　② 150　③ 200　④ 250

72. 다음 콜라우시 브리지(Kohalraush Bridge)에서 E_1과 E_2 사이의 저항을 $R_1(\Omega)$, E_2와 E_3 사이가 $R_2(\Omega)$, E_3와 E_1 사이가 $R_3(\Omega)$이라면 E_1은? (　)
(단, E_1은 피 측정 접지저항, E_2, E_3는 보조 접지이다.)

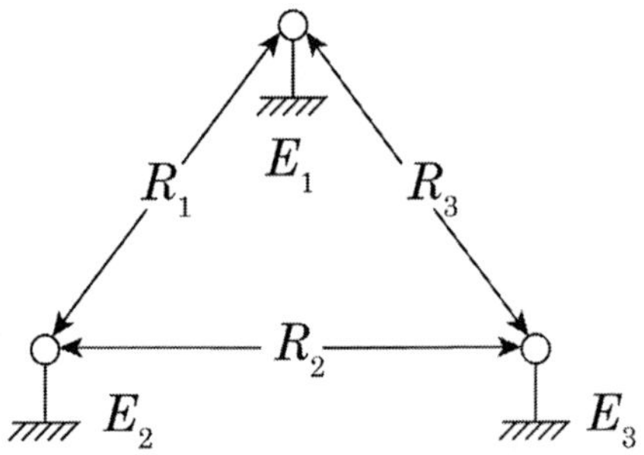

① $E_1 = \frac{1}{2}(R_1 + R_2 - R_3)$　② $E_1 = \frac{1}{2}(R_1 - R_2 - R_3)$
③ $E_1 = \frac{1}{2}(R_1 - R_2 + R_3)$　④ $E_1 = \frac{1}{2}(R_2 + R_3 - R_1)$

73. 다음 중 캠벨법은 주로 무엇을 측정하는가? (　)

① 정전용량　② 저저항　③ 고저항　④ 상호 인덕턴스

74. 다음 중 소인 발진기(sweep oscillator)의 용도로 틀린 것은? ( )

① 주파수 변별기의 특성 측정
② 송신기의 DC 전류 특성 측정
③ 광대역 증폭기의 특성 측정
④ 수신기의 중간주파 특성 측정

75. 최대 측정값이 20V이고 내부저항이 5Ω인 전압계에 3mA 전류가 흐른다면 표시전압은? ( )

① 5 mV ② 10 mV ③ 15 mV ④ 20 mV

76. 오실로스코프의 내부 구성도에서 ㉠에 알맞은 것은? ( )

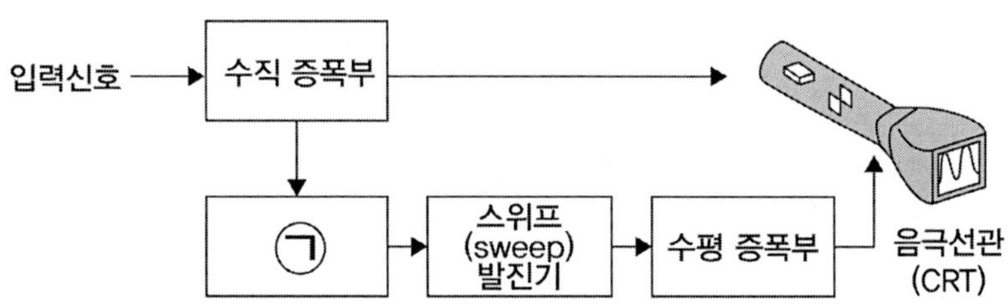

① 적분회로 ② 동기 신호 발생기
③ 차동증폭회로 ④ 입력전환회로

77. 회로 내에서의 두 점에서 신호의 진폭과 위상차를 측정하는 것으로 증폭기의 이득과 위상천이, 4단자망 파라미터 등의 측정에 사용되는 계기는? ( )

① 벡터 전압계 ② Q 미터
③ 차동 전압계 ④ 적산 전력계

78. 다음 중 인덕턴스의 측정에 사용되는 브리지의 종류가 아닌 것은? ( )

① 맥스웰 브리지 ② 헤이 브리지
③ 헤비사이드 브리지 ④ 윈 브리지

79. 주파수가 같은 두 입력에 대한 리사쥬 도형을 관찰한 결과, 원이 나타난 경우 위상차는 얼마인가? ( )

① 0° ② 45° ③ 90° ④ 180°

80. 다음 중 직류 검류계가 아닌 것은? (   )

① 가동코일형 검류계 ② 가동 자침형 검류계
③ 충격 검류계 ④ 진동 검류계

1	2	3	4	5	6	7	8	9	10
④	①	④	③	③	①	③	②	②	②
11	12	13	14	15	16	17	18	19	20
④	④	③	②	④	④	①	③	①	①
21	22	23	24	25	26	27	28	29	30
④	④	③	①	①	③	④	④	②	①
31	32	33	34	35	36	37	38	39	40
④	②	①	①	①	④	②	②	②	③
41	42	43	44	45	46	47	48	49	50
②	②	④	④	③	④	③	④	②	①
51	52	53	54	55	56	57	58	59	60
③	①	②	③	③	③	②	①	②	①
61	62	63	64	65	66	67	68	69	70
①	①	②	④	①	②	④	②	①	①
71	72	73	74	75	76	77	78	79	80
①	③	④	②	③	②	①	④	③	④

전자 산업기사 기출문제

[2019년 3월 3일 시행]

1과목 : 전자회로

1. 진폭변조(DSB) 방식에서 변조도를 90%로 하면 피 변조파의 전력은 반송파 전력의 약 몇 배인가? ( )

① 1.1 ② 1.4 ③ 1.6 ④ 2.1

2. 이상적인 다이오드는 무엇으로 나타낼 수 있는가? ( )

① 전압원 ② 전류원 ③ 저항 ④ 스위치

3. 주파수 변조에 사용되는 프리-엠퍼시스 회로에 대한 설명으로 틀린 것은? ( )

① 일반적으로 주파수 변조 회로 앞 단에 설치한다.
② 간단한 R, C 소자로서도 구성이 가능하다.
③ 주파수 특성은 저역여파기의 특성과 비슷하다.
④ 신호대 잡음비를 높이기 위하여 사용한다.

4. 전원 전압 9V, si 다이오드 5개와 부하 RL을 직렬로 연결하여 회로를 설계할 경우 부하 RL에 걸리는 전압은? (단, si 다이오드는 0.7V로 바이어스, 페루프로 가정한다.) ( )

① 0.7V ② 3.5V ③ 5.5V ④ 9V

5. 다음 회로에서 V_O는? (단, $R_1 = R_2 = R_3 = R_4$이다.) ( )

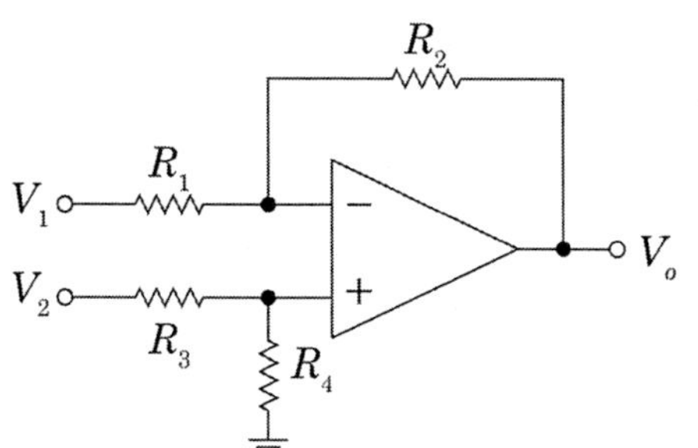

① $V_O = V_1$ ② $V_O = V_2$ ③ $V_O = V_1 - V_2$ ④ $V_O = V_2 - V_1$

6. 다음 중 트랜지스터의 차단과 포화영역을 사용하면 수행 가능한 소자로 가장 적합한 것은? ( )

① 선형 증폭기 ② 스위치 ③ 가변저항 ④ 다이오드

7. 다음 그림과 같이 $V_{GS}(off) = -4V$, $I_{DSS} = 12mA$인 JFET가 있다. 일정한 영역에서 동작하기 위한 V_{DD}의 최솟값은? ( )

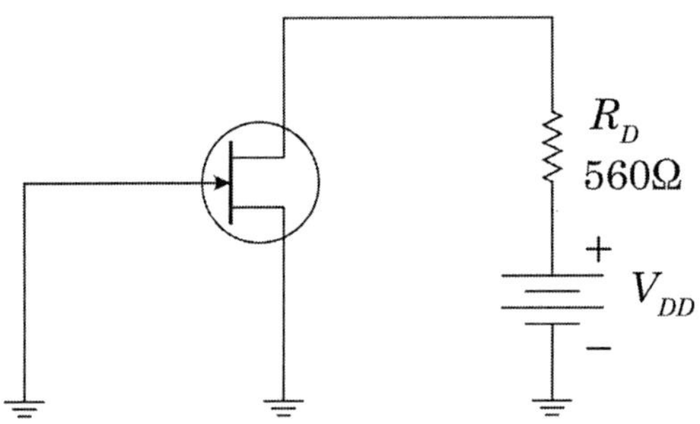

① −4V ② 4V ③ 6.72V ④ 10.72V

8. 어떤 증폭기의 전압증폭도가 200일 때 전압이득은 약 몇 dB인가? ( )

① 25 ② 35 ③ 46 ④ 86

9. 다음 중 사용 주파수가 높아짐에 따라 동일한 트랜지스터에서 주파수에 따른 이득이 감소하는 이유는? ( )

① 접합용량에 의한 신호 누설 ② 반도체의 유전율의 변화
③ 반도체의 불순물 증가 ④ 주파수에 따른 저항 증가

10. 다음 중 부궤환(Negative feed back)의 4가지 형식에 대한 설명으로 틀린 것은? ( )

① 입력 전압이 출력 저항치를 제어하는 부궤환 형식을 사용하는 회로를 전압제어 전류원(VCIS)이라 한다.
② 입력 전압과 출력 전압을 가지며 이와 같은 형식을 사용하는 회로를 전압제어 전압원(VCVS)이라 한다.
③ 입력전류가 출력 전압을 제어하는 부궤환 형식을 사용하는 회로를 전류제어 전압원(ICVS)이라 한다.
④ 보다 큰 전류를 얻기 위해 입력전류를 증폭하는 부궤환 형식을 사용하는 회로를 전류제어 전류원(ICIS)이라 한다.

11. 다음 중 궤환 증폭기의 특징에 대한 설명으로 옳은 것은? ( )

① 부궤환증폭기는 이득이 감소하고 회로가 안정하다.
② 부궤환증폭기는 이득이 증가하고 회로가 불안정하다.
③ 정궤환증폭기는 이득이 증가하고 회로가 안정하다.
④ 정궤환증폭기는 이득이 감소하고 회로가 안정하다.

12. 다음 그림과 같은 단안정 멀티 바이브레이터에서 트랜지스터 Q_2가 ON(포화)상태에서 OFF(차단)상태로 되었다가 다시 ON 상태로 되는 데 걸리는 동작 시간 T는? ( )

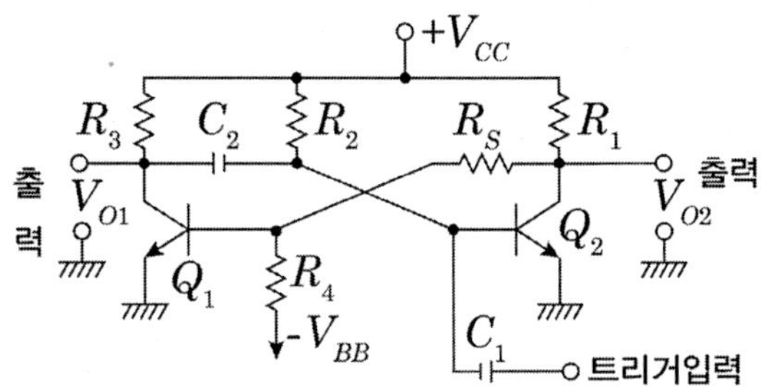

① $T = R_1C_2 \ln(2)$ ② $T = C_2R_3 \ln(2)$ ③ $T = C_1R_2 \ln(2)$ ④ $T = C_2R_2 \ln(2)$

13. 전력 증폭기의 직류 공급전력은 20V, 200mA이고, 부하에서의 출력 전력은 1.8W일 때, 이 증폭기의 효율은? ( )

① 75% ② 80% ③ 85% ④ 90%

14. 다음 연산증폭기 회로에서 R_L에 흐르는 전류가 5mA일 때 R_L 값은 몇 kΩ인가? ( )

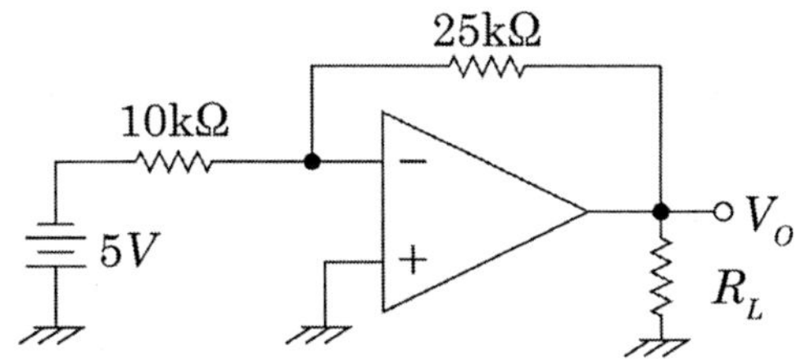

① 2.5 ② 4 ③ 5 ④ 7.2

15. 다음 여파기 회로의 주파수 특성은? (　　)

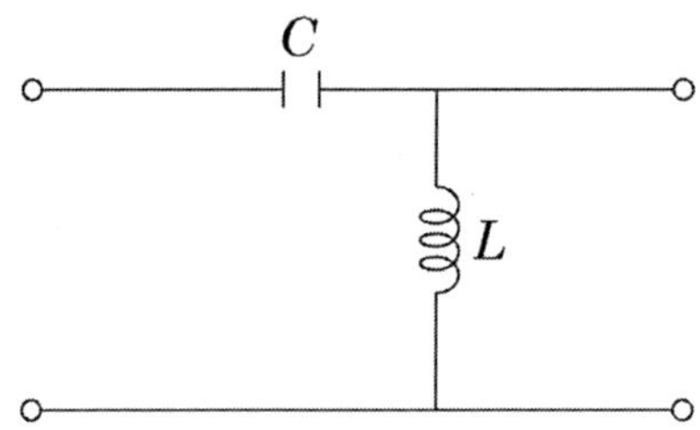

① 저역 통과 특성　　② 고역 통과 특성
③ 대역 통과 특성　　④ 대역 저지 특성

16. 다음 중 연산증폭기에 관한 설명으로 옳은 것은? (　　)

① 입력단자는 반전 입력(+)과 비반전 입력(-) 두 개가 있다.
② 이상적인 연산증폭기의 주파수 대역폭은 매우 좁아 선택도가 매우 뛰어나다.
③ 이상적인 연산증폭기의 출력임피던스는 무한대의 값을 갖기 때문에 버퍼 회로에 이용된다.
④ 연산증폭기는 선형 집적회로로 동작 전압이 낮고 신뢰도가 매우 높다.

17. 700kHz인 반송파를 2000Hz로 100% 진폭변조하였을 때 점유 주파수 대역은? (　　)

① 2000Hz ~ 700kHz　　② 700kHz ~ 702kHz
③ 698kHz ~ 702kHz　　④ 700kHz ~ 700kHz

18. R = 1MΩ, C = 0.1μF인 RC 직렬회로의 양단에 10V의 전압을 가한 뒤 R 양단의 전압이 3.68V가 되는 시간은 얼마인가? (　　)

① 1ms　　② 3.68ms　　③ 100ms　　④ 638ms

19. FET는 전압-가변저항(VVR)으로 사용할 수 있는데 이에 대한 설명으로 <u>틀린</u> 것은? (　　)

① 출력 특성의 포화영역에서 행해진다.
② Pinch-off에 이르기 전의 출력 특성에서 행해진다.
③ VGS 전압에 비례한다.
④ AGC 회로 등에 이용된다.

20. 크로스오버(crossover) 일그러짐이 발생하는 전력 증폭기는? ( )

① A급 ② B급 ③ C급 ④ AB급

2과목 : 전기자기학 및 회로이론

21. 20×10^{-6}C의 양전하와 -8×10^{-8}C의 음전하를 갖는 대전체가 비유전율 2.5의 기름 속에서 5cm 거리에 있을 때, 이 사이에 작용하는 힘(N)은? ( )

① 반발력 2.304N ② 반발력 4.068N
③ 흡인력 2.304N ④ 흡인력 4.068N

22. 5C의 전하가 비유전율 εs = 2.5인 매질 내에 있다고 하면 이 전하에서 나오는 전체 전기력선의 수는 몇 개인가? ( )

① $5/\varepsilon o$ ② $2/\varepsilon o$ ③ $1/\varepsilon o$ ④ $25/\varepsilon o$

23. 평등 전계 내에 수직으로 비유전율 εs = 2인 유전체 판을 놓았을 경우, 판 내의 전속밀도가 D = 4×10^{-6}(C/m^2)이었다. 유전체 내의 분극의 세기 P(C/m^2)는? ( )

① 1×10^{-6} ② 2×10^{-6} ③ 4×10^{-6} ④ 8×10^{-6}

24. 공기 중에서 E(V/m)의 전계를 i_d(A/m^2)의 변위전류로 흐르게 하려면 주파수 f(Hz)는? ( )

① $f = \frac{i_d}{2\pi\epsilon E}$ ② $f = \frac{i_d}{4\pi\epsilon E}$ ③ $f = \frac{\epsilon i_d}{2\pi^2 E}$ ④ $f = \frac{i_d E}{4\pi^2 \epsilon}$

25. 철심이 든 환상 솔레노이드에서 2000AT의 기자력에 의하여 철심 내에 4×10^{-5}Wb의 자속이 통할 때 이 철심의 자기저항은 몇 AT/Wb인가? ( )

① 2×10^7 ② 3×10^7 ③ 4×10^7 ④ 5×10^7

26. 다음 중 실용상 영(zero) 전위의 기준으로 옳은 것은? ( )

① 대지 ② 자유공간
③ 철제 부분 ④ 무한원점

27. 코일 권수를 2배로 늘리면 인덕턴스(H)는 어떻게 되는가? (단, 코일 권수를 늘리기 전의 인덕턴스는 L(H)이다.) ( )

① $\frac{1}{2}L$ ② $\frac{1}{4}L$ ③ 2L ④ 4L

28. 동심 구형 콘덴서의 내외 반지름을 각각 5배로 증가시키면 정전용량은 몇 배로 증가하는가? ( )

① 1 ② 3 ③ 5 ④ 10

29. 자계 내에서 도선에 전류가 흐르고 있다. 도선을 자계에 대해 60˚의 각으로 놓았을 때 작용하는 힘은 30˚의 각으로 놓았을 때 작용하는 힘의 몇 배인가? ( )

① $\sqrt{2}$ ② 2 ③ $\sqrt{3}$ ④ 4

30. 두 개의 똑같은 작은 도체구를 접촉하여 대전시킨 후 1m 거리에 떼어 놓았더니 작은 도체구는 서로 9×10^{-3}N의 힘으로 반발하였다. 각 전하는 몇 C인가? ( )

① 10^{-2} ② 10^{-4} ③ 10^{-6} ④ 10^{-8}

31. 50μF의 콘덴서에 100V, 60Hz의 교류전압을 인가할 때 무효전력의 크기는 얼마인가? ( )

① -30π [Var] ② -60π [Var] ③ -90π [Var] ④ 30π [Var]

32. 다음 중 RL 직렬회로에서 시정수는? ( )

① R/L ② RL ③ L/R ④ 1/RL

33. 다음 회로망 함수에서 분모 q(s) = 0을 만족시키는 근들은? ( )

$$N(s) = \frac{p(s)}{q(s)} = \frac{a_0 s^n + a_1 s^{n-1} + \cdot\cdot\cdot + a_{n-1} s + a_n}{b_0 s^m + b_1 s^{m-1} + \cdot\cdot\cdot + b_{m-1} s + b_m}$$

① 감쇄 정수이다. ② 위상 정수이다. ③ 극(pole)이다. ④ 영점(zero)이다.

34. 다음 회로에서 R_2에 흐르는 전류는 몇 A인가? (　)

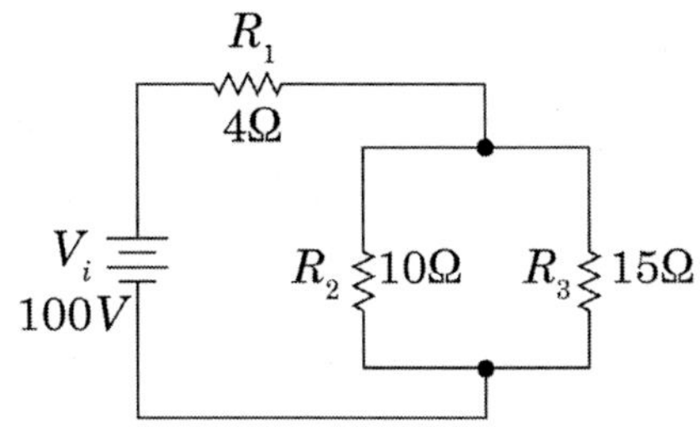

① 2　　② 3　　③ 5　　④ 6

35. 다음 중 3상 교류 회로에서 ⊿결선을 Y결선으로 바꿀 경우 해당되지 <u>않는</u> 것은? (　)

① 어드미턴스가 1/3이 된다.　　② 전류가 1/3이 된다.
③ 임피던스가 1/3이 된다.　　④ 전력이 1/3이 된다.

36. 다음 그림과 같은 회로로 입력 파형을 미분하기 위한 입력 파형의 주기 T와 회로의 시정수 RC 사이의 조건은? (　)

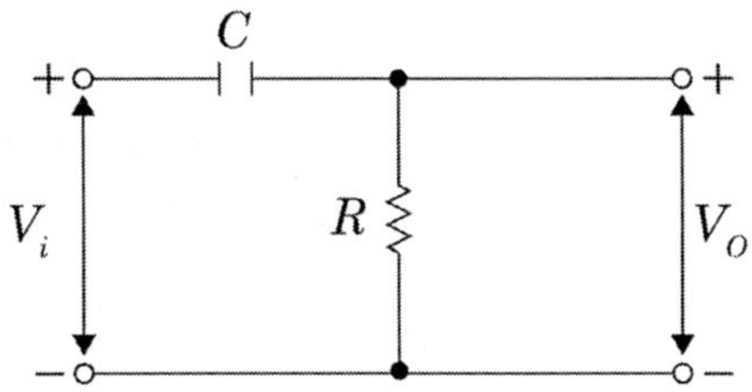

① T ≫ RC　　② T ≪ RC　　③ T = RC　　④ T ≤ RC

37. 다음 중 전송파라미터(ABCD 파라미터)에서 AD-BC = 1의 관계가 성립되는 이유로 적당하지 <u>않은</u> 것은? (　)

① 가역성 회로이므로　　② 트랜지스터 회로이므로
③ 수동소자 회로이므로　　④ 이상 변압기 회로이므로

38. E(V)의 전압을 라플라스 변환하면? (　)

① E　　② E2　　③ Es　　④ E/s

39. 복소수 3+j4의 위상은? (   )

① 0.9 ° ② 53.1 ° ③ 36.9 ° ④ 0.6 °

40. 내부 임피던스가 순저항 50Ω인 전원과 800Ω의 순저항 부하 사이에 임피던스의 정합을 위한 이상 변압기의 권선비 N_1 : N_2는? (   )

① 1:2 ② 1:3 ③ 2:3 ④ 1:4

3과목 : 전자계산기일반

41. 다음 논리식 중 틀린 것은? (   )

① $X+YZ=(X+Y)(X+Z)$
② $\overline{X+Y}=\overline{X}\,\overline{Y}$
③ $XY+\overline{X}Z+YZ=X\overline{Y}+\overline{X}Z$
④ $\overline{X}+XY=\overline{X}+Y$

42. 주소는 자료에 접근하는 방법에 따라 분류할 수 있다. 다음 중 주소지정방식에 해당되지 않는 것은? (   )

① Direct Address
② Stack Address
③ Indirect Address
④ Immediate Address

43. 다음 보조기억장치 중 접근방식이 다른 것은? (   )

① DVD-ROM
② Solid State Drive
③ Magnetic Tape
④ Hard Disk

44. 다음 중 3-초과 코드(Excess-3 code)에서 10진수 1에 해당하는 것은? (   )

① 0011 ② 0100 ③ 0101 ④ 0110

45. 다음 중 마이크로 오퍼레이션에 대한 설명으로 가장 적합한 것은? (   )

① 마이크로프로세서가 수행하는 하나의 동작
② 마이크로프로세서가 동작할 수 있도록 제어하는 펄스
③ 제어장치가 명령어를 해독하는 것
④ 명령 수행을 위하여 CPU가 의미 있는 변환을 하도록 하는 동작

46. 2-주소 기계에서 기억용량이 65536 = 216이고, 워드 길이가 40비트라면 명령어에 대한 명령 코드의 비트(bit)는? (　)

① 9　② 8　③ 7　④ 6

47. 다음 중 프로그램 언어로 프로그램 코드를 작성하는 것을 무엇이라 하는가? (　)

① Debugging　② Flowchart　③ Coding　④ Execute

48. 8개의 플립플롭으로 된 시프트 레지스터(Shift Register)에 10진수로 64가 기억되어 있을 때 이를 오른쪽으로 3비트만큼 산술 시프트하면 그 값은? (　)

① 4　② 8　③ 12　④ 24

49. 다음 중 스택 주소를 갖고 있는 어드레스 방식은? (　)

① 0-주소방식　② 1-주소방식　③ 2-주소방식　④ 3-주소방식

50. 다음 중 길이, 각도, 속도, 전압, 전류 등 연속적으로 변화하는 물리적인 양의 데이터를 처리하며 처리 결과가 보통 곡선이나 그래프 등으로 출력되는 유형의 컴퓨터는? (　)

① 디지털 컴퓨터　② 하이브리드 컴퓨터
③ 범용 컴퓨터　④ 아날로그 컴퓨터

51. 다음 중 전가산기(full adder)에서 합을 나타내는 논리식은? (　)

① $S = (A \oplus B) \oplus C$　② $S = (A \oplus B) \cdot C$
③ $S = (A + B) \oplus C$　④ $S = A \oplus (B + C)$

52. 다음 그림과 같은 연산이 수행되는 경우 ALU의 기능은? (　)

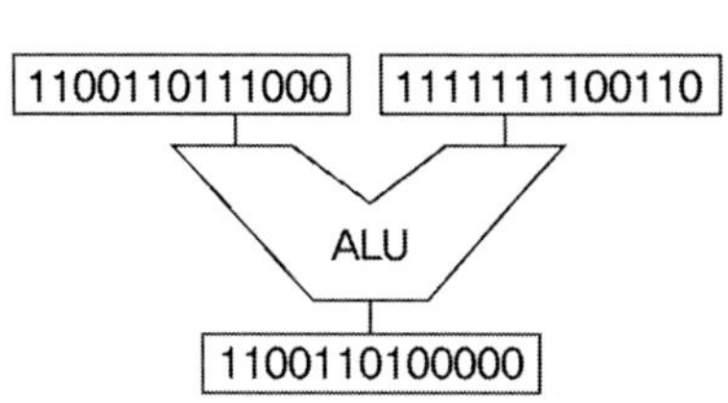

① 덧셈　② 뺄셈　③ OR　④ AND

53. 논리회로, 누산기, 가산기, 보수기를 이용하여 구성되는 컴퓨터의 장치는? (   )

① 입력장치 ② 출력장치 ③ 연산장치 ④ 제어장치

54. 컴퓨터의 입·출력 및 처리 속도를 향상시키기 위한 목적과 관계없는 것은? (   )

① Cache Memory
② DMA(Direct Memory Access)
③ PLA(Programmable Logic Array)
④ CAM(Content Addressable Memory)

55. 다음 중 마이크로컴퓨터의 구성에서 memory-mapped I/O와 isolated I/O방식에 대한 설명으로 옳은 것은? (   )

① memory-mapped 입출력에는 입출력 전용명령어가 필요 없다.
② isolated 입출력은 버스 연결이 쉽다.
③ memory-mapped 입출력은 주기억 공간을 최대로 활용할 수 있다.
④ isolated 입출력은 프로그래밍에서 기억장치 관련 명령어들을 입출력장치 제어에도 사용이 가능하다.

56. 다음 중 마이크로컴퓨터의 입·출력부 구성 요소가 아닌 것은? (   )

① 데이터 전송로
② 인터페이스 회로
③ 입 · 출력 제어 회로
④ 채널

57. 0101000 - 1101101의 2진수 뺄셈 연산을 2의 보수를 이용하여 계산하면 10진수로 얼마인가? (   )

① −49 ② −59 ③ −69 ④ −79

58. 다음 중 인터럽트 요청의 상태를 조절할 수 있는 기능을 보유한 것은? (   )

① 마이크로 레지스터
② 패리티 에러
③ 인터럽트 코드
④ 상태 레지스터

59. 다음 중 플립플롭의 종류가 아닌 것은? (   )

① JK ② SR ③ S ④ T

60. 다음 중 터미널과 컴퓨터 사이의 통신에 필요한 것은? (　)

① 모뎀, 데이터 셋　　② 카드리더, 프린터
③ 유선 무전기, 무선 무전기　　④ 누산기

4과목 : 전자계측

61. 다음 중 직류 전압을 정밀하게 측정하고자 할 때 필요한 계기는? (　)

① 가동철편형　　② 진동검류계
③ 직류전위차계　　④ 오실로스코프

62. 다음 중 참값을 T, 측정값을 M이라고 할 때 보정(α)을 나타내는 식은? (　)

① $\alpha = \frac{T-M}{M}$　　② $\alpha = \frac{T-M}{T}$
③ $\alpha = M - T$　　④ $\alpha = T - M$

63. 다음 브리지에서 평형되었을 때 C_1은 몇 μF인가? (　)
(단, R_1 = 200Ω, R_2 = 100Ω, C_2 = 1μF이다.)

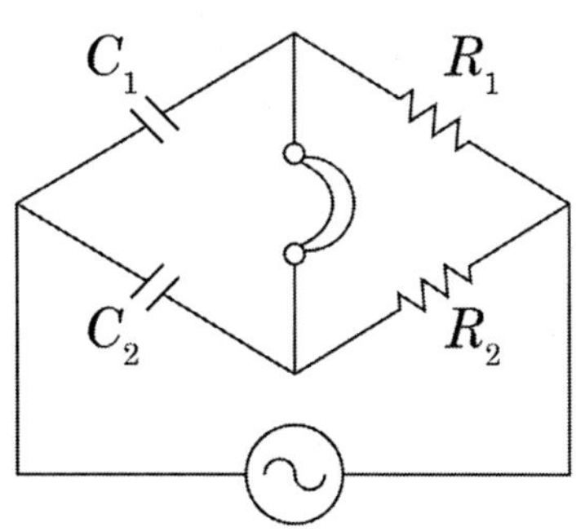

① 0.5　　② 2　　③ 5　　④ 50

64. 다음 중 리사주 도형으로 신호의 주파수를 측정할 수 있는 계기는? ( )

① 가동코일형 전류계
② 전류력계형 계기
③ 오실로스코프
④ 열전대형 계기

65. 다음 중 계수형 주파수계로 측정할 수 없는 것은? ( )

① 주기 ② 고주파 진폭 ③ 분주비 ④ 주파수

66. 오실로스코프 모니터에 표시된 신호 파형의 주기가 1μs이다. 이 신호의 주파수는? ( )

① 100kHz ② 10kHz ③ 10MHz ④ 1MHz

67. 다음 중 가동철편형 계기에 대한 설명으로 옳지 않은 것은? ( )

① 눈금은 실효치로 되어 있다.
② 전압계보다는 전류계로 많이 쓰인다.
③ 흡입형, 반발형 및 흡입 반발형이 있다.
④ 직류 전용이다.

68. 다음 중 2개의 파형을 CH1과 CH2가 번갈아 가면서 주사하도록 스위칭하는 것을 무엇이라 하는가? (단, 2 현상 스코프의 경우로 가정한다.) ( )

① chopper switching
② alternate switching
③ delay sweep
④ smith trigger

69. 다음 중 소인 발진기(sweep generator)에서 발생시키는 신호는? ( )

① 톱니파 ② 구형파 ③ 정현파 ④ 펄스파

70. 다음 중 아날로그 멀티미터로 측정할 수 없는 것은? ( )

① 저항 ② 전압 ③ 다이오드 도통 ④ 주파수

71. 다음 중 정현파 파형을 계수에 알맞은 구형파의 펄스로 바꾸는 역할을 하는 회로는? ( )

① A/D 변환기 회로
② D/A 변환기 회로
③ 파형 정형 회로
④ 검파 회로

72. 아날로그 멀티미터의 측정계 중 균등 눈금만을 사용하는 계기는? (　)

① 전류계　　② 전압계
③ 저항계　　④ 전압계, 전류계, 저항계

73. 다음 중 주파수 합성기에 사용되는 PLL 시스템의 주요 구성 요소가 아닌 것은? (　)

① 전압제어발진기(VCO)　　② 분주기
③ 고역통과필터　　④ 위상 검출기

74. 다음 중 버터플라이(butterfly)형 주파수계의 특징이 아닌 것은? (　)

① 측정주파수 범위가 넓다.
② Q가 50 정도이다.
③ VHF-UHF대 주파수 측정에 적합하다.
④ 회전자와 고정자로 LC공진 회로를 이루어 주파수를 측정한다.

75. 다음 중 전력 증폭기에서 출력 저항을 측정하는 주된 이유는? (　)

① 전류 이득을 계산하기 위해서
② 전압이득을 계산하기 위해서
③ 부하저항과의 정합을 이루기 위해서
④ 주파수응답 특성을 알기 위해서

76. 다음 중 주파수 계수기(frequency counter)의 구성에서 계수부의 회로는? (　)

① 단안정 회로　　② 클리퍼 회로
③ 플립플롭 회로　　④ 리미터 회로

77. 다음 중 전하량을 측정하는 단위로 옳은 것은? (　)

① C　　② V　　③ F　　④ R

78. 펄스의 반복 주파수가 1kHz, 진폭 5V, 펄스 폭이 10μs일 때 펄스의 Duty factor(D)는 얼마인가? (　)

① 0.1　　② 0.01　　③ 0.001　　④ 0.0001

79. 아래의 그림은 코올라시 브리지 회로로 A, B는 저항이 균일한 도선이다. 검류계의 AC : CB = 3 : 5 되는 C점에서 0을 가리켰을 경우, 전지의 내부저항 r_B는 몇 Ω인가? (단, R = 50Ω이다.) ( )

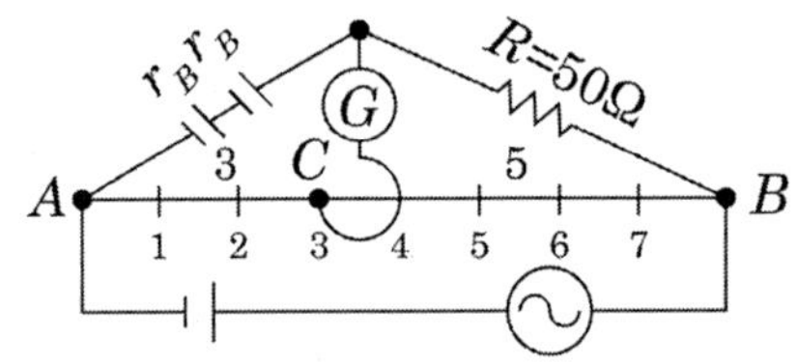

① 15 ② 30 ③ 41 ④ 33

80. 정전용량 C_V인 정전형 전압계에 용량 C인 콘덴서를 직렬로 연결하고 전압을 측정하여 V_1의 지시를 읽었다. 입력 전압의 크기 V는? ( )

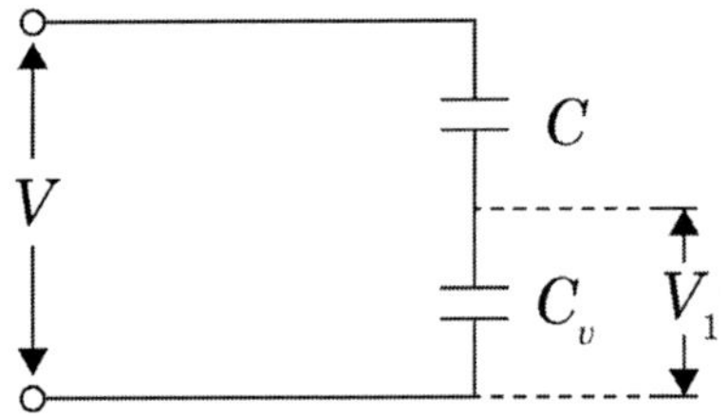

① $(1+\frac{C_V}{C})V_1$ ② $\frac{C_V}{C}V_1$ ③ $(1+\frac{C}{C_V})V_1$ ④ $\frac{C}{C_V}V_1$

1	2	3	4	5	6	7	8	9	10
②	④	③	③	④	②	④	③	①	①
11	12	13	14	15	16	17	18	19	20
①	④	④	①	②	④	③	③	①	②
21	22	23	24	25	26	27	28	29	30
③	②	②	①	④	①	④	③	③	③
31	32	33	34	35	36	37	38	39	40
②	③	③	④	①	①	②	④	②	④
41	42	43	44	45	46	47	48	49	50
③	②	③	②	④	②	③	②	①	④
51	52	53	54	55	56	57	58	59	60
①	④	③	③	①	④	③	④	③	①
61	62	63	64	65	66	67	68	69	70
③	④	①	③	②	①	④	②	①	④
71	72	73	74	75	76	77	78	79	80
③	②	③	②	③	③	①	②	①	①

무선설비산업기사 기출문제

[2020년 5월 4일 시행]

1과목 : 디지털 전자회로

1. 다음 그림의 정전압 다이오드 회로에서 입력이 ±2 [V] 변화할 때, 출력전압의 변화는? (단, 제너 다이오드의 내부저항은 r_d = 4 [Ω], 저항은 R_s = 200 [Ω]이다.) ( )

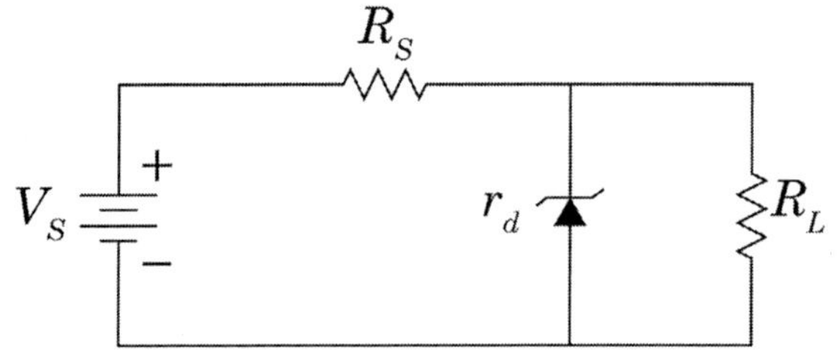

① 10 [mV] ② 20 [mV] ③ 30 [mV] ④ 40 [mV]

2. 제너 다이오드에서 제너 전압이 10 [V], 전력이 5 [W]인 경우 최대전류의 크기는? ( )

① 0.05 [A] ② 0.5 [A] ③ 0.05 [mA] ④ 0.5 [mA]

3. 다음 그림은 정전압 기본구성도를 나타낸 것이다. 빈 칸 (a), (b), (c)에 가장 바람직한 회로는? ( )

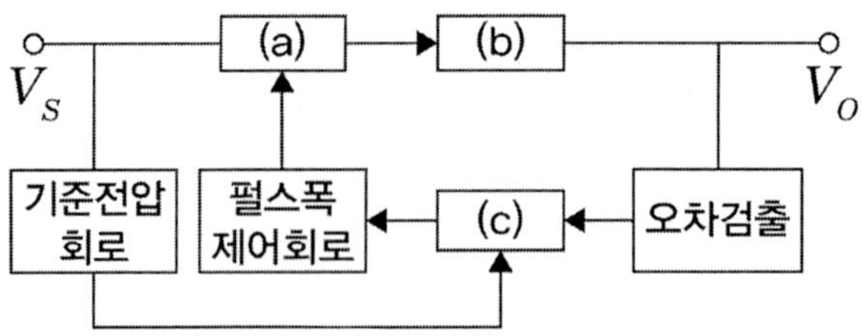

① (a) 스위칭 회로, (b) 오차증폭회로, (C) 필터회로
② (a) 스위칭 회로, (b) 필터회로, (C) 오차증폭회로
③ (a) 필터회로, (b) 스위칭회로, (C) 오차증폭회로
④ (a) 오차증폭회로, (b) 필터회로, (C) 스위칭회로

4. 다음 중 베이스 공통 증폭 회로의 특징으로 <u>틀린</u> 것은? (   )

① 입력 저항이 작다.
② 출력 저항이 크다.
③ 전류 이득은 0.96~0.98 정도이다.
④ 출력 전압과 입력 전압은 역 위상이다.

5. 다음 중 공통 컬렉터 증폭기의 특징으로 옳은 것은? (   )

① 입력 저항이 매우 작다.
② 출력 저항이 매우 작다.
③ 전류 이득이 매우 작다.
④ 입출력 간 전압 위상을 다르게 할 수 있다.

6. 다음 중 부궤환(Negative Feedback) 효과로 옳지 <u>않은</u> 것은? (   )

① 안정도가 개선된다.
② 이득이 감소한다.
③ 왜곡이 개선된다.
④ 입력 임피던스가 작아진다.

7. 다음 중 차동증폭기의 동위상 신호 제거비(CMRR)를 나타내는 식으로 옳은 것은? (   )

① CMRR = 차동이득 + 동위상 이득
② CMRR = 차동이득 - 동위상 이득
③ CMRR = 동위상 이득 / 차동이득
④ CMRR = 차동이득 / 동위상 이득

8. 다음 중 발진기에 주로 사용되는 것으로 출력 신호의 일부를 입력으로 되돌리는 것을 무엇이라고 하는가? (   )

① 정궤환 ② 부궤환 ③ 종단저항 ④ 고이득

9. 다음 회로에서 정현파를 발생시키는 발진기로 동작하기 위한 저항 R_1의 값은? (　)
(단, $C_1 = C_2 = C_3 = 0.001$ [μF]이고 $R_1 = R_2 = R_3 = 10$[KΩ], $R_4 = 5$[KΩ])

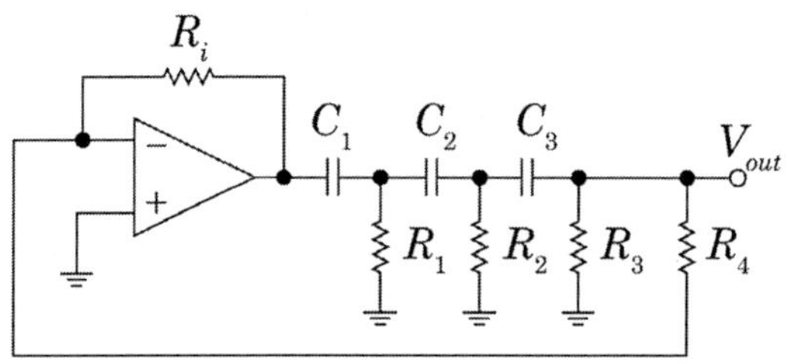

① 5[KΩ]　② 10[KΩ]　③ 145[KΩ]　④ 290[KΩ]

10. 다음 중 하틀리 발진기에서 궤환 요소에 해당하는 것은? (　)

① 저항성　② 용량성
③ 유도성　④ 결합성

11. 진폭변조(Amplitude Modulation)의 송신기가 다음 그림과 같은 변조 파형을 가질 때 반송파 전력이 460[mW]이면, 변조된 출력은 몇 [mW]인가? (　)

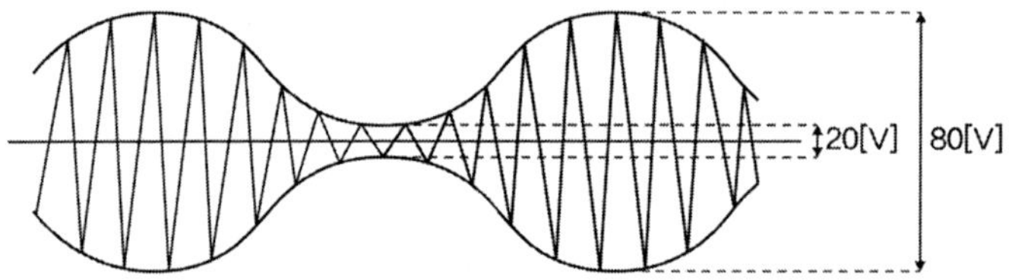

① 442.8[mW]　② 469.4[mW]　③ 524.6[mW]　④ 542.8[mW]

12. 다음 중 주파수 변조(Frequency Modulation) 방식에서 주파수 대역폭과 최대 주파수 편이의 관계가 옳은 것은? (　)

① 주파수 대역폭은 최대 주파수 편이의 2배이다.
② 주파수 대역폭은 최대 주파수 편이의 3배이다.
③ 주파수 대역폭은 최대 주파수 편이의 4배이다.
④ 주파수 대역폭은 최대 주파수 편이의 5배이다.

13. 다음 중 펄스의 주기와 진폭은 일정하고, 펄스의 폭을 입력신호에 따라 변화시키는 변조 방식은? ( )

① PAM(Pulse Amplitude Modulation)
② PWM(Pulse Width Modulation)
③ PPM(Pulse Position Modulation)
④ PCM(Pulse Code Modulation)

14. QPSK에서 반송파의 위상차는? ( )

① $\pi/2$ ② π ③ 2π ④ $3\pi/2$

15. 다음 중 멀티 바이브레이터의 특징으로 옳은 것은? ( )

① 파형에 고차의 고조파를 포함하고 있다.
② 부성저항을 이용한 발진기이다.
③ 극초단파 발생에 적합하다.
④ 회로의 시정수로 신호의 진폭이 결정된다.

16. 슈미트 트리거 회로에서 최대 루프 이득을 1이 되도록 조정하면 어떻게 되는가? ( )

① 회로의 응답속도가 떨어진다.
② 루프 이득을 정확하게 1로 유지하면서 높은 안정도를 갖는다.
③ 스스로 Reset할 수 있다.
④ 아날로그 정현파가 발생한다.

17. 다음 중 TTL 게이트에서 스위칭 속도를 높이기 위해 사용되는 다이오드는? ( )

① 바렉터 다이오드 ② 제너 다이오드
③ 쇼트키 다이오드 ④ 정류 다이오드

18. 다음 중 순서 논리회로에 대한 설명으로 틀린 것은? ( )

① 입력신호와 순서 논리회로의 현재 출력상태에 따라 다음 출력이 결정된다.
② 조합 논리회로와 결합하여 사용할 수 없다.
③ 순서 논리회로의 예로 카운터, 레지스터 등이 있다.
④ 데이터의 저장 장소로 이용 가능하다.

19. 3개의 T 플립플롭이 직렬로 연결되어 있다. 첫 단에 1,000[Hz]의 구형파를 가해주면 최종 플립플롭에서의 출력 주파수는 얼마인가? (   )

① 3,000[Hz]　② 333[Hz]　③ 167[Hz]　④ 125[Hz]

20. 다음 중 Access Time이 가장 짧은 것은? (   )

① 자기 디스크　② RAM　③ 자기테이프　④ 광디스크

2과목 : 무선통신 기기

21. 다음 중 위상 전이 방법에 의한 SSB 송신기에 가장 적합한 이상 회로는? (   )

① 30° 이상기　② 45° 이상기
③ 60° 이상기　④ 90° 이상기

22. 다음 중 SSB 통신 방식에서 무변조시 피 변조파의 송신 전력은 반송파 전력의 몇 배인가? (   )

① 0배　② 0.25배　③ 1배　④ 1.5배

23. 250[MHz]를 FM송신기의 5[MHz] 발진기에서 4,000[MHz] 변조신호로 200[Hz]의 주파수 편이를 걸 때 송신기의 변조지수는? (   )

① 0.05　② 2.5　③ 20　④ 50

24. 다음 중 ASK에 대한 설명으로 옳은 것은? (   )

① 디지털 데이터로 아날로그 반송파의 진폭을 변조하는 방식이다.
② 아날로그 데이터로 아날로그 반송파의 진폭을 변조하는 방식이다.
③ 디지털 데이터로 디지털 신호를 변환하는 방식이다.
④ 디지털 데이터로 디지털 신호를 변환하는 방식이다.

25. 통신 속도가 200[baud]이고 보당 신호 레벨이 4일 때, 1분간 데이터 전송속도는? (   )

① 12,000[bps]　② 24,000[bps]　③ 48,000[bps]　④ 72,000[bps]

26. 다음 중 디지털 변조 통신 방식에 대한 설명으로 틀린 것은? ( )

① 진폭 편이 변조(ASK)는 정현파의 진폭에 정보를 싣는 방식으로 2진 내지 4진 폭을 이용하며 저속 통신에 이용된다.
② 주파수 편이 변조(FSK)는 정현파의 주파수에 정보를 싣는 방식으로 2가지의 주파수를 이용하며 중, 저속 통신에 이용된다.
③ 위상 편이 변조(PSK)는 정현파의 위상에 정보를 싣는 방식으로 2, 4, 8, 16진 방식이 있으며 중, 고속 통신에 이용된다.
④ 직교 진폭 변조(QAM)는 정현파의 진폭과 주파수에 정보를 싣는 방식으로 저속 통신에 이용된다.

27. 다음 중 디지털 변복조 기기에 대한 설명으로 틀린 것은? ( )

① 디지털 데이터를 아날로그 통신 전송망에서 사용하는 기기이다.
② 디지털 데이터에 의해 반송파의 진폭, 주파수, 위상을 변화시킨다.
③ 수신기는 송신측의 반송파와 같은 반송파를 이용하는 동기검파가 있다.
④ 과변조를 실시하면 신호의 찌그러짐이 많이 발생한다.

28. 다음 중 레이더에서 동일 거리에 있는 2개의 적은 목표물을 2개로 분리해서 볼 수 있는 능력은 무엇인가? ( )

① 방위 분해능 ② 거리 분해능 ③ 최대 탐지거리 ④ 상의 선명도

29. 마이크로웨이브 통신에서 송신기의 출력이 37[dBm], 도파관(W/G)의 손실이 3[dB]일 때, 안테나 입력단의 인가되는 전력은 약 얼마인가? ( )

① 1.5[W] ② 2.5[W] ③ 5[W] ④ 10[W]

30. 다음 중 가장 적은 수의 정지위성으로 양극지방을 제외한 전 세계를 커버(Cover)하는 통신망을 구성할 수 있는 배치 방법은? ( )

① 5개의 위성을 72도의 간격으로 배치한다.
② 4개의 위성을 90도의 간격으로 배치한다.
③ 3개의 위성을 120도의 간격으로 배치한다.
④ 2개의 위성을 180도의 간격으로 배치한다.

31. 입력 전압 0.5[V]의 신호를 가해 5[V]의 증폭된 신호를 얻었다면, 이때의 이득은 얼마인가? (단, 입출력 저항은 같다.) ( )

① 20[dB] ② 30[dB] ③ 44[dB] ④ 55[dB]

32. 다음 중 무선 데이터 패킷망 구조에서 회선망 구조에서처럼 가입자 정보를 일시적으로 저장하는 VLR 역할을 하는 것은? (   )

① FA ② HA ③ Auc ④ AAA

33. 다음 중 전송 신호가 전송 매체를 통해 전달될 때 일부 신호가 열로 변하여 에너지가 손실되는 것을 무엇이라 하는가? (   )

① 누화 ② 열잡음 ③ 왜곡 ④ 감쇠

34. 다음 중 HLR에 대한 설명으로 옳은 것은? (   )

① 자신의 MSC에 등록된 MS의 모든 정보를 영구적으로 저장하고 있는 데이터베이스이다.
② 다른 MSC에 등록된 MS가 자신의 MSC 관할 구역으로 넘어왔을 때 위치등록 절차에 따라 해당 가입자 정보를 일시 저장하는 데이터베이스이다.
③ MS와 BTS 간의 음성정보 및 데이터정보를 연결하는 스위치 장치이다.
④ MSC와 MSC 간의 음성정보 및 데이터정보를 연결하는 스위치 장치이다.

35. 다음 중 축전지의 충전 종류(방식)가 아닌 것은? (   )

① 초충전(Initial Charge) ② 평상충전(Normal Charge)
③ 과충전(Over Charge) ④ 이중충전(Double Charge)

36. UPS 전원장치 방식 중 On-Line 방식은 부하전류의 몇 [%]를 인버터로부터 공급받는가? (   )

① 30[%] ② 60[%] ③ 80[%] ④ 100[%]

37. 다음 중 태양광 설치 후 전기료에 대한 설명으로 옳은 것은? (   )

① 태양광 설치 후 전기료 절감은 지역별 차이가 없다.
② 설치장소의 일사량, 지형, 기후 조건에 따라 차이가 있다.
③ 설치장소의 인구수에 따라 차이가 있다.
④ 설치 회사의 설치 인력 수에 따라 차이가 있다.

38. 다음 중 실효 선택도의 특성에 해당되지 않는 것은? (   )

① 혼변조 ② 상호 변조
③ 감도 억압 효과 ④ 근접주파수 선택도

39. 다음 그림은 FM 송신기의 신호 대 잡음비의 측정구성도를 나타낸 것이다. (A)에 들어가야 하는 것은? (   )

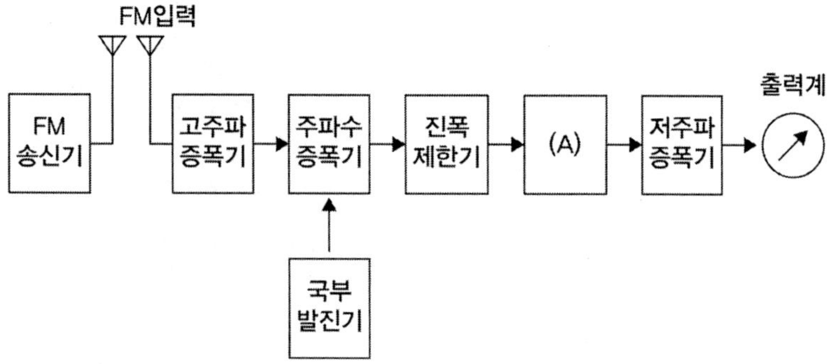

① 직선검파기　② 주파수 변별기　③ 가변감쇠기　④ 수신기

40. 정류기의 평활 회로는 출력파형에서 맥동분을 제거하여 직류에 가까운 파형을 얻기 위해 어떤 여파기를 이용하는가? (   )

① 대역 소거 여파기　② 고역 여파기
③ 대역 통과 여파기　④ 저역 여파기

3과목 : 안테나 개론

41. 다음 중 전파의 전파속도에 영향을 미치는 요소로 올바른 것은? (   )

① 유전율과 투자율　② 점도와 유전율
③ 투자율과 도전율　④ 유전율과 도전율

42. 다음 중 손실을 갖는 매질 내를 전파하는 평면파의 감쇠 정수에 대한 설명으로 옳은 것은? (   )

① 감쇠 정수는 표피두께에 반비례한다.
② 감쇠 정수는 주파수에 무관하다.
③ 감쇠 정수는 도체의 고유 도전율에 반비례한다.
④ 감쇠 정수의 크기와 위상 정수 사이에는 상호 역의 관계를 갖는다.

43. 30[MHz] 주파수에 대한 전파의 1/2 파장은 얼마인가? (   )

① 1[m]　　② 5[m]　　③ 10[m]　　④ 15[m]

44. 다음 중 평형·불평형 변환회로(Balun)에 대한 설명으로 틀린 것은? (   )

① 평형 전류만 흐르게 하며 초단파대 이상의 정합 회로로 사용된다.
② 스페르토프형 Balun의 경우 단일 주파수용으로 쓰인다.
③ L, C 소자를 사용하는 것을 분포 정수형 Balun이라 한다.
④ 집중 정수형 Balun으로 위상 반전형과 전자 결합형이 있다.

45. 다음 중 동조 급전선의 특징에 대한 설명으로 틀린 것은? (   )

① 정합 장치가 불필요하다.
② 급전선 상에 정재파를 실어 급전한다.
③ 전송효율이 비동조 급전선보다 좋다.
④ 급전선의 길이와 파장은 일정한 관계가 있다.

46. 다음의 급진 방식 중 옳은 것은? (   )

① 전압 급전은 급전점에서 전압이 최소 전류가 최대이다.
② 전압 급전일 때 직렬공진회로를 사용하려면 급전선의 길이는 $\lambda/4$의 우수 배로 사용한다.
③ 전류 급전일 때 병렬공진회로를 사용하려면 급전선의 길이는 $\lambda/4$의 기수 배로 사용한다.
④ 전류 급전일 때 안테나의 길이는 $\lambda/2$이며 급전점에서 진행파가 최대이다.

47. 다음 중 도파관의 모드(mode) 계수에 대한 설명으로 틀린 것은? (   )

① TE01은 도파관의 짧은 변에 1개의 반파장 자계 성분이 있다.
② TE30은 도파관의 긴 변에 3개의 반파장 전계 성분이 있다.
③ TE10은 구형 도파관의 기본 모드이다.
④ TM22은 도파관 양변에 각각 2개의 반파장 자계 성분이 있다.

48. 다음 중 어떤 구간 L에서 도파관의 장변을 줄여줌으로써 감쇠를 얻는 방식의 도파관 감쇠기는? (   )

① 저항 감쇠기　　② 리액턴스 감쇠기　　③ 종단 감쇠기　　④ 콘덕턴스

49. 정재파 안테나에 반사기를 부착하면 이론적으로 이득은 얼마나 증가하는가? (　)

① 3 [dB]　② 4 [dB]　③ 5 [dB]　④ 6 [dB]

50. 송신안테나와 수신안테나가 200λ[m] 떨어져 있고, 각각의 방향성 이득은 20[dB]와 15[dB]이다. 만일 수신안테나에 5[mW]의 전력이 수신되어야 한다면, 최소 송신전력의 값은 얼마인가? (　)

① 약 8 [W]　② 약 10 [W]　③ 약 12 [W]　④ 약 14 [W]

51. 다음 중 복사전력과 전계강도 사이의 관계가 올바르게 표현된 것은? (　)

① $P \propto E^2$　② $p \propto E$　③ $P \propto \sqrt{E}$　④ $P \propto \frac{1}{E}$

52. 다음 중 안테나의 이득을 향상시키기 위한 방법으로 옳은 것은? (　)

① 안테나 복사 소자를 배열한다.　② 안테나의 Q를 작게 한다.
③ 안테나의 특성임피던스를 작게 한다.　④ 안테나의 직경이 굵은 것을 사용한다.

53. 다음 중 안테나에 광대역성을 부여하는 방법과 관계가 적은 것은? (　)

① 진행파 여진형 소자를 이용하는 방법
② Q를 낮게 하여 공진 특성을 완만하게 하는 방법
③ 자기 임피던스의 변화를 증대시키는 방법
④ 대수 주기형으로 하는 방법

54. 다음 중 Friis의 전달공식에서 자유공간 전송손실 특성에 대한 설명으로 틀린 것은? (　)

① 안테나 이득이 높을수록 손실은 줄어든다.
② 사용 주파수가 높을수록 손실은 줄어든다.
③ 사용 주파수에 대해 20dB/decade의 손실을 가진다.
④ 송수신 지점 간 거리에 대해 20dB/decade의 손실을 가진다.

55. 다음 중 지상파의 전파 모드와 관계가 없는 것은? (　)

① 주파수　② 대지정수　③ 온도　④ 편파면

56. 다음 중 장·중파대역에서 지표파에 의해 전파되는 전파의 감쇠가 가장 작은 환경은? ( )

① 해상　② 평지　③ 사막　④ 도시지역

57. 다음 중 전리층 산란파의 특징 중 잘못된 것은? ( )

① 초단파대 초가시거리 통신을 할 수 있다.
② 단일 주파수로 24시간 연속통신이 가능하다.
③ 근거리 에코의 원인이 된다.
④ 전송 가능한 대역이 넓다.

58. 다음 중 송수신점 간의 거리가 정해졌을 때 전리층 반사파를 이용하여 통신할 수 있는 최적의 사용 주파수를 무엇이라고 하는가? ( )

① LUF　② MUF　③ FOT　④ VHF

59. 다음 중 주어진 기지국과 이동국 사이의 거리 이내에서 이동국이 그 주변으로 이동할 때 지형의 변화로 인해 발생하는 페이딩은 어느 것인가? ( )

① Short term Fading　② Long term Fading
③ Rician Fading　④ Rayleigh Fading

60. 다음 중 도약성 페이징의 방지 방법으로 적합하지 않은 것은? ( )

① 수신기 내에 ACG회로나 진폭 제한기 사용　② 페이딩 방지용 안테나 사용
③ 다이버시티 수신법 사용　④ 전파 흡수체 사용

4과목 : 전자계산기 일반 및 무선설비기준

61. 다음 중 주기억장치에 저장된 명령어를 하나하나씩 인출하여 연산코드 부분을 해석한 다음, 해석한 결과에 따라 적합한 신호로 변환하여 각각의 연산장치와 메모리에 지시 신호를 내는 것은? ( )

① 연산 논리 장치(ALU)　② 입출력 장치(I/O Unit)
③ 채널(Channel)　④ 제어장치(Control Unit)

62. 2진수 10101101.0101을 8진수로 변환한 것 중 옳은 것은? ( )

① 255.22 ② 255.23 ③ 255.24 ④ 3E.A1

63. 다음 중 수치 데이터의 표현방식에 대한 설명으로 틀린 것은? ( )

① 수치 데이터를 표현할 때는 부호, 크기, 소수점 등으로 표시하는데, 소수점은 고정소수점 표현방식과 부동소수점 표현방식이 있다.
② 고정소수점 방식에서 정수는 소수점이 수의 맨 왼쪽 끝에 있다고 가정한 것이고, 소수는 소수점이 맨 오른쪽 끝에 있다고 가정한 것이다.
③ 소수점의 위치가 어느 한 곳에 고정되어 있는 것을 의미하는 것을 고정소수점 방식이라 한다.
④ 고정소수점 방식은 주로 정수로 표현하는 데 사용된다.

64. 다음 중 원시 프로그램에서 나타난 토큰의 열을 그 언어의 문법에 맞도록 만든 트리(Tree)는? ( )

① Parse Tree ② Binary Tree
③ Binary Search Tree ④ Skewed Tree

65. 다음 중 운영체제의 기능에 대한 설명이 아닌 것은? ( )

① 사용자와 컴퓨터 간의 인터페이스 기능을 제공한다.
② 소프트웨어의 오류를 처리한다.
③ 사용자 간의 자원 사용을 관리한다.
④ 입출력을 지원한다.

66. 컴퓨터가 인식하는 명령어를 논리적으로 순서에 맞게 나열하여 어떤 기능을 처리하게 해주는 것을 무엇이라고 하는가? ( )

① 하드웨어 ② 소프트웨어
③ 부울대수 ④ 논리회로

67. 다음 중 32비트 컴퓨터에서 8 Full Word와 6 Niddle은 각각 몇 비트인가? ( )

① 256비트, 48비트 ② 128비트, 24비트
③ 256비트, 24비트 ④ 128비트, 48비트

68. 다음 중 마이크로컨트롤러에 대한 설명으로 <u>틀린</u> 것은? (　)

① ALU와 CU, Register를 포함하고 있다.
② 자동적으로 제품이나 장치를 제어하는 데 사용한다.
③ 제품군에는 AVR시리즈와 PIC, 80510이 있다.
④ 구성요소 중에는 타이머와 SPI, ADC,UART, RS-232 등의 입출력 모듈도 필요하다.

69. 다음 중 마이크로프로세서가 직접 이해할 수 있는 프로그램 언어를 무엇이라고 하는가? (　)

① 기계어　② 어셈블리어
③ C 언어　④ Veriog HDL

70. 다음 중 명령어의 주소 부분이 그대로 유효 명령어의 주소 필드에 나타나고, 분기 형식의 명령어에서는 실제 분기할 주소를 나타내는 주소 모드를 무엇이라고 하는가? (　)

① 상대 주소 모드　② 직접 주소 모드
③ 간접 주소 모드　④ 베이스 레지스터 어드레싱 모드

71. 다음 중 전파법에서 특정한 주파수의 용도를 지정하는 것을 무엇이라 하는가? (　)

① 주파수 지정　② 주파수 분배
③ 주파수 할당　④ 주파수 용도

72. 다음 중 무선국 허가증에 기재할 사항이 <u>아닌</u> 것은? (　)

① 무선설비의 설치장소
② 운용 의무시간
③ 무선국의 준공기한
④ 무선종사자의 자격 및 정원

73. 무선국의 정기검사 유효 기간이 3년인 무선국은 허가유효기간 만료일 전후 얼마 이내에 정기검사를 받도록 되어 있는가? (　)

① 1개월　② 2개월　③ 3개월　④ 6개월

74. 방송국의 허가를 받은 자는 방송국 운용개시 후 몇 개월 이내에 방송구역 전계강도측정 자료를 제출해야 하는가? (　)

① 3개월　② 6개월　③ 9개월　④ 12개월

75. 허가 유효 기간이 1년 미만인 무선국의 재허가 신청기간은 언제까지인가? ( )

① 유효 기간 만료 10일 전
② 유효 기간 만료 15일 전
③ 유효 기간 만료 1개월 전
④ 유효 기간 만료 3개월 전

76. 다음 중 통신 보안책임자의 수행업무로 <u>틀린</u> 것은? ( )

① 무선국운용에 따른 통신 보안 업무 활동계획 수립 · 시행
② 무선통신을 이용하여 발신하고자 하는 통신문에 대한 보안성 검토
③ 불필요한 내용의 무선통신 사용 억제
④ 암호와 평문의 혼합사용

77. 다음 중 정부에서 방송통신설비를 설치, 운용하는 자의 설비를 조사하는 경우가 <u>아닌</u> 것은? ( )

① 재해, 재한 예방을 위한 경우
② 국가비상사태를 대비하기 위한 경우
③ 방송통신설비 관련 시책을 수립하기 위한 경우
④ 방송통신설비의 이상으로 소규모 방송통신 장애가 발생할 우려가 있는 경우

78. 다음 중 방송통신 기자재 등의 적합인증 신청 시 구비서류가 <u>아닌</u> 것은? ( )

① 사용자 설명서 ② 외관도 ③ 회로도 ④ 주요 부품명세서

79. 다음 중 전파법령에서 “무선국에서 사용하는 주파수마다의 중심 주파수를 말한다.”로 정의되는 용어는? ( )

① 지정주파수 ② 기준주파수 ③ 특성주파수 ④ 분배주파수

80. 다음 중 수색구조용 레이다 트랜스폰더의 송신장치로 소인되는 주파수 범위는? ( )

① 7,200[MHz] 이상 ~ 8,500[MHz] 이하 ② 8,200[MHz] 이상 ~ 9,500[MHz] 이하
③ 9,200[MHz] 이상 ~ 9,500[MHz] 이하 ④ 9,500[MHz] 이상

1	2	3	4	5	6	7	8	9	10
④	②	②	④	②	④	④	①	③	③
11	12	13	14	15	16	17	18	19	20
④	①	②	①	①	①	③	②	④	②
21	22	23	24	25	26	27	28	29	30
④	①	②	①	②	④	④	①	②	③
31	32	33	34	35	36	37	38	39	40
①	①	④	①	④	④	②	④	②	④
41	42	43	44	45	46	47	48	49	50
①	①	②	③	③	③	①	②	①	②
51	52	53	54	55	56	57	58	59	60
①	①	③	②	③	①	④	③	②	④
61	62	63	64	65	66	67	68	69	70
④	③	②	①	②	②	③	①	①	②
71	72	73	74	75	76	77	78	79	80
②	②	③	①	③	④	④	④	①	③

무선설비산업기사 기출문제

[2020년 6월 27일 시행]

1과목 : 디지털 전자회로

1. 무부하시 출력전압이 25[V]인 정전압회로에 임의의 부하를 연결했을 때 20[V]이면 전압 변동률은 몇 [%]인가? (　)

① 10 [%]　② 15 [%]　③ 20 [%]　④ 25 [%]

2. 다음 중 전파 정류회로에서 실효값을 나타내는 식은? (　)

① $\frac{V_m}{2}$　② $\frac{V_m}{\sqrt{2}}$　③ $\frac{\sqrt{V_m}}{2}$　④ $\frac{2}{V_m}$

3. 다음 중 정류회로에서 다이오드의 순방향 저항(rd)에 의해 전압변동률이 제일 큰 것은? (　)

① 반파 정류회로　② 브리지 정류회로
③ 반파 배전압 정류회로　④ 중간탭 정류회로

4. 다음 중 활성영역에서 능동 트랜지스터를 동작시키기 위해 요구되는 조건이 아닌 것은? (　)

① 이미터 다이오드는 반드시 순방향 바이어스가 걸려야 한다.
② 베이스 전류를 가장 크게 해야 한다.
③ 컬렉터 다이오드는 반드시 역 바이어스가 걸려야 한다.
④ 컬렉터 다이오드 양단에 걸리는 저압은 반드시 항복전압보다 낮아야만 한다.

5. 다음 그림과 같은 전압 궤환 바이어스 회로에서 콘덴서 'C'에 대한 설명으로 <u>틀린</u> 것은? ( )

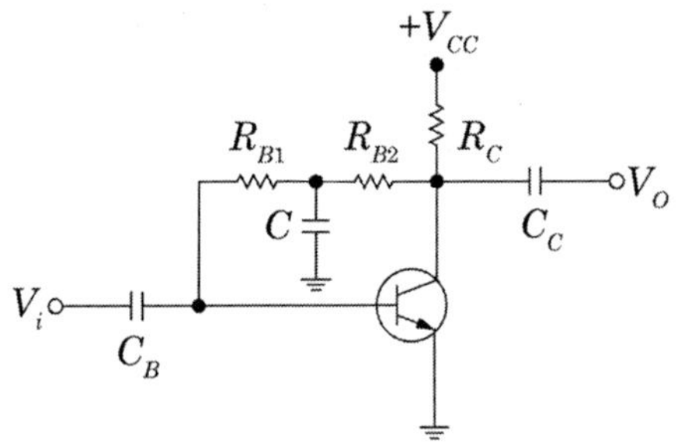

① 교류 신호 이득 감소 방지용 바이패스 콘덴서
② 콘덴서 C는 직류적으로 개방(Open)
③ 콘덴서 C는 교류적으로 단락(Short)
④ 교류 신호 입력 시 베이스로 부궤환을 유도하기 위한 소자

6. 전압 증폭기의 전이득이 1,000±100일 때, 이 전압이득의 변화를 0.1 [%]로 하기 위한 부궤환 증폭기의 궤환량 β는 얼마인가? ( )

① 10 ② 0.879 ③ 0.422 ④ 0.099

7. B급 푸시풀 전력증폭기에서 평균 직류 컬렉터 전류는 어떻게 되는가? ( )

① 입력신호 전압이 커짐에 따라 줄어든다.
② 입력신호 전압이 작으면 흐르지 않는다.
③ 입력신호 전압이 커짐에 따라 증가된다.
④ 입력전압이 대소에 불구하고 항상 일정하다.

8. 다음 중 가변 직류전원에 의해 주파수 가변이 가능한 것은? ( )

① 수정 발진기 ② VCO
③ 암스트롱 발진기 ④ 이상 발진기

9. 다음 그림과 같은 발진기는? (　)

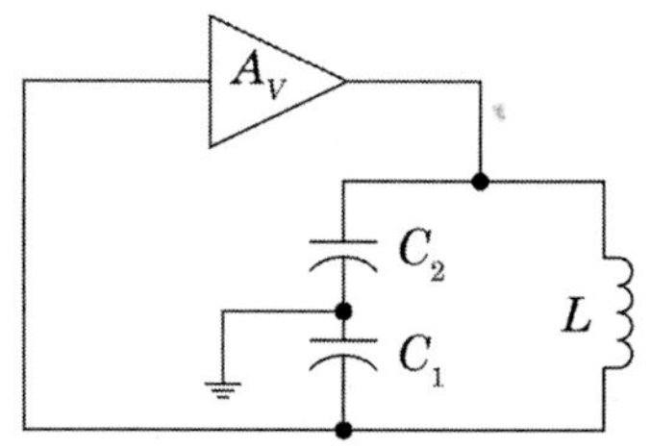

① 콜피츠 발진기　② 하틀리 발진기　③ 이상 발진기　④ 클랩 발진기

10. 다음 중 발진회로의 설명으로 틀린 것은? (　)

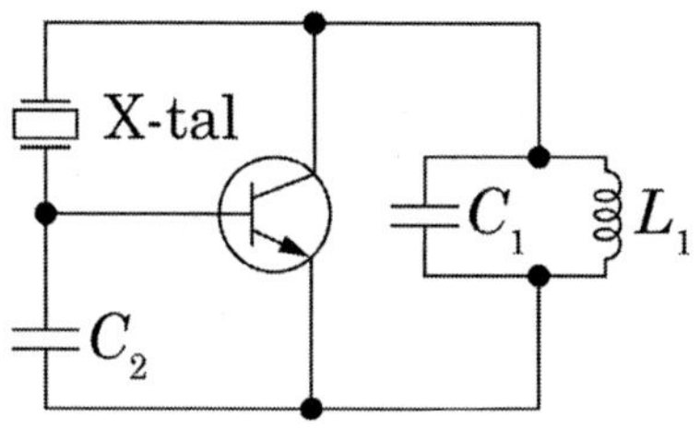

① 수정 진동자는 유도성으로 발진한다.
② Pierce-BC형 발진회로이다.
③ 동조회로 LC의 공진 주파수는 발진주파수보다 조금 높게 한다.
④ 콜피츠 발진회로를 변형한 회로로 컬렉터와 베이스 사이에 수정진동자를 넣어 발진회로를 구성하였다.

11. 다음 변조 방식 중 아날로그 변조 방식이 아닌 것은? (　)

① PPM　② PAM　③ PCM　④ PWM

12. 15 [kHz]까지 전송할 수 있는 PCM 시스템에서 요구되는 최소 표본화 주파수는? (　)

① 10 [kHz]　② 20 [kHz]　③ 30 [kHz]　④ 40 [kHz]

13. 다음 중 PPM파를 복조하여 신호파를 얻기 위한 방법으로 알맞은 것은? (　)

① 저역 여파기를 통과시킨다.
② PAM으로 변환하여 저역 여파기를 통과시킨다.
③ 가산 회로를 통과시킨 후 Clipper 회로를 통과시키고 여파기를 통과시킨다.
④ PWM으로 변환하여 고역 여파기를 통과시킨다.

14. 진폭 변조에서 변조 지수가 1인 경우 변조 출력은 반송파 전력의 몇 배가 되는가? (　)

① 1배　② 2배　③ 2.5배　④ 3배

15. 다음 중 톱니파 발생 회로에 주로 사용되는 것은? (　)

① Varactor　② MOSFET　③ FET　④ UJT

16. 일반적인 무안정 멀티바이브레이터(Unstable Multivibrator)에서 $R_1 = R_2 = 10$ [kΩ], $C_1 = C_2 = 100$ [pF]로 하면 출력 신호의 주파수는? (　)

① 0.35 [kHz]　② 0.71 [kHz]　③ 0.35 [MHz]　④ 0.71 [MHz]

17. 10진수 10을 그레이코드(Gray code)로 변환한 것은? (　)

① 1010　② 1110　③ 1011　④ 1111

18. 다음 논리회로에서 출력 Y의 방정식을 간략하게 한 것은? (　)

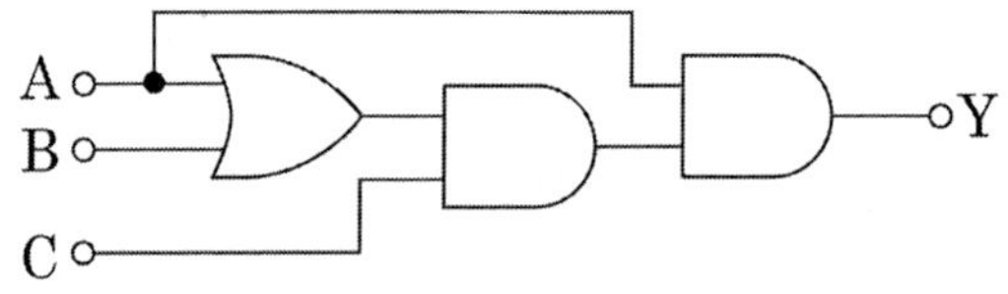

① Y = AC　② Y = ABC　③ Y = AB+AC　④ Y = AB+BC+AC

19. 다음의 회로에서 가정용 전원의 주파수 60[Hz]인 정현파를 적용했을 때 최종 구형파의 출력 주파수(f_o)는? (　)

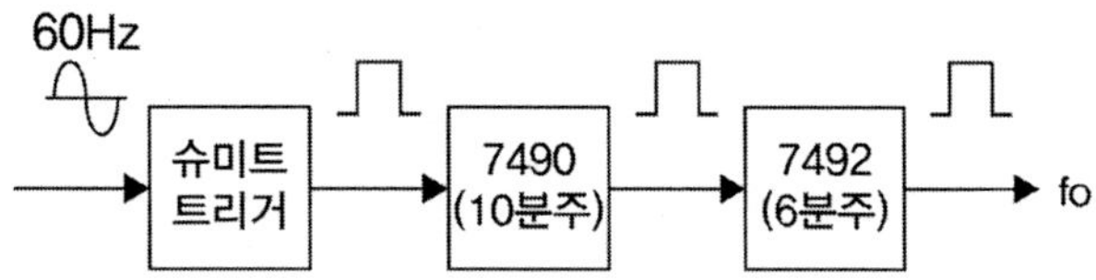

① 0.5[Hz]　② 1.0[Hz]　③ 1.5[Hz]　④ 2.0[Hz]

20. 다음 중 2x4 디코더 회로도로 옳은 것은? (　)

①
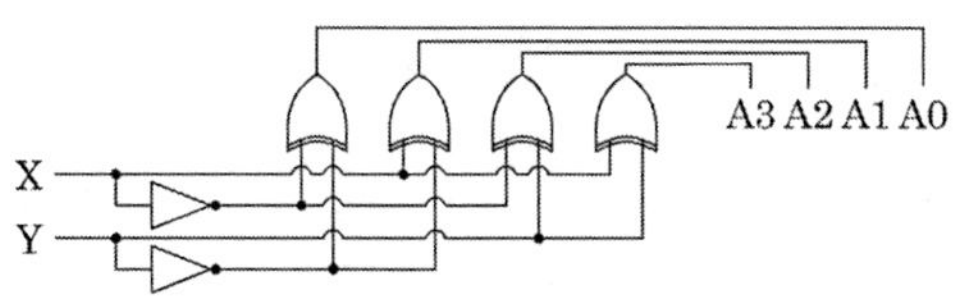

②
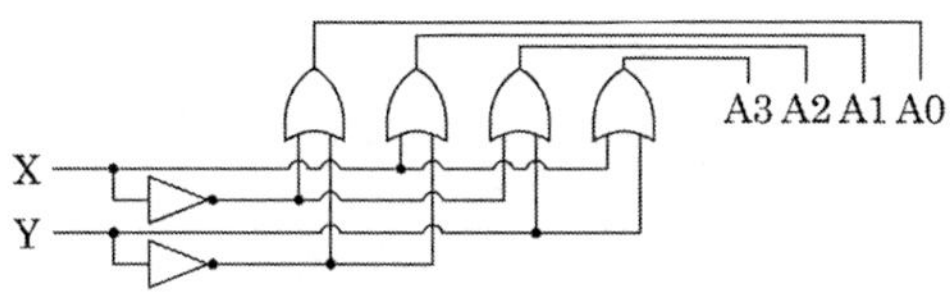

③
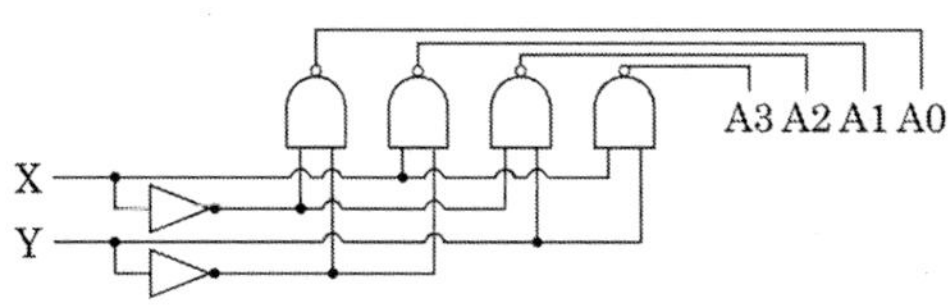

④
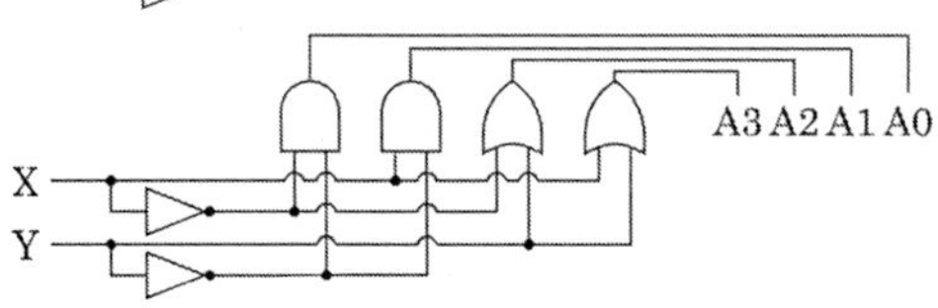

2과목 : 무선통신 기기

21. 중간주파수가 500[kHz]인 슈퍼헤테로다인 수신기에서 희망파 1,000[kHz]에 대한 영상주파수는 얼마인가? (단, 상측 헤테로다인 방식으로 동작한다.)　(　)

① 1,500[kHz]　② 2,000[kHz]
③ 2,200[kHz]　④ 3,200[kHz]

22. 다음 중 다중 반송파 변조(Multicarrier Modulation)에 대한 설명으로 틀린 것은? ( )

① FFT를 이용하여 고속 구현이 가능
② 전송 신호의 크기가 일정하여 전력 효율이 높음
③ 전체 대역폭을 작은 대역폭을 갖는 부채널로 분할
④ 등화기를 사용하여 채널의 왜곡을 보상

23. 다음 중 슈퍼헤테로다인 수신기에서 AGC는 일반적으로 어떠한 작용을 이용한 것인가? ( )

① 궤환 작용 ② 발진 작용 ③ 증폭 작용 ④ 변조 작용

24. 주파수 100 [MHz]의 반송파를 3 [kHz]의 신호파로 FM 변조할 때 최대 주파수 편이가 16 [kHz]이다. 변조 지수는 얼마인가? ( )

① 3 ② 6 ③ 9 ④ 42

25. 다음 중 이득 대역적(Gain Bandwidth Product)이 갖는 의미로 옳은 것은? ( )

① 증폭기의 증폭 성능을 나타내며 얼마나 넓은 주파수 범위에 걸쳐 일정한 이득으로 증폭할 수 있는가를 의미
② 증폭기의 증폭 성능을 나타내며 다음 단과 어느 정도 양호한 이득이 이루어지는가를 의미
③ 발진기의 발진 성능을 나타내며 어느 정도 넓은 대역에 걸쳐 안정된 발진이 가능한가를 의미
④ 발진기의 발진 성능을 나타내며 어느 정도 양호한 이득으로 발진을 수행하는가를 의미

26. 다음 중 PCM 송신기의 블록도 순서로 바른 것은? ( )

① LPF → Sampler → Quantizer → Encoder
② LPF → Encoder → Sampler → Quantizer
③ LPF → Sampler → Encoder → Quantizer
④ LPF → Quantizer → Sampler → Encoder

27. 100 [W] 전력의 반송파를 변조도 80 [%]로 진폭 변조하여 전송하고자 할 때 피 변조파의 총 전력은? ( )

① 92 [W] ② 100 [W] ③ 132 [W] ④ 140 [W]

28. 다음 중 QAM과 OFDM을 비교 설명한 것으로 옳은 것은? (   )

① QAM은 단일 반송파를 사용하고 OFDM은 다중 반송파를 사용한다.
② QAM은 멀티캐리어의 일종이고, OFDM은 진폭변조의 개량형이다.
③ QAM은 멀티패스에 강하고 OFDM은 멀티패스에 약하다.
④ QAM은 레벨이 일정하고 OFDM은 레벨이 변동된다.

29. 다음 중 위성통신의 다원 접속방식 중 복수개의 반송파를 스펙트럼이 서로 겹치지 않도록 주파수 축상에 배치함으로써 실현되는 다원 접속방식은? (   )

① 주파수분할 다원접속(FDMA)　② 시분할 다원접속(TDMA)
③ 부호분할 다원접속(CDMA)　④ 공간분할 다원접속(SDMA)

30. CDMA 시스템의 OMNI 기지국에서 처리 이득이 128, 에너지 잡음 밀도가 6 [dB]일 때 채널 수는 얼마인가? (단, 음성화율 : 0.45, 주파수 재사용 효율 : 0.6)   (   )

① 36 CH　② 48 CH　③ 42 CH　④ 109 CH

31. 다음 중 다원 접속방법에서 이용되는 확산 대역 기법의 종류가 아닌 것은? (   )

① 직접 확산(DS)　② 주파수 도약(FH)
③ 위상 도약(SH)　④ 시간 도약(TH)

32. 다음 중 협력 통신(Cooperative Communication)으로 개선된 기능은? (   )

① 송신 장치　② 수신장치　③ 안테나　④ 교환장치

33. 다음 중 무선장비 선정 절차에 들어가지 않는 사항은 무엇인가? (   )

① 전송 구간별 회선용량　② 전송망의 성능 및 요구 품질기준
③ 사용자의 생활 패턴　④ 전송로 전파전파 특성 분석

34. 다음 중 영상방송용 송·수신 중계시스템의 전송방식이 아닌 것은? (   )

① 마이크로웨이브 전송방식
② SSB-SC(Single Side Band Suppressed Carrier) 전송방식
③ SNG(Satellite News Gathering) 전송방식
④ 광케이블 전송방식

35. 다음 중 태양전지에 대한 설명으로 틀린 것은? (   )

① 태양전지의 기관 종류에는 단결정 실리콘 웨이퍼가 있다.
② 태양전지는 태양광의 광전효과를 이용하여 전기를 생산한다.
③ 태양전지의 양단에 외부도선을 연결하면 P형 쪽의 전자가 도선을 통해 N형 쪽으로 이동하게 되면서 전류가 흐르게 된다.
④ 태양전지 에너지원은 청정, 무제한이다.

36. 다음과 같은 직류부하용 독립형 태양발전설비의 구성도에 적합한 장치의 명칭은? (   )

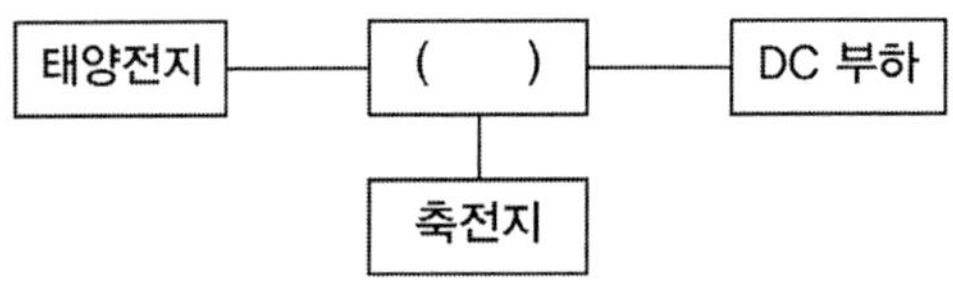

① 발전기 ② 인버터 ③ 정류기 ④ 전력조정기

37. 다음 중 무선통신망에 사용되는 전원설비를 개통 순서에 따라 올바르게 나열한 것은? (   )

① 전력량계–주분전함–정류기–통신장비
② 전력량계–정류기–주분전함–통신장비
③ 정류기–주분전함–전력량계–통신장비
④ 정류기–전력량계–주분전함–통신장비

38. 다음 중 수신 한계 레벨이 가장 낮은 조건은? (   )

① 대역폭이 넓고 수신기 잡음지수(NF)가 큰 것
② 대역폭이 좁고 수신기 잡음지수(NF)가 작은 것
③ 대역폭이 넓고 수신기 잡음지수(NF)가 작은 것
④ 대역폭이 좁고 수신기 잡음지수(NF)가 큰 것

39. 특성 임피던스(Z_0)가 75 [Ω]인 선로 종단에 신호를 인가한 후 선로상의 파형을 측정한 결과 최고전압이 25 [V], 최저전압이 5 [V]일 경우, 이 선로의 전압 정재파비(VSWR)는? (   )

① 4 ② 5 ③ 6 ④ 8

40. 다음 중 측정기기 사용법에 대한 설명으로 틀린 것은? ( )

① 전원을 연결하기 전에 먼저 전원 공급 장치의 출력전압과 측정기기의 정격전압이 같은지 확인한다.
② 측정 전에 측정기기의 지침이 '0'에 있는지 확인한다.
③ 측정하기 전에 먼저 측정기기의 측정범위 설정 스위치가 적절한 범위에 있는지 확인한다.
④ 측정범위를 모를 때는 측정범위 설정 스위치를 제일 낮은 범위로 설정하고 측정을 시작한다.

3과목 : 안테나 개론

41. 주파수 150[kHz]의 무선통신에서 정전계, 유도 전자계, 복사전자계가 같아지는 거리는 안테나로부터 약 얼마의 거리인가? ( )

① 320[m]   ② 500[m]   ③ 650[m]   ④ 770[m]

42. 다음 중 파동의 전파속도에 대한 설명으로 옳은 것은? ( )

① 투자율이 클수록 증가한다.
② 유전율이 클수록 증가한다.
③ 언제나 일정하다.
④ 파동의 전파속도는 진동수와 파장의 곱에 비례한다.

43. Maxwell 방정식을 이루는 법칙이 아닌 것은? ( )

① 패러데이(Faraday) 법칙   ② 암페어(Ampere) 법칙
③ 스넬(Snell) 법칙   ④ 가우스(Gauss) 법칙

44. 다음 중 안테나와 급전선 간 부정합 시 문제점이 아닌 것은? ( )

① 송신기의 동작이 불안정해진다.
② 반사손실(부정합 손실)이 증가한다.
③ 급전선의 절연이 파괴된다.
④ 최대 전송전력이 증가한다.

45. 다음 중 전력과 정재파비(VSWR) 관계에서 VSWR = 1.5이면 공급전력의 몇 [%]가 부하에서 소모되는가? (단, 송전단 공급전력은 정합된 경우로 가정함) ( )

① 81 [%] ② 86 [%] ③ 91 [%] ④ 96 [%]

46. 다음 중 투과계수에 대한 설명으로 옳은 것은? ( )

① 투과 전압을 입사 전압으로 나눈 값이다.
② 특성 임피던스를 부하 임피던스로 나눈 값이다.
③ 진행파와 반사파의 크기 비율이다.
④ 임피던스 부정합을 일컫는 용어이다.

47. 다음 중 동축 급전선에 대한 설명으로 틀린 것은? ( )

① 평형 2선식 급전선에 비해 특성 임피던스가 높다.
② 주파수가 높아져도 급전선에서의 전파 복사가 없다.
③ 동일 전력인 경우 선간 전압이 낮아도 된다.
④ 대 전력용으로 사용하기 위해서는 동축 케이블의 내경 및 외경을 크게 한다.

48. 도파관에 전력을 급전하거나 반대로 전력을 얻어 내는 것을 무엇이라 하며, 일반적으로 무엇을 사용하는가? ( )

① 도파관 여진 - 동축케이블 ② 도파관 자려 - 동축케이블
③ 도파관 여진 - 평행2선식 ④ 도파관 자려 - 평행2선식

49. 다음은 미소 다이폴 안테나의 전계를 표시한 식이다. 각 항의 성분으로 맞게 표시된 것은? (단, r은 거리, K는 상수이다.) ( )

$$E = K\left(\frac{1}{r} + \frac{1}{jBr^2} - \frac{1}{B^2r^3}\right)$$

① 1항: 정전계, 2항: 유도계, 3항: 복사계
② 1항: 유도계, 2항: 정전계, 3항: 복사계
③ 1항: 복사계, 2항: 유도계, 3항: 정전계
④ 1항: 복사계, 2항: 정전계, 3항: 유도계

50. 150 [Ω]의 저항, 0.4 [μF]의 커패시터 그리고 값을 모르는 인덕터가 직렬로 연결되어 있는 회로가 356 [Hz]에서 공진할 경우 인덕터의 값은 얼마인가? ( )

① 0.5 [H] ② 1.5 [H] ③ 2.5 [H] ④ 2.5 [H]

51. 10 [V/m]를 [dB]로 표현하면? ( )

① 20 [dB] ② 70 [dB] ③ 140 [dB] ④ 160 [dB]

52. 다음 중 단일 지향성으로 수신전용 안테나는? ( )

① Beverage 안테나 ② Adcock 안테나
③ Loop 안테나 ④ Bellini-Tosi 안테나

53. 다음 중 폴디드(Folded) 다이폴 안테나에 대한 설명으로 틀린 것은? ( )

① Q가 높아서 협대역 특성을 가진다.
② 실효 길이는 반파장 다이폴 안테나의 약 2배이다.
③ 전계 강도, 이득, 지향성은 반파장 다이폴 안테나와 동일하다.
④ 반파장 다이폴 안테나에 비해서 도체의 유효 단면적이 크고 복사저항이 크다.

54. 안테나 접지방식 중 방사상 접지에 대한 설명으로 틀린 것은? ( )

① 대규모 방송국에 사용된다. ② 지하 0.3 [m] ~ 1 [m] 정도에 설치된다.
③ 중파 방송용 안테나에 사용된다. ④ 접지저항은 5 [Ω] 정도이다.

55. 지표파와 E층 반사파의 간섭에 의해 양청구역(Service Area)이 제한되는 방송파는? ( )

① 중파 ② 단파 ③ 초단파 ④ 마이크로파

56. 다음 중 태양 흑점의 수에 따른 전리층의 전리 현상으로 옳은 것은? ( )

① 흑점 수가 증가할수록 전리 현상이 커진다.
② 흑점이 없으면 전리 현상은 '0'이 된다.
③ 흑점 수가 증가할수록 전리층의 전자밀도는 감소한다.
④ 흑점은 전리층에 영향을 미치지 않는다.

57. 다음 중 페이딩에 대한 설명으로 틀린 것은? (　)

① 공간파와 지표파의 간섭에 의해서 생긴다.
② 주기가 느리고 규칙적으로 나타난다.
③ 전파의 세기가 크게 변동된다.
④ 단파 통신에 많이 나타난다.

58. 다음 중 전리층 전파에서 발생하는 페이딩 현상을 방지하는 방법이 아닌 것은? (　)

① 주파수 다이버시티
② 공간 다이버시티
③ 편파 다이버시티
④ 변조 다이버시티

59. 다음 중 대기 중의 와류에 의하여 유전율이 불규칙한 공기뭉치가 발생함에 따라 입사 전파의 산란에 의해서 발생하는 페이딩은? (　)

① 감쇠형 페이딩
② 신틸레이션 페이딩
③ K형 페이딩
④ 덕트형 페이딩

60. 다음 중 장거리 통신에서 장파와 비교한 단파의 특징에 대한 설명으로 틀린 것은? (　)

① 페이딩이 발생하기 쉽다.
② 공전의 영향을 받기 쉽다.
③ 안테나를 소형으로 사용하기 용이하다.
④ 주로 F층 반사파를 이용한다.

4과목 : 전자계산기 일반 및 무선설비기준

61. 다음 컴퓨터의 하드웨어 구성 중 중앙처리장치에 해당되는 것은? (　)

① 제어장치　② 입출력장치　③ 보조기억장치　④ 주기억장치

62. 다음 보조기억장치 중 가상메모리(Virtual Memory)로 사용한다면 가장 우수한 것은? (　)

① 자기디스크(Magnetic Disk Unit)
② 자기드럼장치(Magnetic Drum Unit)
③ 자기테이프(Magnetic Tape)
④ CCD 기억장치(Charge Coupled Device Memory)

63. 다음 중 2진수 000101112을 10진수, 8진수, 16진수로 표현한 것은? (　)

① (23)10, (27)8, (17)16　　② (23)10, (28)8, (18)16
③ (33)10, (29)8, (19)16　　④ (33)10, (30)8, (20)16

64. 다음 중 바이너리(Binary) 연산을 행하는 것은? (　)

① OR　② Shift　③ Rotate　④ Complement

65. 다음 중 컴퓨터에서 한 번에 처리할 수 있는 명령의 단위를 Word라 할 때, 풀 워드(Full-Word)의 Byte 수는? (　)

① 2 [byte]　② 4 [byte]　③ 8 [byte]　④ 16 [byte]

66. 다음 중 10진수 9를 그레이 코드로 변환한 결과로 옳은 것은? (　)

① 1100　② 1101　③ 1110　④ 1111

67. 다음 중 운영체제의 기능 중 프로세서 상태에 따른 특성이 다른 것은? (　)

① 활동 상태(Active, Swapped-in) – 기억장치를 할당받은 상태
② 지연 대기 상태(Suspended Blocked) – 기억장치를 할당받은 상태
③ 준비상태(Ready) – 기억장치를 할당받은 상태
④ 지연 준비 상태(Suspended Ready) – 기억장치를 잃은 상태

68. CPU에서 처리되는 작업 중 메모리 장치 접근에 지나치게 페이지 폴트가 발생하여 프로세스 수행에 소요되는 시간보다 페이지 교환에 소요되는 시간이 더 커지는 현상은? (　)

① 워킹 세트(Working set)　　② 세마포어(Semaphore)
③ 교환(Swapping)　　④ 스레싱(Thrashing)

69. 다음 중 태스크별 고유의 시간제약 이내에 확실한 출력처리가 필요한 국방, 항공 분야 시스템에 적합한 운영체제는? (　)

① 일괄처리 운영체제　　② 대화형 운영체제
③ 실시간 운영체제　　④ 분산 운영체제

70. 다음 중 C 언어의 변수에 대한 설명으로 틀린 것은? (　)

① 변수는 값을 저장하는 기억장소의 주소, 길이, 타입의 세 가지 속성을 지닌다.
② 변수 이름은 영어 알파벳 문자나 밑줄 문자(_)로 시작해야 한다.
③ 변수 이름의 영문 대문자와 소문자는 서로 구별되지 않는다.
④ C 언어의 키워드는 변수 이름으로 사용될 수 없다.

71. 다음 중 전파법에서 정의한 '주파수할당'을 옳게 설명한 것은? (　)

① 특정한 주파수를 이용할 수 있는 권리를 특정인에게 주는 것을 말한다.
② 무선국을 허가함에 있어 당해 무선국이 이용할 특정한 주파수를 지정하는 것을 말한다.
③ 무선국을 운용할 때 불요파 발사를 억제하기 위한 주파수를 지정하는 것을 말한다.
④ 설치된 무선설비가 반응할 수 있도록 필요한 주파수를 지정하는 것을 말한다.

72. 과학기술정보통신부 장관은 주파수의 이용실적이 낮은 경우 주파수 회수 또는 주파수 재배치를 할 수 있다. 다음 중 주파수 이용실적의 판단기준이 아닌 것은? (　)

① 해당 주파수의 이용 현황 및 수요 전망
② 전파이용기술의 발전 추세
③ 국제적인 주파수의 사용동향
④ 주파수의 양도와 임대 실태

73. 다음 중 전파감시 업무에 해당되지 않는 사항은? (　)

① 무선국에서 사용하고 있는 주파수의 편차 · 대역폭 등 전파의 품질측정
② 혼신을 일으키는 전파의 탐지
③ 허가를 받지 아니한 무선국에서 발사한 전파의 탐지
④ 유선 · 무선통합 통신에서 발사한 전파의 전송 품질 측정

74. 다음 중 과학기술정보통신부 장관이 수행하는 전파 감시의 목적으로 볼 수 없는 것은? (　)

① 전파의 효율적인 이용 촉진
② 신속한 혼신 제거
③ 전파 이용 질서의 유지 및 보호
④ 주파수에 대한 사용료 부과, 징수

75. 다음 중 과학기술정보통신부 장관이 전파 산업 등의 기술개발의 촉진을 위하여 추진해야 할 사항이 아닌 것은? (　)

① 기술 수준의 조사 · 연구개발 및 개발기술의 평가 · 활용
② 기술의 협력 · 지도 및 이전
③ 국제기술표준과의 연계 공유 개발
④ 기술정보의 원활한 유통

76. 다음 중 정보통신공사에서 감리 업무가 아닌 것은? (　)

① 시공관리　② 품질관리　③ 안전관리　④ 인력관리

77. 다음 중 대통령령으로 정하는 주요 방송통신사업자에 해당하는 사항은? (　)

① 회선 수가 20만 이상인 자
② 회선 수가 30만 이상인 자
③ 회선 수가 40만 이상인 자
④ 회선 수가 50만 이상인 자

78. 다음 중 무선설비기준에서 수신설비가 갖추어야 할 충족조건이 아닌 것은? (　)

① 감도는 낮은 신호 입력에도 양호할 것
② 내부잡음이 클 것
③ 수신주파수는 운용범위 이내일 것
④ 선택도가 클 것

79. 다음 중 괄호 안에 알맞은 것은? (　)

안테나공급전력이 (　　)를 초과하는 무선선비에 사용하는 전원회로에는 퓨즈 또는 자동차단기를 갖추어야 한다.

① 70와트　② 50와트　③ 30와트　④ 10와트

80. 다음 중 무선설비의 기술기준에서 요구하는 변조 특성 및 안테나계의 조건으로 알맞지 않은 것은? (   )

① 반송파가 주파수 변조할 때에는 최대 주파수 편이의 범위를 초과하지 아니할 것
② 안테나는 무선설비를 작동할 수 있는 최소 안테나 이득을 가질 것
③ 정합은 신호의 반사손실이 최대화되도록 할 것
④ 지향성은 복사전력이 목표하는 방향을 벗어나지 아니하도록 안정적일 것

1	2	3	4	5	6	7	8	9	10
④	②	②	②	④	④	③	②	①	③
11	12	13	14	15	16	17	18	19	20
③	③	②	①	④	④	④	①	②	③
21	22	23	24	25	26	27	28	29	30
②	②	①	②	①	①	③	①	①	③
31	32	33	34	35	36	37	38	39	40
③	③	③	②	③	④	①	②	②	④
41	42	43	44	45	46	47	48	49	50
①	④	③	④	④	①	①	①	③	①
51	52	53	54	55	56	57	58	59	60
③	①	①	①	①	①	②	④	②	②
61	62	63	64	65	66	67	68	69	70
①	①	①	①	②	②	②	④	③	③
71	72	73	74	75	76	77	78	79	80
①	④	④	④	③	④	④	②	④	③

무선설비산업기사 기출문제

[2021년 10월 2일 시행]

1과목 : 디지털 전자회로

1. 다음 중 맥동 전압(Ripple Voltage)에 대한 설명으로 옳은 것은? (　)

① 맥동이 클수록 필터 동작이 뛰어나다.
② 맥동률은 직류 출력 전압에 대한 맥동 전압의 비율이다.
③ 전파 정류기는 반파 정류기보다 맥동이 커서 많이 사용된다.
④ 맥동률이 높을수록 더 좋은 필터이며 커패시터 값이 커질수록 맥동률은 커진다.

2. 반파정류기의 직류출력전압이 20[V]일 때 맥동전압의 rms 값은? (　)

① 24.2[V]　② 20.0[V]　③ 9.6[V]　④ 7.7[V]

3. 다음 중 정전압 안정화 회로에서 안정화 전원용으로 사용되는 소자는? (　)

① 콘덴서　② 코일　③ 제너다이오드　④ FET

4. PNP와 NPN 트랜지스터를 조합하여 이루어진 push-Pull 증폭회로를 무엇이라 하는가? (　)

① 컴플리멘터리 SEPP 회로　② 위상반전회로
③ OTL　④ OCL

5. 다음 그림은 베이스 바이어스 회로이다. 동작점에서 VCE 전압은? (　)
(단, 베어스에미터 전압 VBE = 0.7[V]이다.)

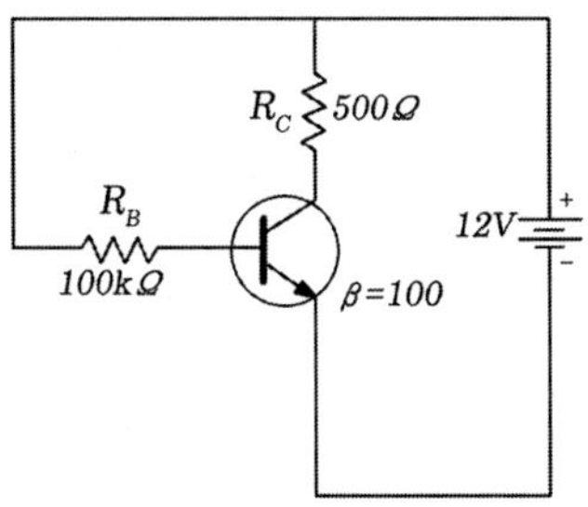

① 2.25[V]　② 6.35[V]　③ 11.3[V]　④ 12.0[V]

6. 다음 회로는 FET를 이용한 Voltage-series 궤환 증폭회로이다. 궤환이 없을 때 전압 이득 AV는? ( )
(단, FET의 드레인 저항은 rd, 전달 컨덕턴스 gm, 증폭률 μ = gmrd)

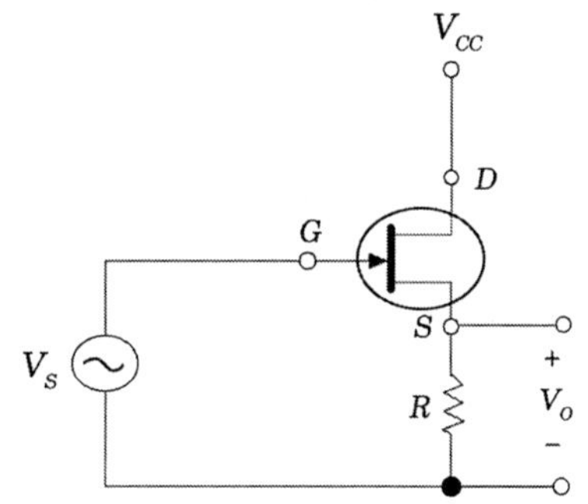

① $\dfrac{\mu R}{r_d + R}$ ② $\dfrac{r_d + (1+\mu)R}{r_d + R}$ ③ $\dfrac{\mu R}{r_d + (1+\mu)R}$ ④ $\dfrac{r_d}{1+\mu}$

7. 차동증폭기에서 두 입력 전압이 각각 V_1 = 50[μV], V_2 = 50[μV]일 때 출력전압은 얼마인가?
(단, A_d는 차신호 이득이며, CMRR = 100이다.) ( )

① ∞ ② 50A_d[μ V] ③ 100A_d[μ V] ④ 200A_d[μ V]

8. 다음 중 연산 증폭회로의 응용인 비교기에 대한 설명으로 옳지 <u>않은</u> 것은? ( )

① 두 개의 입력 전압과 하나의 출력 전압을 갖는다.
② 비반전전압이 반전전압보다 크면 높은 전압을 출력한다.
③ 비반전전압이 반전전압보다 작으면 낮은 전압을 출력한다.
④ 가성접지 때문에 커패시터 전류는 귀환저항을 통해 흐르고 전압을 발생시킨다.

9. 다음 중 푸시풀 전력증폭기에서 출력신호 파형의 찌그러짐이 작아지는 주된 이유는 무엇인가? ( )

① 기수차 고조파 성분이 상쇄되기 때문이다.
② 우수차 고조파 성분이 상쇄되기 때문이다.
③ 기수차 및 우수차 고조파 성분이 모두 상쇄되기 때문이다.
④ 직류성분이 없어지기 때문이다.

10. 완충증폭기로 A급 증폭기를 많이 사용하는 이유는 무엇인가? ( )

① 능률이 좋다. ② 조정이 쉽다.
③ 기생진동이 없다. ④ 안정된 증폭을 한다.

11. 15[kHz]까지 전송할 수 있는 PCM시스템에서 요구되는 최소 표본화 주파수는? ( )

① 10[kHz] ② 20[kHz] ③ 30[kHz] ④ 40[kHz]

12. 다음 중 DSB-LC(DSB-TC) 변조 후에 발생되는 (피)변조 신호를 구성하는 성분이 아닌 것은? ( )

① 반송파 ② USB ③ LSB ④ FSB

13. 다음 중 아날로그 진폭 변조 방식의 종류가 아닌 것은? ( )

① DSB-LC(DSB-TC) ② DSB-SC ③ FM ④ SSB

14. 다음 중 진폭변조에서 신호파 $x_s(t) = 4\cos2\pi f_s t$, 반송파 $x_c(t) = 5\cos2\pi f_c t$로 주어질 때 피변조파 x(t)를 나타낸 것은? ( )

① $x(t) = 4(1+0.8\sin2\pi f_s t)\cos2\pi f_c t$ ② $x(t) = 4(1+0.8\cos2\pi f_s t)\cos2\pi f_c t$
③ $x(t) = 5(1+0.8\sin2\pi f_s t)\cos2\pi f_c t$ ④ $x(t) = 5(1+0.8\cos2\pi f_s t)\cos2\pi f_c t$

15. 다음 중 멀티바이브레이터에서 비안정, 단안정, 쌍안정의 구별은 무엇으로 결정되는가? ( )

① 결합 회로의 구성에 따라 ② 전원 전압의 크기에 따라
③ 바이어스 전압의 크기에 따라 ④ 인덕터의 수에 따라

16. 다음 중 멀티바이브레이터에 대한 설명으로 잘못된 것은? ( )

① 정궤환이 이루어지는 회로이다.
② 출력 파형은 고차의 고조파를 포함한다.
③ 시정수는 입력 파형의 주기를 결정한다.
④ 스위치 회로의 구형파 발생, 계수회로로 사용된다.

17. 다음 그림과 같은 Exclusive-OR 게이트를 이용하여 출력값이 'Y=B'인 Buffer로 활용하기 위한 입력결선 방법으로 가장 옳은 것은? ( )

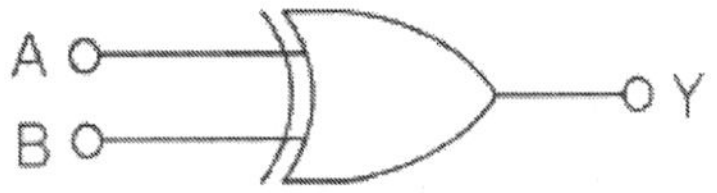

① 입력 A는 Open 시킨다. ② 입력 A를 +5[V]로 고정한다.
③ 입력 A를 0[V]로 고정한다. ④ 입력 A를 출력 Y와 연결한다.

18. 다음 회로의 기능과 같은 논리 게이트는 무엇인가? ( )

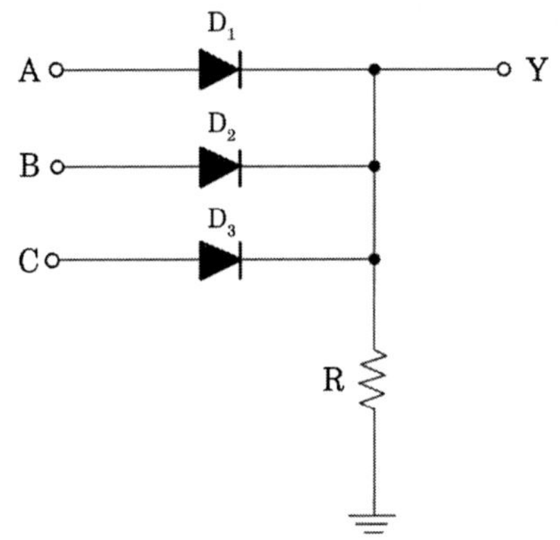

① AND ② OR ③ EX-OR ④ NAND

19. 두 입력을 비교하여 A>B이면 출력이 1이고, A≤B이면 출력이 0이 되는 논리회로를 설계하고자 한다. 이 조건을 만족하는 논리식은? ( )

① $A\overline{B}$ ② AB ③ $A+B$ ④ $A+\overline{B}$

20. 다음 중 2진 비교기의 입력이 X = 1, Y = 0일 때 비교기 출력 X>Y와 X<Y의 값을 바르게 나타낸 것은? ( )

① 0, 0 ② 0, 1 ③ 1, 1 ④ 1, 0

2과목 : 무선통신 기기

21. AM 송신기의 주파수체배기에 사용되는 증폭기는 어느 증폭 방식이 많이 사용되는가? ( )

① A급 ② AB급 ③ B급 ④ C급

22. 다음 중 무선통신에서 FM 방식이 AM 방식에 비해 신호대 잡음비가 좋은 이유로 가장 적합한 것은? ( )

① 리미터(Limiter)를 사용하므로
② 클라리파이어(Clarifier)를 사용하므로
③ AGC 회로를 사용하므로
④ 깊은 변조를 할 수 있으므로

23. 다음 중 초기 모뎀에 적용된 기술로서 저속 디지털 전송에 사용했고 채널의 상태에 민감한 기술은? (　)

① ASK　② FSK　③ PSK　④ QAM

24. 다음 중 반송 신호의 순간 주파수가 PCM코드에 응답하여 두 개의 값들 사이에서 전환되는 디지털 변조 시스템은? (　)

① ASK　② PSK　③ FSK　④ MSK

25. 전송선로의 대역폭이 40[kHz], S/N 비가 15일 때 전송할 수 있는 채널용량은? (　)

① 46.8×10^3　② 4×10^4　③ 16×10^3　④ 16×10^4

26. 다음 중 레이다의 방위 분해능을 개선하는 방법으로 틀린 것은? (　)

① 가능한 파장이 짧은 전파를 이용한다.　② 스캐너의 길이는 가능한 길게 한다.
③ 주파수가 높은 전파를 이용한다.　④ 레이다 마스트의 높이를 높인다.

27. 다음 중 GMDSS의 송·수신기에 대한 설명으로 틀린 것은? (　)

① 위성계 통신 장비로 INMARSET가 사용된다.
② 위성계 통신 장비로 RCC(Rescue Coordination Center)가 사용된다.
③ 지상계 통신으로 원거리 통신에는 HF대를 이용한다.
④ 지상계 통신으로 중거리 통신장비는 MHF대 DSC와 NAVTEX가 사용된다.

28. 다음 중 위성통신시스템에서 통신영역을 편파 또는 여러 개의 협소 빔으로 공간 분할하는 다원접속기술은? (　)

① SDMA　② CDMA　③ TDMA　④ FDMA

29. 인털셋 표준 지구국은 현재 표준 A에서 표준 Z까지 크게 8가지로 분류되고 있다. 이러한 표준국 구분의 조건에 영향을 미치는 것이 아닌 것은? (　)

① G/T　② 사용주파수　③ CNR　④ 안테나의 크기

30. 다음 중 40[kHz]의 대역폭을 갖는 신호전송 시 PCM(Pulse Code Modulation)시스템에서 요구되는 최소 표본화 주파수는? (　)

① 30[kHz]　② 40[kHz]　③ 60[kHz]　④ 80[kHz]

31. 다음 중 TPEG(Transport Protocol Expert Group) 기술에서 단말기로 정보를 전송하는 데 사용되는 매체는? (　)

① DMB 주파수
② WIFI 전송
③ 음성 주파수
④ USN(Ubiquitous Sensor Network)

32. 다음 중 재난안전통신망의 단절없는 통신환경을 지원하기 위한 방안으로 거리가 먼 것은? (　)

① 전국 단일의 통화권 확보
② 다양한 유형의 단말기 제공
③ 신속한 통신서비스 제공환경 구축
④ 업체의 기술독점력 확보

33. 다음 중 재난안전통신망에서 동일한 주파수를 사용하는 다른 통신망 간의 간섭을 해소하는 데 적용하는 기술은? (　)

① RAN Sharing
② MIMO
③ Frequency Diversity
④ Beam Forming

34. 다음 중 DC-DC 컨버터 중의 하나인 스위칭 레귤레이터의 장점에 대한 설명으로 틀린 것은? (　)

① 전력효율이 높다.
② 일정한 출력 전압을 얻을 수 있다.
③ 입력보다 출력이 높은 전압을 얻을 수 있다.
④ 잡음이 적다.

35. 다음 중 태양전지에서 만들어진 직류전기를 교류전기로 만들어 주는 것은? (　)

① 인버터　② 컨버터　③ 광센서　④ 컨트롤러

36. 태양발전설비에서 부조일수 3일, 부하의 수요전력량 90[kWh], 축전지 계수 0.425일 때, 축전지 용량은 약 얼마인가? (　)

① 114[kWh]　② 153[kWh]　③ 635[kWh]　④ 847[kWh]

37. 다음 중 FM 송신기의 전력 측정 방법으로 적합하지 않은 것은? (　)

① 열량계에 의한 방법
② C-M형 전력계에 의한 방법
③ 수부하계에 의한 방법
④ 볼로미터 브리지에 의한 방법

38. 다음 중 CDMA 및 WCDMA 휴대 단말기를 포함한 대부분의 송수신기에서 사용되는 것으로서, 수신 신호의 레벨 변화와 온도 등에 의한 출력 레벨의 변동이 없도록 제어하는 장치는 무엇인가? (　)

① AVR　② AGC　③ LNA　④ PLL

39. 광대역 FM송신기로 송신하는 신호의 최대 주파수 편이가 30[kHz]이고, 변조 주파수가 5[kHz]일 때, 이 FM의 대역폭은? (　)

① 10[kHz]　② 35[kHz]　③ 70[kHz]　④ 100[kHz]

40. 다음 그림과 같이 결선하여 안테나의 실효저항을 측정하고자 한다. 회로에서 신호발생기(SG)의 주파수를 안테나에 공진시키고 스위치 S를 닫았을 때 A의 지시가 6[A]이고, 스위치 S를 열었을 때 4[A]이면 안테나의 실효저항(Re)은 얼마인가? (단, Rs는 10[Ω]이며, A의 내부저항은 무시한다.) (　)

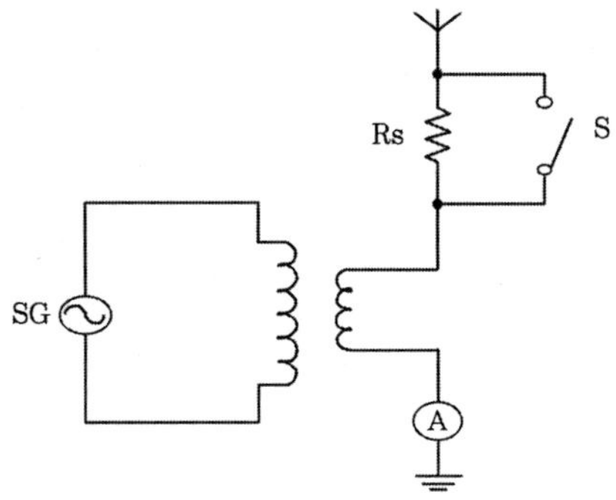

① 20[Ω]　② 30[Ω]　③ 40[Ω]　④ 50[Ω]

3과목 : 안테나 개론

41. 다음 중 맥스웰의 제1방정식 "△●D = ρ"에서 발산에 대한 정의로서 바르지 못한 것은? ( )

① $\nabla \cdot A = \lim_{\Delta V \to 0} \frac{\oint A \cdot dS}{\Delta v}$
② 벡터장의 원천을 파악하는 데 이용된다.
③ 발산 값이 (+)이면 벡터 장이 흘러나오는 원천이다.
④ 발산 값으로 (0)은 없다.

42. 다음 중 지상파에 대한 설명으로 틀린 것은? ( )

① 송수신점의 안테나 높이와 직접파의 가시거리는 직접적인 관계가 없다.
② 직접파는 송신점에서 수신점에 직접 도달하는 전파이다.
③ 지표파는 도전성인 지구 표면을 따라서 전파하는 전파이다.
④ 회절파는 대지의 융기부나 지상에 있는 전파 장애물을 넘어서 수신점에 도달하는 전파이다.

43. 다음 중 송수신점간의 거리가 정해졌을 때 전리층 반사파를 이용하여 통신할 수 있는 최적의 사용 주파수를 무엇이라고 하는가? ( )

① LUF ② MUF ③ FOT ④ VHF

44. 다음 중 VHF(Very High Frequency)와 UHF(Ultra High Frequency) 대역의 주파수 범위는? ( )

① VHF : 300~3,000[MHz], UHF : 30~300[MHz]
② VHF : 3~30[MHz], UHF : 30~300[MHz]
③ VHF : 30~300[MHz], UHF : 300~3,000[MHz]
④ VHF : 30~300[MHz], UHF : 3~30[MHz]

45. 해양경찰 무선국에서 주간에 20[MHz]로 통신하였으나 야간에 동일 주파수로는 감도가 떨어져 사용주파수를 전환해서 교신하였다고 할 때 적정한 주파수는 어느 것인가? ( )

① 16[MHz] ② 24[MHz] ③ 27[MHz] ④ 28[MHz]

46. 다음 중 전리층 반사를 사용하는 주파수대에서 최고 사용주파수(MUF)를 구하는 목적으로 맞는 것은? (　)

① 전리층 반사파를 사용하여 통신하기 적합한 주파수를 구하는 데 사용한다.
② 전리층의 밀도를 구하는 데 사용한다.
③ 전리층 반사파를 사용하는 경우의 전계강도를 구하는 데 사용한다.
④ 전리층 반사파가 도달하는 최고의 거리를 구하는 데 사용한다.

47. 다음 중 전자파의 회절현상에 대한 설명으로 적합하지 않은 것은? (　)

① 전파의 전파통로 상에 산이나 건물 등의 장애물이 있을 때 가시거리 외 음영부분까지 전자파의 일부가 휘어져 도달하는 현상을 말한다.
② 주파수가 높을수록 회절현상은 심하다.
③ 프레넬 존(Fresnel zone)의 원인이 된다.
④ 호이겐스 원리에 의하여 설명된다.

48. 다음 중 급전선의 무왜곡 조건식을 옳게 표시한 것은? (단, C : 커패시턴스, G : 컨덕턴스, R : 저항, L : 인덕턴스) (　)

① C/G = R/L　② G/C = R/L　③ 2C/G = R/L　④ C/2G = R/L

49. 다음 중 비동조 급전 방식에 대한 설명으로 바르지 못한 것은? (　)

① 급전전상에 반사파가 생기지 않도록 하기 위한 정합장치가 필요하다.
② 급전선의 길이와 사용 파장은 일정 비례관계를 갖지 않는다.
③ 피더에는 정재파가 편승하지 않는다.
④ 평형형 급전선만 사용할 수 있다.

50. 다음 중 안테나의 도파관에 금속봉(Stub)을 삽입하는 이유로 바르게 설명된 것은? (　)

① 리액턴스 성분을 제거한다.　② 반사파를 만들기 위함이다.
③ 안테나 길이를 단축한다.　④ 고주파 전압의 파복을 낮춘다.

51. 다음 분포정수회로에 의한 정합 방법 중 동축 급전선과 안테나의 정합에 적용할 수 없는 것은? (　)

① Taper에 의한 정합　② Stub 정합
③ Omega 정합　④ Gamma 정합

52. 다음 중 미소 다이폴 안테나에서 생성되는 전파 중 원거리(0.16λ 이상)에서 주가 되는 성분은? (　)

① 정전계　② 정자계　③ 복사계　④ 유도계

53. Friis의 전달공식에 의한 무선구간 경로손실(Path Loss)은 안테나에서 전송 전력과 수신 전력 사이에서의 신호 감쇠를 의미하고, 이는 자유공간 하에서 PL(dB) = 20log10(f, MHz) + 20log10(D, km) + 32.4로서 데시벨 단위로 표현된다. 그렇다면 사용주파수가 1,000MHz이고 전송거리가 10km일 때 경로손실(dB)은 얼마인가? (　)

① 92.4　② 102.4　③ 112.4　④ 122.4

54. 안테나의 반사계수가 0.6일 때, 정재파비(VSWR)는? (　)

① 2　② 3　③ 4　④ 5

55. 다음 중 루프 안테나에 대한 설명으로 틀린 것은? (　)

① 실효길이는 권수(감이수)에 비례하고, 파장에 반비례한다.
② 전파도래 방향과 루프면이 일치할 때 최대 감도를 갖는다.
③ 중장파용 안테나이다.
④ 루프 지름과 파장 사이에 관계에 따라서 지향성 특성이 변한다.

56. 다음 중 수평 편파 성분의 전파를 수신하지 못하는 안테나는? (　)

① Wave 안테나　② Loop 안테나　③ Sleeve 안테나　④ Adcock 안테나

57. 다음 중 폴디드(Folded) 다이폴 안테나에 대한 설명으로 틀린 것은? (　)

① 반파장 다이폴의 변형으로 급전점의 임피던스를 높게 할 수 있다.
② 300[Ω] 급전선과 정합하기 위해서는 임피던스 변환기가 필요하다.
③ 안테나 이득은 반파장 다이폴과 같다.
④ 주로 TV 또는 초단파용 안테나로 사용된다.

58. 다음 중 마이크로스트립 안테나에 대한 설명으로 옳지 않은 것은? (　)

① 이득이 크다.　② 선형 및 원형 편파가 가능하다.
③ 대역폭이 작다.　④ 제작 비용이 적게 든다.

59. 다음 중 전자파인체보호기준 상의 전·자기장강도 측정값과 기준값 비의 제곱 또는 전력밀도 측정값과 기준값의 비를 무엇이라 하는가? ( )

① 노출지수 ② 보호지수 ③ 감쇠지수 ④ 비교지수

60. 전자파강도 측정기의 최대 입력이 10[dBm]이고 실제 안테나에 유기된 전력이 100[mW]라면 측정기 입력단에 최소 몇 [dB]의 감쇄기를 삽입하여야 하는가? (단, 1[mW]가 0[dBm]이며 임피던스는 잘 매칭되어 있고 케이블 등 기타 손실은 무시한다.) ( )

① 0[dB] ② 1[dB] ③ 10[dB] ④ 20[dB]

4과목 : 전자계산기 일반 및 정보설비기준

61. 다음 중 산술 및 논리 연산의 결과를 일시적으로 기억하는 레지스터는? ( )

① Instruction 레지스터
② Status Flag 레지스터
③ Accumulator 레지스터
④ Address 레지스터

62. 다음 중 RISC(Reduced Instruction Set Computer)와 CISC(Complex Instruction Set Computer)에 대한 설명으로 옳은 것은? ( )

① RISC는 CISC보다 더 많은 레지스터를 가진다.
② CISC는 명령어의 길이가 고정적이다.
③ CISC는 단일 사이클로 대부분의 명령어를 실행한다.
④ 대표적인 RISC 칩은 인텔사의 x86 시리즈이다.

63. 다음 중 사설 IP를 사용하여 인터넷에 접속할 때 공인 IP주소와 상호변환하는 역할을 하는 것은? ( )

① NAT ② ARP ③ DHCP ④ RIP

64. IP 주소가 128.110.121.32/24이라면 네트워크 주소는 무엇인가? ( )

① 128.0.0.0 ② 128.110.0.0 ③ 128.110.121.0 ④ 128.110.121.32

65. 오픈 네트워크에서 인증과 통신의 암호화를 시행하여 보안성을 확보하는 알고리즘으로 신뢰할 수 있는 제3의 기관인 키분배센터에서 클라이언트의 패스워드를 기초로 생성한 티켓을 발급하고 클라이언트는 이를 접근할 서버에서 사용해 패스워드의 누출위험을 줄여 더 높은 상호 인증을 구현하는 프로토콜은 무엇인가? ( )

① IPSEC ② SSLTLS ③ SET ④ 커버로스(kerberos)

66. 비밀키를 이용하여 암호문을 만들고자 한다. 괄호 안에 들어갈 암호문으로 적합한 것은? ( )

문자	K	O	R	E	A
ASCII	01001011	01001111	01010010	01000101	01000001
비밀키	01101011	11111010	01001000	11011000	01100101
암호문	00100000	10110101	( )	10011101	00100100

① 01010010 ② 01001000 ③ 10101101 ④ 00011010

67. 다음 중 시스템간에 데이터를 옮기기 위한 데이터 전환 계획에 대한 설명으로 틀린 것은? ( )

① 선 전환, 본 전환, 후 전환으로 분리하여 계획을 수립한다.
② 본 전환에 대한 세부절차는 시간대별로 상세하게 작성한다.
③ 일자별 거래내역, 근태 내역 등 대량의 데이터 테이블은 사후에 전환한다.
④ 작업별로 전환 시간, 전환 담당자, 관리자 등을 지정한 전환 시나리오를 작성한다.

68. 다음 중 오류 관리 목록에서 오류가 보고되었지만 아직 분석되지 않은 상태를 나타내는 용어는? ( )

① Open ② Fixed ③ Closed ④ Deferred

69. 다음 중 원래의 장치에 변경 사항이 있을 경우, 변경되기 이전에 변경된 데이터 영역의 복사본을 만들어 가상장치의 상태를 재생, 복구하는 기능은? ( )

① 스냅샷(Snapshot)
② 커널(Kernel)
③ 고가용성(High Availability)
④ 장애 조치 클러스터링(Failover Clustering)

70. 별도의 전용선을 임대하지 않고도 공중망이나 서비스 업체의 전용망에 가상의 터널을 만들어 마치 전용선을 활용하고 있는 것과 같은 효과를 주는 가상의 네트워크를 무엇이라 하는가? ( )

① VPN(Virtual Private Network)
② Mobile IP
③ VLAN(Virtual Local Area Network)
④ NAT(Network Address Translation)

71. 다음 중 전자파 에너지가 전원선을 통하여 흐르는 것을 무엇이라고 하는가? ( )

① 방사 ② 전도 ③ 전류 ④ 유도

72. 다음 중 무선국의 개설허가에서 과학기술정보통신부장관의 심사사항에 해당되지 않는 것은? ( )

① 주파수지정이 가능한지의 여부
② 설치운용할 무선설비가 기술기준에 적합한지의 여부
③ 무선종사자의 배치계획이 자격 · 정원배치 기준에 적합한지의 여부
④ 안테나 설치 장소가 기준에 적합한지 여부

73. 다음 중 법령에서 정한 실험국의 개설조건으로 틀린 것은? ( )

① 과학지식의 보급에 공헌할 합리적인 가능성이 있을 것
② 신청인이 그 실험을 수행할 인적자원이 풍부할 것
③ 실험의 목적과 내용이 공공복리를 해하지 아니할 것
④ 합리적인 실험의 계획과 이를 실행하기 위한 적당한 설비를 갖추고 있을 것

74. 해당 무선국이 1년간 내야 할 전파사용료 전액을 미리 내려는 경우 얼마를 감면받을 수 있는가? ( )

① 100분의 5 ② 100분의 10 ③ 100분의 15 ④ 100분의 20

75. 다음 중 전파환경측정의 종류에 해당되지 않는 것은? ( )

① 전파환경의 조사 ② 전파응용설비의 측정
③ 전자파차폐성능측정 ④ 전자파흡수율측정

76. 다음 중 전파법에서 특정한 주파수의 용도를 정하는 것을 무엇이라 하는가? ( )

① 주파수 지정 ② 주파수 분배 ③ 주파수 할당 ④ 주파수 용도

77. 다음 중 무선설비의 안테나공급전력은 몇 와트 초과 시 전원회로에 퓨즈 또는 자동차단기를 갖추어야 하는가? ( )

① 50 ② 30 ③ 20 ④ 10

78. 다음 중 디지털 TV방송국 송신설비의 안테나공급전력 허용편차는? ( )

① 상한 5[%], 하한 5[%] ② 상한 5[%], 하한 10[%]
③ 상한 10[%], 하한 20[%] ④ 상한 10[%], 하한 15[%]

79. 의무항공기의 예비전원은 항공기의 항행안전을 위하여 필요한 무선설비를 최소 얼마 이상 동작시킬 수 있는 성능을 가져야 하는가? ( )

① 30분 ② 1시간 ③ 1시간 30분 ④ 2시간

80. 다음 중 방송통신기자재의 적합성 평가의 공통 적용 기준은? ( )

① 전자파 등급 기준 ② 전자파 강도 측정 기준
③ 전자파 흡수율 측정 기준 ④ 전자파 적합성(EMC) 기준

1	2	3	4	5	6	7	8	9	10
②	①	③	①	②	①	③	④	②	④
11	12	13	14	15	16	17	18	19	20
③	④	③	④	①	③	③	②	①	④
21	22	23	24	25	26	27	28	29	30
④	①	①	③	④	④	②	①	③	④
31	32	33	34	35	36	37	38	39	40
①	④	①	④	①	④	③	②	③	①
41	42	43	44	45	46	47	48	49	50
④	①	③	③	①	①	②	②	④	①
51	52	53	54	55	56	57	58	59	60
②	③	③	③	④	④	②	①	①	③
61	62	63	64	65	66	67	68	69	70
③	①	①	③	④	④	③	①	①	①
71	72	73	74	75	76	77	78	79	80
②	④	②	②	②	②	④	①	①	④

정보통신산업기사 기출문제

[2019년 6월 29일 시행]

1과목 : 디지털 전자회로

1. 다음 중 전압, 전류, 저항의 보조단위를 정리한 것으로 맞지 <u>않는</u> 것은? (　)

① $\frac{[\mathrm{V}]}{[\mathrm{mA}]}=[\mathrm{K}\Omega]$　② $\frac{[\mathrm{V}]}{[\mu\mathrm{A}]}=[\mathrm{M}\Omega]$

③ $[\mathrm{mA}]\cdot[\mathrm{K}\Omega]=[\mathrm{V}]$　④ $[\mu\mathrm{A}]\cdot[\mathrm{M}\Omega]=[\mathrm{mV}]$

2. 다음 중 브리지 전파 정류회로의 특징으로 <u>틀린</u> 것은? (　)

① 맥동(Ripple) 주파수는 전원주파수의 3배이다.
② 최대역전압(PIV)은 전원 전압의 최대값[Vm]이다.
③ 변압기의 직류자화가 없어 변압기의 이용률이 높다.
④ 전원 변압기의 2차측 권선의 중간 탭이 불필요하며, 권선도 반이면 된다.

3. 다음 중 중간 탭형 전파 정류와 비교했을 때, 브리지형 전파 정류회로의 특징이 <u>아닌</u> 것은? (　)

① 고압 정류회로에 적합하다.
② 변압기 자기 포화 현상이 거의 없다.
③ 높은 출력전압을 얻을 수 있다.
④ 소형 변압기를 전혀 사용할 수 없다.

4. 다음 중 FET(Field Effect Transistor)의 특성으로 옳은 것은? (　)

① 쌍극성 소자이다.
② 입력신호 전압을 게이트에 인가해서 채널 전류를 제어한다.
③ BJT보다 저 입력 임피던스를 갖는다.
④ P 채널 FET에 흐르는 전류는 전자의 확산 현상에 의해 발생한다.

5. 다음 그림과 같은 전류 궤환 Bias 회로에서 IB는 약 얼마인가? (　)
(단, B = 100, V_{BE} = 0.7 [V], V_{cc} = 20 [V]이다.)

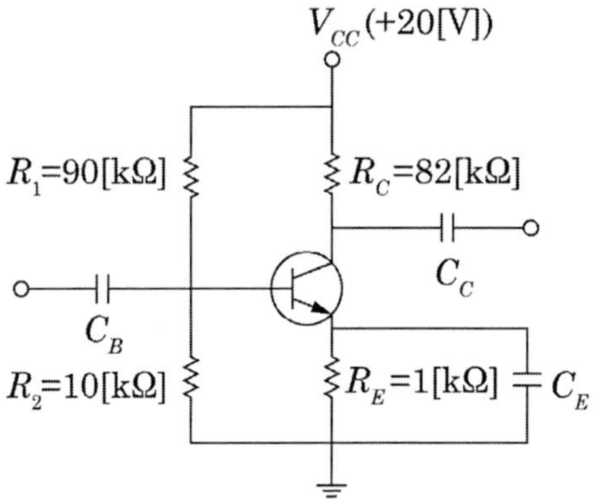

① 1.29 [μA]　② 12.9 [μA]　③ 2.91 [μA]　④ 29.1 [μA]

6. 트랜지스터의 바이어스 회로 방식 중에서 안정도가 가장 높은 것은? (　)

① 고정 바이어스　② 전압 궤환 바이어스
③ 전류 궤환 바이어스　④ 전압 전류 궤환 바이어스

7. 0.1 [V]의 교류 입력이 10 [V]로 증폭되었을 때, 증폭도는 몇 [dB]인가? (　)

① 10 [dB]　② 20 [dB]　③ 30 [dB]　④ 40 [dB]

8. 다음 중 비 정현파 발진기가 아닌 것은? (　)

① 멀티바이브레이터　② 피어스 BE 발진기
③ 블로킹 발진기　④ 톱니파 발진기

9. 다음 중 CR형 발진기에 대한 설명으로 틀린 것은? (　)

① LC 동조회로를 사용하지 않는다.
② 발진주파수는 CR의 시정수에 의해 정해진다.
③ C와 R을 사용하여 부궤환에 의해 발진한다.
④ 저주파 발진 특성이 우수하다.

10. 다음 중 발진주파수가 변하는 주요 요인이 <u>아닌</u> 것은? (　)

① 전원 변압의 변동　　② 주위의 온도 변화
③ 부하의 변동　　④ 대역폭의 변화

11. 다음 중 교류 신호를 구성하는 기본적인 요소가 <u>아닌</u> 것은? (　)

① 진폭　　② 주파수
③ 증폭도　　④ 위상

12. 다음 중 아날로그 진폭 변조 방식의 종류가 <u>아닌</u> 것은? (　)

① DSB-LC(DSB-TC)　　② DSB-SC
③ FM　　④ SSB

13. 다음 중 펄스변조 방식이 <u>아닌</u> 것은? (　)

① PCM　　② PWM　　③ PPM　　④ PM

14. 동일 조건의 환경에서 PSK, DPSK 및 비동기 FSK 변조 방식에 대한 각각의 오류확률에 따른 신호대 잡음비의 품질이 우수한 순서대로 나열한 것 중 옳은 것은? (　)

① PSK > DPSK > FSK　　② DPSK > PSK > FSK
③ FSK > PSK > DPSK　　④ FSK > DPSK > PSK

15. 트랜지스터의 스위칭 시간에서 Turn-on 시간을 의미하는 것은? (　)

① Fail Time　　② Rise Time + Delay Time
③ Rise Time　　④ Fail Time + Storage Time

16. 쌍안정 멀티 바이브레이터 회로에서 저항에 병렬로 접속된 콘덴서의 주요 목적은? (　)

① 증폭도를 높이기 위해　　② 스위칭 속도를 높이기 위해
③ 베이스 전위를 일정하게 하기 위해　　④ 이미터 전위를 일정하게 하기 위해

17. 8진수 67을 16진수로 바르게 변환한 것은? (　)

① 43　　② 37　　③ 55　　④ 34

18. 다음 중 J-K 플립플롭을 이용하여 T 플립플롭을 구현한 것으로 옳은 것은? (　　)

① 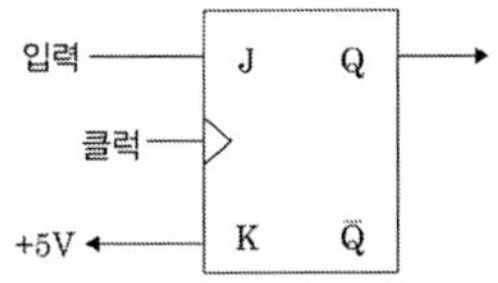

② 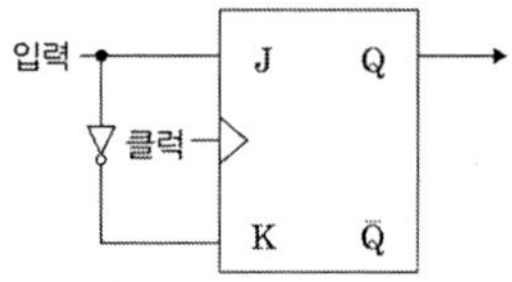

③ 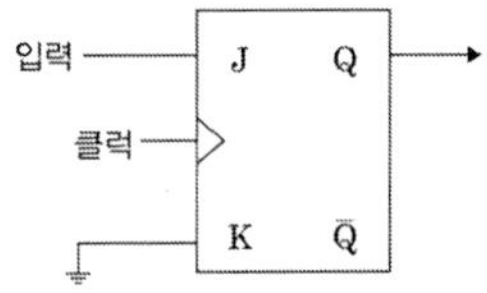

④ 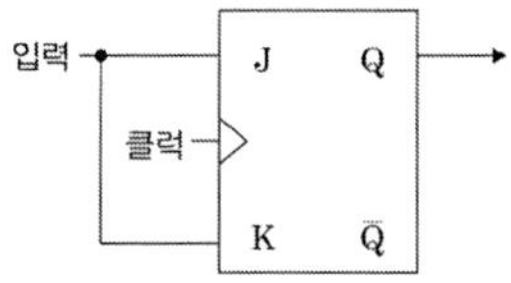

19. 다음 중 RS 플립플롭으로 구현된 D 플립플롭 회로는? (　　)

① 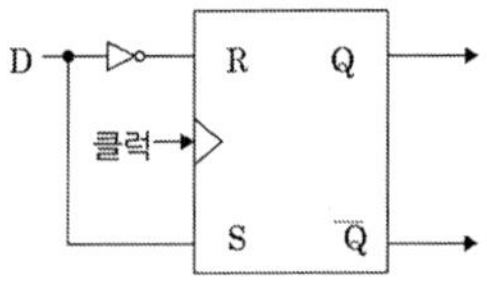

② 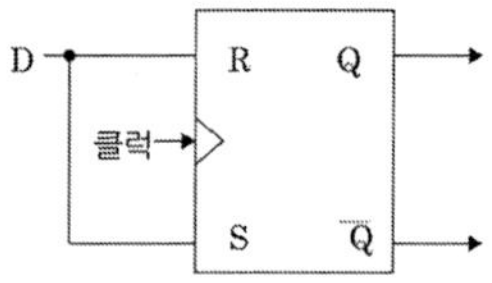

③ 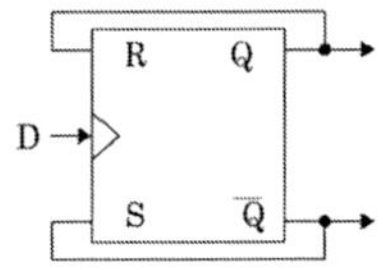

④ 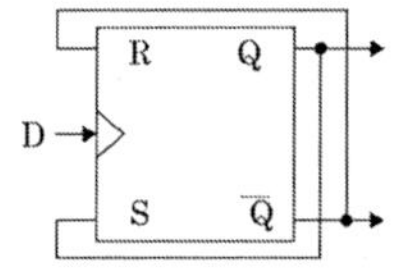

20. 다음 중 메모리에 대한 설명으로 <u>틀린</u> 것은? (　　)

① SRAM(Static RAM)과 DRAM(Dynamic RAM)은 전원이 차단되면 데이터가 소멸된다.

② DRAM은 SRAM에 비해 데이터 저장 용량을 높이는 데 용이하다.

③ SRAM은 DRAM에 비해 고속이다.

④ SRAM과 DRAM은 일정 주기마다 재충전이 필요하다.

2과목 : 정보통신기기

21. 다음 중 정보통신시스템의 설명으로 맞지 않은 것은? ( )

① 컴퓨터 상호간을 통신회선으로 접속하여 정보처리를 하는 오프라인 시스템이다.
② 이용자와 정보통신시스템에서 데이터의 입출력을 담당하는 데이터 단말기가 있다.
③ 컴퓨터 상호간을 통신회선으로 접속하여 정보의 가공, 처리, 저장 등을 수행하는 정보처리시스템이 있다.
④ 단말기 또는 컴퓨터 상호간을 유기적으로 결합하여 어떤 목적이나 기능을 수행하기 위해 연결하는 정보 전송 회선으로 되어 있다.

22. 다음 중 전송 제어 장치(TCU)에서 입·출력 장치에 대해 직접적인 제어 및 상태를 감시하는 것은? ( )

① 입·출력 제어부 ② 입·출력 장치부
③ 회선 접속부 ④ 회선 제어부

23. 정보 단말기의 기능 중 사람이 식별 가능한 데이터를 통신 장비가 처리 가능한 2진 신호로 변환하거나 그 역(逆)을 행하는 기능은? ( )

① 신호 변환 기능 ② 입·출력 기능
③ 송·수신 제어 기능 ④ 에러 제어 기능

24. 다음 중 DTE와 DCE 사이의 인터페이스에 대한 중요 특성으로 틀린 것은? ( )

① 절차적 특성 ② 전기적 특성 ③ 기능적 특성 ④ 사회적 특성

25. 다음 중 비트 단위의 다중화에 사용되고, 시간 슬롯이 낭비되는 경우가 많이 발생하는 다중화는? ( )

① 주파수 분할 다중화 ② 동기식 시분할 다중화
③ 비동기식 시분할 다중화 ④ 코드 분할 다중화

26. 다음 중 정보통신시스템의 통신회선 종단에 위치한 신호 변환 장치 중에서 디지털 전송로인 경우 단극성 신호를 쌍극성 신호로 변환이 가능한 장치는? ( )

① 코덱 ② 음향결합기
③ 코드변환기 ④ 디지털 서비스 유니트

27. 다음 중 디지털 케이블방송에서 케이블모뎀의 변·복조 방식이 아닌 것은? ( )

① 2FSK
② QPSK
③ 64QAM
④ 256QAM

28. 다음 중 PCM(Pulse Code Modulation)에 대한 설명으로 틀린 것은? ( )

① 아날로그 데이터를 디지털 신호로 변환하여 전송하고 재생하는 방식이다.
② 표본화, 양자화, 부호화 단계로 구성된다.
③ PCM 잡음에는 양자화잡음 등이 있다.
④ 표본화음(Sampling Rate)은 원신호 최소 주파수의 1/2 이하로 하는 나이키스트(Nyquist) 이론을 바탕으로 한다.

29. 디지털 케이블방송의 모뎀에서 64QAM으로 변조하였다. 64-ary(또는 심볼)는 몇 비트로 구성되는가? ( )

① 2
② 6
③ 32
④ 64

30. 다음 CATV의 구성 중 전송계의 구성 요소가 아닌 것은? ( )

① 분배선
② 간선 증폭기
③ 연장 증폭기
④ 헤드엔드

31. 다음 중 IP CCTV 시스템을 구성하는 장비로 가장 거리가 먼 장치는? ( )

① VTR
② PoE 지원형 Switch
③ UTP Cable
④ 광 전송 장치

32. 다음 중 우리나라 지상파 디지털 HDTV에서 사용하는 영상 변조 방식은? ( )

① VSB
② 8VSB
③ OFDM
④ DVB

33. 전화기의 기능 중 상대방의 번호를 발생시키는 기구로 다이얼(Dial)이 있다. 다음 중 다이얼 신호가 아닌 것은? ( )

① DP(Dial Pulse) 신호
② PB(Push Button) 신호
③ MFC(Multi Frequency Code)
④ HS(Hook Switch) 신호

34. 다음 중 4세대 이동통신 서비스를 이용하기 위해 사용되는 단말기는? ( )

① PCS 단말
② CDMA 단말
③ PSTN 단말
④ LTE Advanced 단말

35. 다음 중 위성통신에서 자유공간 전파손실에 대한 설명으로 옳은 것은? ( )

① 전파 거리의 제곱에 비례한다.
② 전자밀도의 제곱에 반비례한다.
③ 파장의 제곱에 비례한다.
④ 주파수의 제곱에 반비례한다.

36. 다음 중 위성통신을 위한 시스템 구성 요소에 해당하지 <u>않는</u> 것은? ( )

① 지구국
② 관제국
③ 통신위성
④ 위성발사체

37. 다음 중 멀티미디어 기기의 기능으로 맞지 <u>않는</u> 것은? ( )

① 고사양 CPU
② 저해상도 디스플레이
③ 고속지원
④ 다양한 서비스 형태 이용

38. 다음 중 뉴미디어의 특징이 <u>아닌</u> 것은? ( )

① 즉시성과 공평성
② 간편성과 수익성
③ 개인화와 능동성
④ 단일화와 단방향성

39. 다음 중 음악 압축에 사용되는 것으로 CD 수준의 음질로 압축하는 표준은? ( )

① JPEG ② MPEG-2 ③ MP3 ④ MPEG-4

40. 다음 중 스마트폰, 태블릿, 스마트 TV 등과 같이 기존의 기능에 컴퓨터의 기능이 부가된 기기를 무엇이라 하는가? ( )

① 와이브로 기기
② 블루투스 기기
③ 유선데이터 기기
④ 스마트 기기

3과목 : 정보전송개론

41. 16 위상 변조방식을 사용하는 변복조기에서 단위 펄스의 시간 간격이 $T = 8*10^{-4}$ [s]일 때, 데이터 전송속도와 변조 속도는 각각 얼마인가? ( )

① 2,500 [bps], 1,250 [baud] ② 5,000 [bps], 1,250 [baud]
③ 2,500 [bps], 2,500 [baud] ④ 5,000 [bps], 2,500 [baud]

42. 다음 중 PCM-24/TDM 시스템에 대한 설명으로 <u>잘못된</u> 것은? ( )

① 1 프레임의 비트수는 193개이다.
② 표본화 주파수로는 8 [kHz]를 사용한다.
③ 한 채널의 정보 전송량은 64 [kbps]이다.
④ 펄스 전송속도는 2,048 [Mbps]이다.

43. 다음 중 시분할 다중화 방식과 가장 관계가 <u>적은</u> 것은? ( )

① 가드 밴드(Guard Band) 설정
② 비트 삽입식(Bit Interleaving)
③ 문자 삽입식(Character Interleaving)
④ 점 대 점 연결방식(Point To Point)

44. 다음의 변조 방식 중 전송과정에서 에러 발생 가능성(Error Probability)이 가장 <u>낮은</u> 것은? ( )

① ASK ② FSK ③ QAM ④ PSK

45. UTP 케이블을 이용하여 네트워크 구성 시 1 [Gbps] 속도를 지원하는 케이블 등급은? ( )

① Category 1 ② Category 3 ③ Category 5 ④ Category 6

46. 무선랜 주파수로 사용되고 있는 5 [GHz] 주파수의 파장은? ( )
(단, 전파속도 = $3*10^8$ [m/s])

① 16.6 [m] ② 16.7 [m] ③ 0.05 [m] ④ 0.06 [m]

47. 다음 중 광통신 시스템에서 손실의 종류에 해당되지 않는 것은? (　)

① 커넥터 손실　② 접속 손실　③ 전반사 손실　④ 광섬유 손실

48. 다음 중 외부 피복이나 차폐재가 추가되어 있어 옥외에서 통신기기 간에 사용하기 가장 적합한 케이블은 어느 것인가? (　)

① UTP　② STP　③ ATP　④ KTP

49. 다음 중 No.7 신호방식의 프로토콜 계층 구조로 틀린 것은? (　)

① 메시지 전송부　② 신호접속 제어부
③ 이용자부　④ 주소부

50. 다음 중 혼합형 동기식 전송방식(Isochronous Transmission)의 특징이 아닌 것은? (　)

① 일반적으로 비동기식 전송보다 전송속도가 빠르다.
② 동기식 전송과 비동기 전송의 특성을 혼합한 방식이다.
③ 문자와 문자 사이에 휴지 시간이 없다.
④ Start bit와 Stop bit를 가진다.

51. 다음 중 HDLC 제어 필드의 구성으로 틀린 것은? (　)

① 정보 프레임, 감시 프레임, 비번호제 프레임 등이 있다.
② 프레임의 동작 명령, 응답을 위한 제어 정보이다.
③ 프레임의 종류, 순서번호 등의 제어 정보이다.
④ 정보 프레임, 감시 프레임, 번호제 프레임 등이 있다.

52. 다음 중 OSI 7계층 참조모델의 각 계층별 설명으로 잘못된 것은? (　)

① 제2계층(물리 계층) : 물리적 연결, 활성화와 비활성화
② 제3계층(네트워크 계층) : 통신망 내 및 통신망 사이의 경로 선택과 중계 기능
③ 제4계층(트랜스포트 계층) : 종단 상호간의 에러검출 및 서비스 품질 감시
④ 제5계층(세션 계층) : 회화 관리 및 동기 기능 수행

53. OSI 7계층 참조모델 중 물리 계층이 하는 역할을 바르게 나타낸 것은? (　)

① 회선의 제어 규약을 정의　② 회선의 전기적 규약을 정의
③ 회선의 다중화 규약을 정의　④ 회선의 유지보수 규약을 정의

54. OSI 계층에서 통신망 연결에 필요한 데이터 교환 기능의 제공 및 관리를 규정하는 계층으로서 네트워크 연결관리, 경로 설정 등의 기능을 수행하는 계층은? ( )

① 데이터링크 계층 ② 네트워크 계층
③ 전송 계층 ④ 세션 계층

55. 다음 응용 프로그램(응용계층 서비스) 중 전송 계층(Transport Layer) 프로토콜로 TCP를 사용하지 <u>않는</u> 것은? ( )

① TFTP ② SMTP ③ HTTP ④ Telnet

56. 다음 중 서브넷 주소지정의 장점이 <u>아닌</u> 것은? ( )

① 기관의 실제 물리 네트워크 구조에 맞게 호스트를 서브넷으로 묶을 수 있다.
② 서브넷 수와 서브넷별 호스트의 수를 기관별 필요에 맞게 맞출 수 있다.
③ 서브넷 구조는 특정 네트워크의 내부 구분이 오직 기관 내에서만 보이도록 구현되어 있다.
④ 라우팅 테이블 항목을 많이 넣어야 한다.

57. 다음 중 TCP(Transmisson Control Protocol)의 설명으로 <u>틀린</u> 것은? ( )

① 연결형, 양방향성 프로토콜을 사용한다.
② 메시지 전송을 신뢰할 수 있고, 모든 데이터에 승인이 있다.
③ 모든 데이터 전송을 관리하며, 손실된 데이터는 자동으로 재전송한다.
④ 애플리케이션이 네트워크 계층에 접근할 수 있도록 하는 인터페이스만 제공한다.

58. 인터넷 IP 주소가 십진법으로 129.6.8.4일 때, 이 주소는 어느 클래스에 속하는가? ( )

① A클래스 ② B클래스 ③ C클래스 ④ D클래스

59. HDLC 프레임의 데이터 블록의 앞 부분에 있는 3개의 필드 F(Start Flag), A(Address), C(Control)에 할당된 크기의 총합은 몇 비트인가? ( )

① 24 [bit] ② 21 [bit] ③ 18 [bit] ④ 12 [bit]

60. 전송측이 전송한 프레임에 대한 ACK 프레임을 수신하지 않더라도, 여러 개의 프레임을 연속적으로 전송하도록 허용하는 기법으로 옳은 것은? ( )

① 슬라이딩 윈도우 흐름제어 기법 ② 정지 대기 흐름제어 기법
③ 슬라이딩 대기 흐름제어 기법 ④ 슬라이딩 정지 흐름제어 기법

4과목 : 전자계산기 일반 및 정보설비기준

61. 어떤 시프트 레지스터의 내용을 우측으로 3번 시프트하면 원래의 데이터 값에서 어떤 변화가 일어나는가? (　)

① 원래 데이터 값의 8배　　② 원래 데이터 값의 1/8배
③ 원래 데이터 값의 3배　　④ 원래 데이터 값의 1/3배

62. 다음 중 10진수 13과 같지 <u>않은</u> 것은? (　)

① 2진수 1101　② 5진수 23　③ 8진수 15　④ 16진수 C

63. 다음 중 정보의 단위가 작은 것에서 큰 순으로 바르게 나열된 것은? (　)

① 파일, 레코드, 필드, 문자, 데이터베이스
② 워드, 필드, 레코드, 파일, 데이터베이스
③ 워드, 레코드, 파일, 필드, 데이터베이스
④ 레코드, 필드, 파일, 문자, 데이터베이스

64. 다음 중 ASCII 코드에 대한 설명으로 옳은 것은? (　)

① 자료를 전송할 때 8비트 중 1비트는 패리티 비트로 사용하고 나머지 7비트로 $2^7 = 128$가지 문자를 표현할 수 있는 코드이다.
② 영자나 특수 문자까지 확대하기 위해 6비트를 사용하며, 2비트는 Zone 비트이고, 4비트는 수치 비트로서 $2^6 = 64$가지 종류의 문자를 표현할 수 있는 코드이다.
③ 8비트를 사용하여 $2^8 = 256$가지의 넓은 범위의 문자를 표현할 수 있어 현재 범용으로 사용되는 코드이다.
④ 순 2진수 표현 형태로 문자를 나타낼 수 있으며, 자리수마다 가중치로서 계산하여 사용하는 코드이다.

65. 다음 중 운영체제 제어 프로그램에 속하는 것으로 알맞게 구성된 것은? (　)

① 감시 관리 프로그램, 데스크 관리 프로그램, 시스템 편집 프로그램
② 데스크 관리 프로그램, 데이터 관리 프로그램, 작업 관리 프로그램
③ 작업 관리 프로그램, 언어처리 프로그램, 유틸리티 프로그램
④ 유틸리티 프로그램, 언어처리 프로그램, 시스템 편집 프로그램

66. 다음 보기는 시스템 소프트웨어 구성 프로그램 중 어떤 것을 설명하고 있는가? ( )

이 프로그램은 어떤 작업을 처리하고, 다른 작업으로의 수행을 자동으로 하기 위해 준비와 처리의 완료를 담당한다. 또한 연속 작업의 처리를 위해 스케줄과 시스템 자원의 할당 등을 담당한다.

① 작업제어 프로그램
② 감시 프로그램
③ 언어번역 프로그램
④ 서비스 프로그램

67. 다음 중 일반 컴퓨터 형태가 아닌 주로 회로 기판 형태의 반도체 기억 소자에 응용 프로그램을 탑재하여 컴퓨터의 기능을 수행하는 시스템은? ( )

① 임베디드 시스템
② 분산처리 시스템
③ 병렬 처리 시스템
④ 멀티 프로세싱 시스템

68. 하나의 프로세서 안에서 여러 개의 프로그램을 처리하는 방식을 무엇이라고 하는가? ( )

① Multi Processing
② Multi Programming
③ Distributed Processing
④ Real Time Processing

69. 다음 Processing Scheduling 정책 중 현재 작업 중인 프로세스를 중단시키고, 남은 시간이 가장 짧은 JOB을 우선적으로 처리하는 방식은? ( )

① FIFO ② RR ③ HRN ④ SRT

70. 다음 중 직접 어드레스 지정 방식으로 Jump 명령을 올바르게 표현한 것은? ( )

① jump a, 100 ② jump 100 ③ jump pc ④ jump

71. 다음 중 정보통신망 응용서비스의 개발에 필요한 기술인력을 양성하기 위해 정부가 마련해야 하는 시책과 거리가 먼 것은? ( )

① 국민에 대한 인터넷 교육의 확대
② 정보통신망 전문기술인력 양성기관의 설립, 지원
③ 정보통신망을 이용한 교육 프로그램의 개발 및 보급지원
④ 개인정보보호를 위한 설비 확충

72. 다음 정보통신공사업에 관련 벌칙 중 가장 엄한 것은? (   )

① 공사업 경력 수첩을 대여한 경우
② 정보통신기술자가 두 곳 이상의 공사업체에 종사하는 경우
③ 정보통신공사와 감리를 함께 행한 경우
④ 기술기준에 위반하여 설계를 한 경우

73. 다음은 방송 통신 재난관리 기본계획 중 방송 통신 재난에 대비하기 위하여 필요한 사항을 나열한 것이다. 잘못된 것은? (   )

① 우회 방송 통신 경로의 확보
② 방송통신설비의 연계 운용을 위한 정보체계의 구성
③ 피해 보상에 관한 사항
④ 피해복구 물자의 확보

74. 다음 중 방송 통신 설비의 보호가 성능 및 접지에 관한 세부기술기준을 고시하는 기관은? (   )

① 과학기술정보통신부
② 한국방송통신전파진흥원
③ 중앙전파관리소
④ 한국정보통신공사협회

75. 다음 중 해당 공사의 총 공사금액이 70억 원 이상 100억 원 미만인 경우, 감리원의 배치 기준으로 가장 적합한 것은? (   )

① 특급감리원
② 고급감리원
③ 중급감리원
④ 초급감리원

76. 다음 중 정보통신공사업 등록의 결격사유에 해당되지 않는 사람은? (   )

① 파산선고를 받고 복권되지 않은 사람
② 정보통신사업법의 규정에 위반하여 벌금형의 선고를 받고 2년이 지나지 않은 사람
③ 정보통신사업법의 규정에 의하여 등록이 취소된 후 1년 초과 2년 이내에 있는 사람
④ 국가보안법 규정에 죄를 범하여 벌금형을 선고 받고 그 집행이 종료된 지 3년 초과 5년 이내에 있는 사람

77. 다음 보기는 전기통신사업법에서 사용하는 용어를 설명한 것이다. 괄호 안에 들어갈 내용으로 맞는 것은? (   )

(　　)란 전화 · 인터넷 접속 등과 같이 음성 · 데이터 · 영상 등을 그 내용이나 형태의 변경 없이 송신 또는 수신하게 하는 전기통신역무 및 음성 · 데이터 · 영상 등의 송신 또는 수신이 가능하도록 전기통신회선설비를 임대하는 전기통신역무를 말한다.

① 기간통신역무　② 정보통신역무
③ 별정통신역무　④ 부가통신역무

78. 다음 중 정보통신사업법에서 발주자로부터 공사를 도급받은 공사업자를 무엇이라 하는가? (상한 허용치, 하한 허용치) (   )

① 수급인　② 하수급인　③ 용역업자　④ 감리업자

79. 다음 중 선로의 도달이 어려운 지역을 해소하기 위해 사용하는 증폭 장치는? (   )

① 전송장치　② 발전장치　③ 제어장치　④ 중계장치

80. 다음 중 정보통신공사업법령에 의한 정보통신공사에 해당하지 않는 것은? (   )

① 아파트의 방송공동수신설비공사
② 물류 창고의 방범을 위한 CCTV 설치공사
③ 우체국의 수전설비 설치공사
④ 구청의 화상회의시스템 설비공사

1	2	3	4	5	6	7	8	9	10
④	①	④	②	②	④	④	②	③	④
11	12	13	14	15	16	17	18	19	20
③	③	④	①	②	②	②	④	①	④
21	22	23	24	25	26	27	28	29	30
①	①	②	④	②	④	①	④	②	④
31	32	33	34	35	36	37	38	39	40
①	②	④	④	①	④	②	④	③	④
41	42	43	44	45	46	47	48	49	50
②	④	①	③	④	④	③	②	④	③
51	52	53	54	55	56	57	58	59	60
④	①	②	②	①	④	④	②	①	①
61	62	63	64	65	66	67	68	69	70
②	④	②	①	②	①	①	②	④	②
71	72	73	74	75	76	77	78	79	80
④	③	③	①	①	④	①	①	④	③

정보통신산업기사 기출문제

[2022년 3월 12일 시행]

1과목 : 디지털 전자회로

1. 다음 중 동축케이블의 용도로 틀린 것은? ( )

① 광대역 전송로로 사용한다.
② TV신호 전송에 사용한다.
③ TV신호 분배에 사용한다.
④ 장거리 네트워크 구성에 사용한다.

2. 다음 중 CWDM 특징에 대한 설명으로 틀린 것은? ( )

① 사용하는 파장 간격이 20[nm]로 비교적 넓다.
② 채널 분할이 가능한 대역은 1271~1611[nm]을 사용한다.
③ 최대 사용 가능한 채널 수는 8개로 한정되어 사용한다.
④ 주로 단거리 전송위주의 엑세스망을 대상으로 사용한다.

3. 광섬유 케이블에서 발생하는 접속 손실의 원인이 아닌 것은? ( )

① 광섬유 심선 접속 부위의 간격
② 광섬유 심선 단면의 경사
③ 광섬유 Core의 직경 및 모양의 상이
④ 관로의 재질과 모양

4. 다음 중 대역확산 방식의 장점이 아닌 것은? ( )

① 방해파 억압
② 에너지 밀도 증가
③ 비화특성 우수
④ 다중 액세스

5. 일반적인 전송선로에서 저항을 R, 인덕턴스를 L, 정전용량을 C, 컨덕턴스를 G라 할 때, 무왜곡 전송의 조건으로 옳은 것은? ( )

① RL = GC/2
② RC = LG
③ RG = LC
④ R + L = C + G

6. 다음 중 LTE 이동통신의 핵심기술이 아닌 것은? ( )

① OFDM ② 레이크수신기 ③ MIMO ④ 스마트 안테나

7. 다음 중 이동통신망에서 인접 셀간에 간섭 신호를 감소시키는 방법으로 옳지 않은 것은? ( )

① 기지국의 수신 안테나를 Diversity 방식으로 구성한다.
② 지형에 맞는 안테나를 사용한다.
③ 기지국의 출력과 안테나의 높이를 감소시킨다.
④ 기지국 안테나의 기울기를 조정하여 안테나 수신 전계 패턴이 지면으로 향하는 Umbrella Pattern이 되도록 한다.

8. 다음 중 직교진폭변조(QAM)에 대한 설명으로 틀린 것은? ( )

① 진폭변조와 위상변조를 동시에 수행하도록 결합한 변조방식
② 다치 변조(Multi-Level Modulation) 방식
③ 잡음이 많은 환경에서 데이터 전송에 우수한 방식
④ 동일 주파수를 갖고, 위상이 90° 만큼 다른 2개의 반송파(사인파 및 코사인파)를 사용

9. PCM(Pulse Code Modulation)에 관한 설명으로 틀린 것은? ( )

① 아날로그 신호를 전송로를 통해 전송하는 변조방식이다.
② 연속적인 신호를 불연속적인 신호로 변환한다.
③ 표본화(Sampling)와 양자화(Quantization) 과정이 필요하다.
④ 부호화(Coding)와 복호화(Decoding) 과정을 거친다.

10. 다음 중 증폭기의 바이어스를 A급으로 동작시키는 발진회로는? ( )

① LC발진회로 ② 수정발진회로 ③ RC발진회로 ④ 전자관발진기

11. 다음 중 문자 방식의 대표적인 프로토콜은? ( )

① DDCMP ② LAP-B ③ BSC ④ SDLC

12. 다음 중 OFDM방식을 사용하고 있지 않은 것은? ( )

① 지상파 HDTV ② LTE 이동통신
③ WiFi IEEE 802.11n ④ 지상파 DMB

13. 다음 중 디지털 IC의 정상 동작에 영향을 주지 않고 게이트 출력부에 연결할 수 있는 표준 부하의 숫자를 무엇이라고 하는가? (　)

① 팬 아웃　② 틸트　③ 잡음 허용치　④ 전달 지연 시간

14. 16위상 변조방식을 사용하는 변복조기에서 단위 펄스의 시간간격이 $T = 8 \times 10^{-4}$[sec]일 때, 데이터 전송속도와 변조속도는 각각 얼마인가? (　)

① 2,500[bps], 1,250[baud]　② 5,000[bps], 1,250[baud]
③ 2,500[bps], 2,500[baud]　④ 5,000[bps], 2,500[baud]

15. 동축케이블의 전기적 특성 중 단위길이당 저항은 사용 주파수(f)와 어떤 관계인가? (　)

① f와 비례　② f와 반비례　③ $\sqrt{f}$ 와 비례　④ $\sqrt{f}$ 와 반비례

16. 다음 중 동일한 송신 안테나에서 서로 다른 둘 이상의 주파수를 송신하고 주파수에 따른 감쇄 정도가 다른 특성을 이용하여 수신 안테나에서 두 신호를 합성하는 다이버시티 방식은? (　)

① 공간 다이버시티　② 주파수 다이버시티
③ 편파 다이버시티　④ 각도 다이버시티

17. 다음은 디지털시계의 블록 다이어그램이다. 괄호 안에 들어갈 알맞은 항목은 무엇인가? (　)

발진회로	→	분주회로	→	(　　)	→	디코더회로	→	표시회로

① 플립플롭회로　② 카운터회로　③ 증폭회로　④ 드라이브회로

18. 다음 중 4개의 J-K 플립플롭을 이용하여 구성할 수 있는 분주기의 최댓값은? (　)

① 8분주기　② 10분주기　③ 16분주기　④ 24분주기

19. 다음 중 혼합형 동기식 전송 방식(Isochronous Transmission)의 특징이 아닌 것은? (　)

① 일반적으로 비동기식 전송보다 전송속도가 빠르다.
② 동기식 전송과 비동기 전송의 특성을 혼합한 방식이다.
③ 문자와 문자 사이에 휴지시간이 없다.
④ STart bit와 Stop bit를 가진다.

20. 다음 중 각 조합논리회로에 대한 설명으로 옳은 것은? (　)

① 반가산기의 캐리는 입력 X, Y가 모두 0인 경우에만 1이 된다.
② 전가산기는 두 개의 2진수 X, Y와 윗자리로부터 올림한 두 개를 더한 조합논리 회로이다.
③ 병렬가감산기는 2의 보수 뺄셈도 가능하다.
④ BCD가산기는 표현범위가 0~9이므로 계산시 결과에 대한 보정이 필요 없다.

2과목 : 정보통신기기

21. 다음 중 정보 단말기의 고기능화 요소로 틀린 것은? (　)

① 다기능화　② 고가화　③ 지능화　④ 복합화

22. 다음 중 디지털 케이블방송에서 케이블모뎀의 변·복조방식이 아닌 것은? (　)

① 2FSK　② QPSK　③ 64QAM　④ 256QAM

23. CATV방송에서 입력측 (C/N)=20이고, 출력측 (C/N)=10이라고 가정하면 잡음지수(Noise Factor)는? (　)

① 0.5　② 1　③ 2　④ 3

24. 다음 중 IPTV의 주요 플랫폼과 기술의 구성 요소로 연결이 맞지 않는 것은? (　)

① 헤드엔드 기술 - 압축 다중화
② 네트워크 기술 - QoS 보장기술
③ 단말기술 - 셋탑 내 미들웨어기술(Middleware)
④ 보안기술 - Multicast Routing Protocol

25. 다음 중 AM, FM 수신기의 구성도를 비교 시 FM 수신기에만 있는 기능이 아닌 것은? ( )

① 진폭제한기(Limiter) ② 저주파증폭기
③ 디엠파시스회로 ④ 스켈치회로

26. 다음 중 위치정보와 무선통신망을 이용하여 교통안내, 긴급구난, 인터넷 등 Mobile Office를 제공하는 것은? ( )

① Telematics ② RFID ③ CDMA ④ VoIP

27. 다음 중 디지털서비스장치(DSU)에서 장치 간에 통신을 행하기 전에 공통 프로토콜의 합의사항으로 틀린 것은? ( )

① 전송속도 ② 패리티 비트의 체크방법
③ 에러 회복 방법 ④ 데이터의 총용량

28. 다음 중 국내 종합유선방송을 포함한 방송공통수신설비에 사용되는 디지털 변·복조방식이 아닌 것은? ( )

① PAL ② 8VSB ③ QPSK ④ 256QAM

29. 다음 중 유선기반의 홈네트워크 기술이 아닌 것은? ( )

① Home PNA ② PLC(Power Line Communication)
③ Ethernet ④ Bluetooth

30. 다음 중 이동통신시스템에서 무선용량을 증대시키는 주요 기술로 볼 수 없는 것은? ( )

① Power Control ② Antenna Diversity
③ H-ARQ ④ 2BIQ

31. 다음 중 화상회의 시스템에 대한 기능으로 틀린 것은? ( )

① 일반적으로 소프트웨어 기반 영상은 하드웨어 기반에 비해 화질이 좋지 않다.
② 영상신호의 부호화와 복호화를 위해 코덱이 사용된다.
③ 고화질의 영상을 전송하기 위한 영상압축 기술이 필요하다.
④ 화상회의 시스템은 보안에 강하다.

32. 다음 중 댁내에서 다양한 정보 가전이 네트워크로 연결되어 기기, 시간, 장소에 구애 받지 않고 다양한 서비스를 제공하는 통신 서비스는? ( )

① WiBro ② DMB ③ DTV ④ Home NetWork

33. 다음 중 정보 단말기의 입·출력 장치에 속하는 것은? ( )

① 변 · 복조부 ② 회선 접속부 ③ 오류처리부 ④ 출력 장치부

34. 다음 중 화상통신회의 시스템의 기본적인 구성요소가 <u>아닌</u> 것은? ( )

① 영상 시스템부 ② 제어 시스템부
③ 음향 시스템부 ④ 망분배 시스템부

35. 다음의 자동식 교환방식 중 광교환 방식의 종류가 <u>아닌</u> 것은? ( )

① 공간분할방식 ② 시간분할방식 ③ 파장분할방식 ④ 코드분할방식

36. 다음 중 비트 단위의 다중화에 사용되고, 시간 슬롯이 낭비되는 경우가 많이 발생하는 다중화는? ( )

① 주파수 분할 다중화 ② 동기식 시분할 다중화
③ 비동기식 시분할 다중화 ④ 코드 분할 다중화

37. 다음 중 영상회의시스템에서 영상회의 세션을 알고 제어하며 종료하는 데 필요한 시그널 제어에 많이 사용되는 <u>프로토콜은</u>? ( )

① SIP ② MPEG-2 ③ G.722 ④ 씬

38. 다음 중 영상회의 시스템에서 영상신호를 부호화 및 복호화하는 것은? ( )

① Nodem ② Codec ③ DSU ④ OCR

39. 다음의 광통신시스템에 사용되는 광소자 중 능동형인 것은? ( )

① 커플러 ② 분배기 ③ 광증폭기 ④ 편광조절기

40. 정보통신시스템의 통신회선 종단에 위치한 신호변환장치 중에서 디지털 전송로인 경우 단극성 신호를 쌍극성 신호로 변환이 가능한 장치는? ( )

① 코덱 ② 음향결합기 ③ 코드변환기 ④ 디지털 서비스 유닛

3과목 : 정보전송개론

41. 다음 중 침입탐지시스템(IDS)의 기능으로 틀린 것은? (   )

① 사용자 시스템의 행동 분석 및 관찰
② 중요 데이터의 무결성 평가
③ 잘 알려진 공격 방법에 대한 패턴 기반 대응
④ 외부에서 내부 네트워크 침입을 방지

42. 다음 중 물리계층 장비에 대한 설명으로 옳지 않은 것은? (   )

① 네트워크 장비간의 실제 전기적인 전송을 담당한다.
② 리피터는 물리적인 신호를 다시 증폭하는 역할을 한다.
③ 허브는 네트워크에 다수의 단말을 연결할 때 사용된다.
④ 브리지는 두 개의 근거리통신망(LAN)을 서로 연결해 주는 통신망 연결 장치이다.

43. 다음 중 SDH 전송속도로 틀린 것은? (   )

① STM-1 : 155.520 [Mbps]
② STM-4 : 622.080 [Mbps]
③ STM-8 : 1,244.016 [Mbps]
④ STM-16 : 2,488.320 [Mbps]

44. 다음 중 거리 벡터 라우팅 기법을 사용하는 프로토콜로 경로 선택을 오직 홉(hop) 카운트에 의존하는 라우팅 프로토콜은? (   )

① RIP
② SMTP
③ OSPF
④ IGRP

45. 다음 중 AS(Autonomous System) 내부에서 사용하는 라우팅 프로토콜이 아닌 것은? (   )

① RIP(Routing Infomation Protocol)
② IGRP(Interior Gateway Routing Protocol)
③ OSPF(Open Shortest Path First)
④ BGP(Border Gateway Protocol)

46. 다음 중 데이터통신을 위한 프로토콜을 구성하는 중요한 요소로 적합하지 않은 것은? (   )

① 구문
② 의미
③ 채널 용량
④ 타이밍

47. 다음 중 OSI 7계층에서 논리적인 통신로의 설정 및 종단 시스템간의 데이터 전송에서 오류 검출 및 정정, 흐름제어 등의 기능을 제공하는 계층은? (　)

① 2계층　② 3계층　③ 4계층　④ 5계층

48. 다음 중 TFTP가 사용하는 전송 계층 프로토콜로 옳은 것은? (　)

① IP　② TCP　③ UDP　④ CFTP

49. 다음 중 서로 다른 프로토콜을 가진 네트워크를 연결하기 위해 사용되는 네트워크 장비는? (　)

① 허브　② 리피터　③ 라우터　④ 게이트웨이

50. 다음 중 IPv6의 특징으로 틀린 것은? (　)

① 헤더 정보가 IPv4보다 간단하다.
② IPv4보다 패킷 처리가 빨라졌다.
③ Mobility 기능은 IPv4가 더 좋다.
④ 멀티캐스트가 IPv4의 브로드캐스트 역할을 대신한다.

51. 두 부호어의 비트열이 A=(100100), B=(010100)일 때 두 부호어의 헤밍거리는? (　)

① 1　② 2　③ 3　④ 4

52. 패리티검사 방법에서 에러의 발생을 검출할 수 없는 경우는 몇 개의 오류가 동시에 발생할 경우인가? (　)

① 4개　② 3개　③ 5개　④ 1개

53. 다음 중 노드나 링크에 이상이 발생했을 경우, 동작이 중단되지 않고 계속 유지될 수 있도록 하는 네트워크의 특성으로 옳은 것은? (　)

① 신뢰성(Reliability)　② 보안성(Security)
③ 시간지연성(Latency)　④ 처리율(Throughput)

54. 다음 중 정보통신 관련 표준안을 제안하는 기구가 아닌 것은? (　)

① ISO　② ITU-T　③ ISDN　④ ANSI

55. 전송제어 프로토콜 중 문자방식 프로토콜에서 전송의 끝 및 데이터 링크 초기화 부호는? ( )

① SYN ② SOH ③ EOT ④ ACK

56. LAN 장비 중에 IP가 할당된 장비의 동작유무를 ping 명령으로 확인할 수 없는 장비는? ( )

① 개인용 컴퓨터 ② 허브 ③ 스위치 ④ 라우터

57. 인터넷의 TCP와 UDP는 OSI의 7계층 기준 모델이 어디에 해당되는가? ( )

① 물리 계층 ② 데이터링크 계층
③ 네트워크 계층 ④ 전송 계층

58. 다음 중 전송측이 전송한 프레임에 대한 ACK 프레임을 수신하지 않더라도 여러 개의 프레임을 연속적으로 전송하도록 허용하는 기법으로 옳은 것은? ( )

① 슬라이딩 윈도우 흐름제어 기법
② 정지 대기 흐름제어 기법
③ 슬라이딩 대기 흐름제어 기법
④ 슬라이딩 정지 흐름제어 기법

59. 다음 중 데이터링크계층의 주요 기능에 해당되지 않는 것은? ( )

① 흐름제어 ② 경로설정 ③ 오류제어 ④ 프레임 동기

60. 다음 중 국제표준화 관련 기구의 성격이 다른 것은? ( )

① ITU-T(구CCITT) : 전화 팩시밀리, 공중 데이터 통신망 기술들의 표준화 담당
② ISO : 데이터 통신 프로토콜 및 컴퓨터 통신 프로토콜의 표준화, OSI 7계층 참조모델을 정의
③ ANSI : 국가표준화기구로서 미국의 산업표준화 제정 기관
④ NIST : 네트워크 통신의 개방 시스템 상호연결 표준화 담당

4과목 : 전자계산기 일반 및 정보설비기준

61. 다음 중 전기통신사업법에 따른 보편적 역무의 내용에 해당되지 않는 것은? (   )

① 유선전화 서비스
② 긴급통신용 전화 서비스
③ 장애인 · 저소득층 등에 대한 요금감면 서비스
④ 구내통신 서비스

62. 다음은 가공통신선 지지물의 등주방지에 대한 설명이다. 괄호 안에 들어갈 내용으로 맞는 것은? (   )

가공통신선의 지지물에는 취급자가 오르내리는 데 사용하는 발디딤쇠 등을 지표상으로부터 (   ) 이상의 높이에 부착하여야 한다.

① 1.4[m]　　② 1.6[m]　　③ 1.8[m]　　④ 2.0[m]

63. 다음은 어린이집 내 폐쇄회로 텔레비전의 설치·운영에 관한 설명이다. 괄호에 들어갈 내용으로 맞는 것은? (   )

어린이집을 설치 · 운영하는 자는 폐쇄회로 텔레비전에 기록된 영상정보를 (   ) 이상 보관하여야 한다.

① 30일　　② 60일　　③ 90일　　④ 120일

64. 공사를 설계한 설계용역업자는 자신이 작성한 실시설계도서를 얼마나 보관해야 하는가? (   )

① 해당 공사가 발주된 후 5년간
② 해당 공사가 준공된 후 5년간
③ 하자담보책임기간이 종료될 때까지
④ 하자담보책임기간 종료 후 1년간

65. 다음 중 정보통신공사업법에 의한 정보통신공사의 감리에 대한 설명으로 옳은 것은? ( )

① 품질관리 · 시공관리 및 안전관리에 대한 지도 등에 관한 발주자의 권한을 대행하는 것
② 유지관리 · 시공관리 및 설계관리에 대한 지도 등에 관한 발주자의 권한을 대행하는 것
③ 공사관리 · 기술관리 및 유지관리에 대한 지도 등에 관한 발주자의 권한을 대행하는 것
④ 기술관리 · 공사관리 및 안전관리에 대한 지도 등에 관한 발주자의 권한을 대행하는 것

66. 다음 중 정보통신공사업법에서 정의한 다른 사람의 위탁을 받아 공사에 관한 조사, 설계, 감리, 사업관리 및 유지관리 등의 역무 수행을 업으로 하는 것을 무엇이라 하는가? ( )

① 수급공사업
② 정보통신공사업
③ 감리업
④ 용역업

67. 다음 중 감리원이 업무를 성실히 수행하지 않아 공사가 부실하게 될 우려가 있을 때 시정지시 또는 감리원의 변경요구 등 필요한 조치를 취할 수 있는 사람은 누구인가? ( )

① 공사업자
② 발주자
③ 공사용역업자
④ 공사설계업자

68. 다음에서 설명하고 있는 보안기술은 무엇인가? ( )

IP계층에서 패킷에 보안을 제공하려고 IETF에서 설계한 프로토콜 모음으로 특정 암호화나 인증 방법을 규정하지 않고 대신 프레임워크와 메커니즘을 제공함으로써 사용자에게 해싱과 암호화/인증 방법을 선택하게 한다.

① 전자서명
② Kerberos
③ IP 보안
④ 전송계층보안(TLS)

69. 다음 중 운영체제에 대한 설명으로 <u>틀린</u> 것은? ( )

① 시스템의 응답시간과 반환시간을 단축하는 것이 목적이다.
② 시스템 자원의 효율적인 운영과 자원에 대한 스케줄링 기능을 수행한다.
③ 운영체제는 시스템 소프트웨어의 일종이라 할 수 있다.
④ 운영체제는 시스템 명령이기 때문에 사용자와 직접 상호작용을 할 수는 없다.

70. 주기억장치의 용량이 512[kbyte]인 컴퓨터에서 32비트의 가상주소를 사용하고, 페이지의 크기가 4[kbyte]면 주기억장치의 페이지 수는 몇 개인가? (   )

① 32 ② 64 ③ 128 ④ 512

71. 다음 중 마더보드에 포함되지 않은 기능 혹은 자원을 컴퓨터에 추가하기 위해 사운드, 모뎀, 네트워크 등의 카드를 연결하는 데 사용하는 것은? (   )

① I/O포트 ② CPU ③ 메모리 슬롯 ④ PCI 확장 슬롯

72. 다음 중 기존 시스템의 데이터를 새로운 시스템으로 옮기는 데이터 전환 과정으로 틀린 것은? (   )

① 변환(transformation) ② 추출(extraction)
③ 처리(process) ④ 적재(load)

73. 다음 중 OSI 계층별로 데이터를 전송하는 단위가 잘못 연결된 것은? (   )

① 물리 계층 - 비트(Bit) ② 데이터링크 계층 - 프레임(Frame)
③ 네트워크 계층 - 패킷(Packet) ④ 전송 계층 - 노드(Node)

74. 다음 중 TCP/IP 4개 계층에 속하지 않은 것은? (   )

① 응용 계층 ② 전송 계층 ③ 네트워크 계층 ④ 인터넷 계층

75. 다음 설명은 어떤 스케줄링에 해당하는가? (   )

SJF의 스케줄링 기법의 변형으로 새로 도착한 프로세스를 비롯하여 대기큐에 남아 있는 프로세스의 작업이 완료되기까지 수행 시간 추정치가 가장 적은 프로세스에게 CPU를 할당하는 기법이다.

① RR ② MFQ ③ SRT ④ FIFO

76. 다양한 콘텐츠를 제공자한테서 고객에게 안전하게 전달하고, 고객이 불법적으로 콘텐츠를 유통하지 못하도록 하는 기술로, 암호화 기술을 이용하여 사용 권한을 만족하는 사용자에게만 디지털 콘텐츠 사용을 허가하는 개념을 포괄하는 기술은 무엇인가? (   )

① DRM ② RKI ③ DOI ④ INDECS

77. 다음 중 입력장치만으로 구성된 항은? ( )

① 자기디스크, 라인 프린터, OMR
② OMR, OCR, 콘솔 키보드
③ 콘솔 키보드, 카드 리더, XY플로터
④ OMR, 카드 리더, XY플로터

78. 다음 중 침입 차단을 목적으로 하는 방화벽의 기본 기능이 <u>아닌</u> 것은? ( )

① 패킷 분석 및 공격 탐지
② 접근제어
③ 로깅과 감사 추적
④ 인증

79. 다음 중 HTTP의 TCP 포트 번호는? ( )

① 25 ② 53 ③ 80 ④ 21

80. 다음 중 데이터 검증 방법에 대한 설명이 <u>틀린</u> 것은? ( )

① 응용 프로그램을 통한 데이터 전환의 정합성을 검증한다.
② 로그 검증 외에 별도로 요청된 검증 항목은 검증하지 않는다.
③ 데이터 전환 과정에서 작성하는 추출, 전환, 적재로그를 검증한다.
④ 사전에 정의된 업무 규칙을 기준으로 데이터 전환의 정합성을 검증한다.

1	2	3	4	5	6	7	8	9	10
④	③	④	②	②	②	①	③	①	③
11	12	13	14	15	16	17	18	19	20
③	①	①	②	③	②	②	③	③	③
21	22	23	24	25	26	27	28	29	30
②	①	③	④	②	①	④	①	④	④
31	32	33	34	35	36	37	38	39	40
④	④	④	④	④	②	①	②	③	④
41	42	43	44	45	46	47	48	49	50
④	④	③	①	④	③	③	③	④	③
51	52	53	54	55	56	57	58	59	60
②	①	①	③	③	②	④	①	②	④
61	62	63	64	65	66	67	68	69	70
④	③	②	②	①	④	②	③	④	③
71	72	73	74	75	76	77	78	79	80
④	③	④	③	③	①	②	①	③	②

저자와의
협의에 의해
인지 생략

기초 **전기전자 디지털공학**의 이해

3판 3쇄 2026년 2월 20일

저 자 한기동 / 이수형 / 김강현

발행인 송광헌

발행처 **복두(더)**

주 소 서울특별시 영등포구 경인로82길 3-4
센터플러스 807호 (우) 07371

전 화 (02) 2164-2580

FAX (02) 2164-2584

등 록 1993. 11. 22. 제 10-902 호

정가 : 21,000원

ISBN : 979-11-6675-252-0 93560

한국과학기술출판협회 회원사

4. 다음의 단상 반파 정류회로에서 직류전압 평균치 E_{av}와 직류전류 평균치 I_{av}를 구하시오.
(단, $e = \sqrt{2} \cdot 100 \sin 50 \times 2\pi t\,[\mathrm{V}]$, $\mathrm{R} = 10\,[\Omega]$, 정류 소자의 전압강하는 무시)

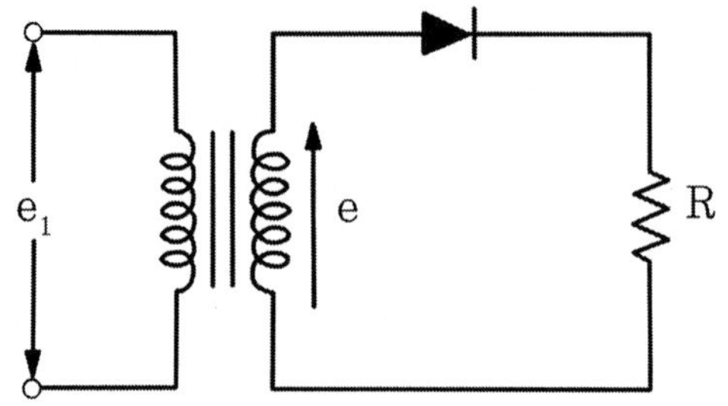

5. 다음과 같은 전파 정류회로에서 $\mathrm{V} = 35[\mathrm{V}]$일 때 부하 양단에 걸리는 전압의 평균치를 구하시오. (단, 정류 소자의 전압강하는 무시하며 V는 실효치이다.)

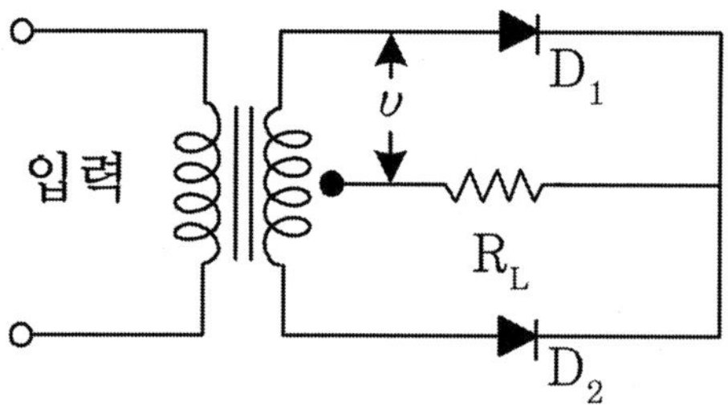

6. 다음과 같이 브리지형 정류회로에서 직류출력전압이 10 [V], 부하가 5 [Ω]일 때 각 정류 소자에 흐르는 첨두 전류값을 구하시오.

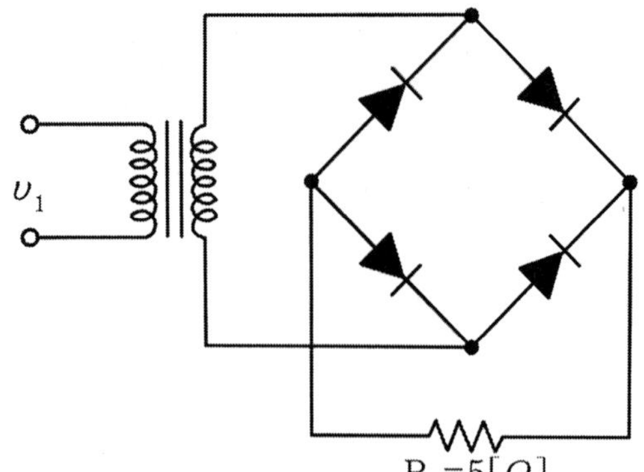